A. A. BAKAJEW · N. I. KOSTINA · N. W. JAROWIZKI

ALGORITHMISCHE MODELLIERUNG ÖKONOMISCHER PROBLEME

ELEKTRONISCHES RECHNEN UND REGELN

Herausgegeben von

Prof. Dr. HANS FRÜHAUF · Prof. Dr. WILHELM KÄMMERER
Prof. Dr. KURT SCHRÖDER · Prof. Dr. HELMUT THIELE
Prof. Dr. HORST VÖLZ

Sonderband 20

ALGORITHMISCHE MODELLIERUNG ÖKONOMISCHER PROBLEME

von

A. A. BAKAJEW · N. I. KOSTINA · N. W. JAROWIZKI

AKADEMIE-VERLAG · BERLIN
1974

A. A. BAKAJEW · N. I. KOSTINA · N. W. JAROWIZKI

ALGORITHMISCHE MODELLIERUNG ÖKONOMISCHER PROBLEME

In deutscher Sprache herausgegeben

von

Prof. Dr. Werner Dück, Berlin

Mit 38 Abbildungen und 52 Tabellen

AKADEMIE-VERLAG · BERLIN

1974

А. А. Бакаев, Н. И. Костина, Н. В. Яровицкий
Автоматные модели экономических систем
Наукова думка, Киев

Deutsche Übersetzung: Dr. J. A. Müller, Berlin

Erschienen im Akademie-Verlag, 108 Berlin, Leipziger Str. 3—4

Lizenznummer: 202 · 100/412/74
Gesamtherstellung: VEB Druckhaus „Maxim Gorki“, 74 Altenburg
Bestellnummer: 761 772 9 · LSV 0395, 1085
Printed in GDR
EVP 29,50

VORWORT DES HERAUSGEBERS

Die Anwendung mathematischer Methoden zur Beschreibung ökonomischer Probleme hat durch die moderne Entwicklung der Wissenschaft und die Bedürfnisse der sozialistischen Praxis schrittweise zugenommen. Mit großem Interesse haben wir die dabei in der Sowjetunion erzielten Erfolge verfolgt. Vielfältige Anwendung haben z. B. Methoden der mathematischen Optimierung gefunden. Aber wenig bekannt sind die Möglichkeiten, die die Theorie der stochastischen Automaten erschließt. Bis zum Erscheinen dieses Buches hat es keine geschlossene Darstellung der Simulation ökonomischer Systeme durch Automaten gegeben.

Ich habe mich während eines Studienaufenthaltes in Kiew dazu entschlossen, das Buch der namhaften sowjetischen Autoren, die an dem über die Grenzen der Sowjetunion hinaus bekannten Institut für Kybernetik der Akademie der Wissenschaften der Ukrainischen SSR arbeiten, dem deutschsprachigen Leserkreis zugänglich zu machen. Der Akademie-Verlag erklärte sich dankbarerweise sofort bereit, die Übersetzung des Buches in das Verlagsprogramm aufzunehmen.

Die Autoren wenden sich an einen weiten Leserkreis, der für mathematische Anwendungen in der Ökonomie aufgeschlossen ist. Daher werden praktisch nur mathematische Grundlagenkenntnisse vorausgesetzt. Vielleicht wird es mancher mathematisch interessierte Leser bedauern, daß theoretische Überlegungen und Verallgemeinerungen bisweilen nur gestreift werden. Aber es entspricht der Zielstellung des Buches, daß mathematische Probleme der praktikablen Nutzung der Theorie der stochastischen Automaten untergeordnet sind.

Das Buch enthält eine Vielzahl von praktischen Anwendungshinweisen. Daneben wird für ein umfassendes Beispiel die Modellierung ökonomischer Systeme mit Hilfe stochastischer Automaten ausführlich erläutert. Dabei stehen nicht so sehr die speziellen Probleme des Erdölhafens, sondern die allgemeine Erläuterung des Herangehens und die Beschreibung eines ökonomischen Systems durch Automaten im Mittelpunkt der Darlegungen. Der Leser wird dazu angeregt, weitere Anwendungsmöglichkeiten in seinem Arbeitsgebiet zu suchen. Aber erneut wird auch der Leser bestätigt finden, daß die Anwendung moderner Methoden zur Beschreibung ökonomischer Probleme nicht im Selbstlauf erfolgt, sondern im allgemeinen aufwendige vorbereitende Studien und Untersuchungen notwendig macht. Dem großen ökonomischen Nutzen und den sieben Stunden Automatenzeit steht auch in dem dargelegten Beispiel eine lange und aufwendige Vorbereitungsphase gegenüber. Aber die modernen Instrumentarien der Ökonomie vermögen keine Wunder zu vollbringen und können nur dann zu einem großen volkswirtschaftlichen Nutzen führen, wenn ihre Anwendung sorgfältig für geeignete Probleme vorbereitet wird. Gleichzeitig wird demonstriert, wie stark mathematisches und kybernetisches Gedankengut im Prozeß der Anwendung verschmilzt.

Die Darstellungen des Buches sind auf die ökonomische Praxis ausgerichtet. Das schließt infolge des der Mathematik und Kybernetik zugrunde liegenden Abstraktionsgrades jedoch nicht aus, daß auch vielfältige Anwendungsmöglichkeiten der Theorie der stochastischen Automaten in anderen Wissenschaften bestehen.

Ich hoffe, daß die deutsche Herausgabe dieses Buches die Anwendung der in der Sowjetunion erfolgreich erprobten Theorie der stochastischen Automaten auch in der sozialistischen Volkswirtschaft der DDR fördern wird.

W. Dück

Berlin, im August 1974

VORWORT

Die moderne Entwicklung von Wissenschaft und Technik sowie das Wachstum der industriellen und landwirtschaftlichen Produktion stellen der Leitung der Ökonomie neue Probleme und erschließen gleichzeitig neue Möglichkeiten. Die zunehmende Komplexität der ökonomischen Prozesse und der Struktur der Produktion, die große Zahl der produktionstechnischen Beziehungen sowohl innerhalb eines Betriebes als auch zwischen den Betrieben und Industriezweigen erfordern, die Koordinierung und Organisation der Leitung grundsätzlich zu verbessern. Dabei kommt es darauf an, rechtzeitig die vielen Faktoren, die auf die qualitative und exakte Erfüllung der Staatspläne einwirken, zu beachten. Neben einer quantitativen Bewertung der Erscheinungen in der Ökonomie erhält ihr qualitativer Inhalt große Bedeutung.

Bei der Realisierung der Leitung der Ökonomie sind Aufgaben mit einer großen Anzahl von Unbekannten zu lösen. Aus vielen Varianten wird eine einzige ausgewählt, die annehmbar und am wirtschaftlichsten erscheint. Je komplizierter das ökonomische System ist, um so größer wird der ökonomische Nutzen bei der Realisierung einer optimalen Variante sein. Das gilt in besonderem Maße für die sozialistische Ökonomie, die aus vielen Zweigen besteht und im Interesse der gesamten Gesellschaft geleitet wird.

Im Ergebnis theoretischer Untersuchungen und Beobachtungen der ökonomischen Prozesse in den Betrieben zeigte es sich, daß man in vielen Fällen die Auswahl einer optimalen Arbeitsweise für komplizierte ökonomische Systeme auf die Lösung bestimmter mathematischer Aufgaben überführen kann.

Die mathematischen Aufgaben bei der Untersuchung und Optimierung komplizierter ökonomischer Systeme sind sehr vielgestaltig in ihrem ökonomischen Inhalt und in den mathematischen Besonderheiten als auch im Niveau, auf dem die Formalisierung der realen Prozesse durchgeführt wird. In Abhängigkeit davon ergaben sich vielfältige Methoden zur mathematischen Untersuchung von Prozessen, die in ökonomischen Systemen ablaufen. Zu den weit verbreiteten und gut entwickelten mathematischen Methoden, die in der Ökonomie angewendet werden, gehören vor allem die Methoden der mathematischen Optimierung, wie die lineare, nichtlineare, dynamische und stochastische Optimierung. Erfolgreich wurden z. B. Netzplanmethoden sowie Methoden der kurzfristigen und operativen Ablaufplanung bei der Lösung praktischer Aufgaben herangezogen.

Von allen Aufgaben, die sich aus den Bedürfnissen der Vervollkommnung der ökonomischen Systeme ergeben, erhielten die Aufgaben vom Bedienungstyp eine große Bedeutung. Diese Aufgaben entstehen bei der Untersuchung von Systemen, die mit dem Eintritt bestimmter Forderungen, mit dem Durchgang dieser Forderungen durch das System, mit ihrer Verzögerung in bestimmten Elementen des Systems und ihrem Austritt verbunden sind. Beispiele für derartige Aufgaben sind die Mehrzahl der klassischen Aufgaben der Bedienungstheorie, Zuverlässigkeitstheorie, Ersatztheorie und Lagerhaltungstheorie. In konkreten ökonomischen Systemen haben die Forderungen, die auf das System einwirken, unterschiedliche Bedeutung. Hierbei kann es sich um Waren, die in ein Handelsnetz eintreten, um Transportmittel, die zur Beförderung unterschiedlicher Lasten verwendet werden, um Geldsummen, die einem Betrieb zufließen, um Bestellungen zur Herstellung von Einrichtungen und Bedarfsgegenständen usw. handeln.

Die Bedienungstheorie bildet sich gegenwärtig zu einem selbständigen Wissenschaftszweig heraus. Sie besitzt eine eigene Terminologie sowie analytische Lösungsverfahren. Die analytischen Lösungen von Aufgaben der Bedienungstheorie werden in der Praxis erfolgreich als Entscheidungsgrundlagen verwendet. Die Bedürfnisse nach Untersuchung und Optimierung ökonomischer Systeme sind jedoch wesentlich umfangreicher, als es die Anwendungsmöglichkeiten der existierenden analytischen Methoden erlauben. In den ökonomischen Systemen, deren Untersuchung in der Praxis notwendig wird, ergeben sich vielfach hinreichend komplizierte Situationen, deren Lösung man in der Regel nicht mit Hilfe der klassischen Lösungsverfahren erhalten kann. In diesen Fällen werden Simulationsmethoden notwendig, d. h. Methoden, die künstlich das Verhalten komplizierter Systeme nachbilden. Mit dem Entstehen und der Entwicklung der elektronischen Rechentechnik erweiterten sich die Anwendungsmöglichkeiten der Simulation. Entwickelt wurden unterschiedliche Verfahren zur Erzeugung von Zufalls- und Pseudozufallsfolgen. Die Methoden der stochastischen Simulation sind zu einem ständigen Hilfsmittel bei der Untersuchung stochastischer Systeme geworden.

Anfangs erfolgte die Anwendung der Methoden der stochastischen Simulation sporadisch. Es gab weder allgemeine Prinzipien bei der Modellbildung noch existierten hinreichend standardisierte Methoden zur Beschreibung der Struktur und des Verhaltens komplizierter Systeme. In den letzten Jahren gelang es durch Verallgemeinerung der Erfahrungen bei der Modellierung großer Systeme wichtige theoretische Grundlagen zu entwickeln, die sich auf die Beschreibung und Simulation stochastischer Systeme beziehen. In den Arbeiten von N. P. Buslenko [1, 2] und I. N. Kowalenko [3, 4, 5] werden die Grundlagen der allgemeinen Theorie der Simulation dargelegt. Grundlage dieser Theorie wurde die Aggregatbeschreibung der Modelle sowie die Darstellung des Simulations- und Optimierungsalgorithmus in Operatorform. Die Grundlagen dieser allgemeinen Simulationstheorie erwiesen sich als derart umfassend, daß ihre Anwendung praktisch bei der Untersuchung aller anzutreffenden realen Systeme möglich wurde. Die entwickelten Prinzipien lassen jedoch bei der Wahl der konkreten Aggregate, die das Modell darstellen, sowie bei der Wahl des Simulations- und Optimierungsalgorithmus noch eine beträchtliche Freiheit zu. Diese Freiheit kann man bei der

Simulation eines Systems dafür verwenden, die Konstruktion des Modells bestmöglich an die hauptsächlichen Besonderheiten des realen Systems anzupassen und gleichzeitig das Modell weitgehend zu vereinfachen. Dadurch wird ein minimaler Zeitaufwand für die Modellbildung und die Nachbildung des Verhaltens auf dem Rechner angestrebt.

In den Jahren 1965 bis 1968 wurden im Institut für Kybernetik der Akademie der Wissenschaften der Ukrainischen SSR entsprechende Aufgaben mit den Methoden der stochastischen Simulation bei der Untersuchung und Optimierung einer Reihe konkreter ökonomischer Systeme gelöst. Dabei erwiesen sich die stochastischen Automaten, die einfachste (eindimensionale) Aggregate darstellen, als günstige Modelle dieser Systeme. Durch die Beschreibung komplizierter Systeme mit Automaten und ihre Anwendung im Simulationsprozeß konnte in vielen Fällen der Prozeß der Modellbildung weitgehend standardisiert werden. Recht anschaulich ergab sich die Darstellung der Struktur des Systems sowie der Besonderheiten des Verhaltens. Der Erfolg bei der Lösung praktischer Aufgaben zur Untersuchung ökonomischer Systeme auf der Grundlage von Automaten rief großes Interesse hervor. Daher wurde eine Veröffentlichung notwendig, die die Erfahrungen bei der Anwendung der Modellierung ökonomischer Systeme mit Hilfe von Automaten verallgemeinert.

Bislang sind einzelne Berichte und Artikel, die die Simulation von Systemen mit Hilfe von Automaten behandeln, in unterschiedlichen Zeitschriften und Konferenzmaterialien sowie auf Symposien veröffentlicht. Einige theoretische Grundlagen für die Beschreibung von Systemen mit Hilfe von Automaten sind in den Arbeiten [6, 7] enthalten. Die Lösung einer Reihe ökonomischer Aufgaben mit Hilfe der Methode der Modellierung auf der Grundlage von Automaten ist in den Arbeiten [8, 9] dargelegt. Die mathematische Beschreibung der Methode in den erwähnten Arbeiten ist jedoch einem Leser, der kein Spezialist auf dem Gebiet der Mathematik ist, schwer zugänglich. Andererseits sind Zeitschriftenartikel im Umfang so begrenzt, daß der Leser mit einer ausführlichen Lösung praktischer Aufgaben bei der Anwendung von Automaten als Modelle nicht bekannt gemacht werden kann.

Die vorliegende Veröffentlichung hat zum Ziel, eine Reihe praktischer Verfahren, die bei der Modellierung stochastischer ökonomischer Systeme mit Hilfe von Automaten verwendet werden, fortlaufend und ausführlich zu beschreiben. Dabei enthält das Buch weder tiefere theoretische Verallgemeinerungen noch wird eine strenge Theorie der Modellierung mit Hilfe von Automaten entwickelt. Vielmehr wird der Versuch unternommen, dem Praktiker eine Anleitung zu geben, um Automaten als Modelle komplizierter ökonomischer Systeme aufzustellen und anzuwenden.

INHALTSVERZEICHNIS

1. Ökonomische Systeme und Modellierung

1.1. Systembegriff

Der Systembegriff wird seit langem in unterschiedlichen Wissensgebieten verwendet. In vielen Fällen spielt er bei der Herausbildung einer Terminologie und bei den methodologischen Definitionen verschiedener Wissenschaften, insbesondere der ökonomischen, eine wichtige Rolle. Im allgemeinen werden als Systeme die unzähligen Objekte der lebenden Natur, die ökonomischen Beziehungen und die Produktionsverhältnisse zwischen den Menschen, bestimmte Teile unseres Weltalls, aber auch der Mikrowelt, die die Grundlage für jede Materie bzw. jeden Stoff bilden, bezeichnet. Als Systeme bezeichnet man die Gesamtheit spezieller Symbole, die die mathematische Beschreibung verschiedener Prozesse und Erscheinungen, die in Natur und Technik existieren, darstellen. Systeme sind aber auch alle durch den Menschen geschaffenen Mechanismen, Maschinen und Anlagen, sowohl die einfachsten, wie Hebel und Keil, als auch die komplizierten elektronischen Rechenanlagen, die für komplizierte Berechnungen und zur Steuerung ganzer Produktionskomplexe vorgesehen sind.

Wir können sagen, daß als System die unterschiedlichsten Objekte bezeichnet werden, die einander weder im äußeren Aussehen noch in ihrem konkreten Inhalt ähnlich sind. In diesem Begriff findet jedoch das Allgemeine seinen Ausdruck, das zwischen allen Objekten, für die der Begriff System verwendet wurde, existiert. Alle in der Realität existierenden Systeme, aber auch die Systeme, die durch abstraktes Denken entwickelt wurden und im Bewußtsein des Menschen existieren, besitzen bestimmte charakteristische Besonderheiten. Das Vorhandensein dieser charakteristischen Besonderheiten ist die Ursache dafür, daß die in ihrem konkreten Inhalt unterschiedlichen Begriffe in dem gemeinsamen Sammelbegriff „System" vereinigt werden.

Jeder Wissenschaftszweig, der sich mit der Untersuchung von Systemen bestimmter Art beschäftigt, muß in der einen oder anderen Form eine Definition derartiger Systeme geben. So wird in der Biologie der Begriff des Organismus konkretisiert als ein System, seine Bestandteile sind Nervensystem, Stoffwechselsystem usw.

In der Mathematik wird eine Definition für das Gleichungssystem, das System der Bezeichnungen, das System von Operationen, die durch eine elektronische Rechenmaschine bewältigt werden, gegeben. In den Gesellschaftswissenschaften werden solche Begriffe bestimmt, wie staatliches System, soziales System, System des Geldumlaufs, System der Lohnzahlung u. a. Die Definition jedes Systems eines entsprechenden Wissenszweiges spiegelt die Betrachtungsweise wider, in der die Untersuchung des gegebenen Systems durchgeführt wird. Sie ist gewöhnlich mit dem konkreten Inhalt des Systems eng verbunden.

Uns interessieren hauptsächlich ökonomische Systeme. Die Methoden, die wir bei der Untersuchung ökonomischer Systeme verwenden oder erwähnen werden, sind jedoch nicht nur in derartigen Systemen anwendbar. Untersuchungsobjekt der ökonomischen Kybernetik sind ökonomische Systeme. Sie stellt einen Zweig der Kybernetik, d. h. der Wissenschaft von der Steuerung von Systemen, ihres Verhaltens und ihrer Entwicklung, dar. Die Untersuchungsmethoden, die von uns angewendet werden, insbesondere die Simulation, wurden bereits seit langem bei der Untersuchung sowohl von technologischen Systemen als auch von biologischen Systemen verwendet. Aus diesem Grunde müssen wir uns bei der Betrachtung ökonomischer Systeme mit einigen charakteristischen Besonderheiten beschäftigen, die allen Systemen eigen sind und damit den weit verbreiteten Begriff präzisieren.

Es ist eine überaus schwierige Aufgabe, eine genaue, umfassende Definition des Systembegriffs zu geben. Diese Aufgabe ist weder Gegenstand der Ökonomie noch der Mathematik. Aller Wahrscheinlichkeit nach ist es eine Aufgabe der philosophischen Wissenschaften. Wir wollen uns darauf beschränken, einige allgemeine, für alle Systeme charakteristische grundlegende Besonderheiten aufzuzählen. Aus einer solchen Aufzählung ergeben sich dann Schlußfolgerungen über die Leistungsfähigkeit der im weiteren behandelten Modelle, diese Besonderheiten mit hinreichender Vollständigkeit und Genauigkeit abzubilden.

Für jedes System ist insbesondere seine *Struktur* charakteristisch. Jedes System besteht aus irgendwelchen Bestandteilen, Elementen, Gliedern. Die einzelnen Elemente sind untereinander in bestimmter Weise verbunden. Darin besteht der Unterschied des Systems zu einer einfachen Menge und zu einer geordneten Menge von Elementen, für die nur die Beziehungen der einfachsten Art — die Ordnung der Elemente in der Menge — kennzeichnend sind. Für jedes System ist die Bestimmung der Struktur relativ. Ein und dasselbe System kann man als ein System betrachten, das entweder aus größeren oder aus kleineren Elementen besteht. Mit anderen Worten kann man die Systembetrachtung auf unterschiedlichen Strukturebenen durchführen. Untersucht man zum Beispiel als System ein Lager zur Aufbewahrung von Erdölprodukten, so kann man die Untersuchung entweder auf der Ebene der Produkte oder auf der Ebene der Reservoire durchführen. Im ersten Fall ist es im Unterschied zum zweiten Fall nicht notwendig, die Verteilung der Reservoire auf die einzelnen Sorten der Erdölprodukte, die vorhandenen inneren Rohrleitungslinien, die die einzelnen Reservoire verbinden, sowie ihre Anzahl zu beachten.

Auf jedes System wirkt im bestimmten Maße die äußere *Umgebung* ein, und jedes betrachtete System kann seinerseits auf diese Umgebung einen bestimmten Einfluß ausüben. Der Eisenbahnabschnitt, der als System betrachtet wird, ist dem Einfluß äußerer Faktoren unterworfen, wie zum Beispiel Eintreffen von Frachtgut, Ankunft beladener und unbeladener Züge über andere Abschnitte, Ankunft von Anweisungen und Instruktionen der Leitung bezüglich der Beförderung usw. Die Arbeit dieses Abschnitts beeinflußt andere Systeme durch eine rechtzeitige Abgabe von Leertransportraum, durch die Planerfüllung sowie die Erfüllung der Beförderungsgrafik. Oftmals ist dabei die Wahl der Begrenzung, die das betrachtete System von seiner äußeren Umgebung trennt, willkürlich. Manchmal werden zweckmäßig in die Systembetrachtung einige Objekte, die erst der Umgebung angehörten, einbezogen. In einigen Fällen ist es dagegen vorteilhaft, wenn man aus der Systembetrachtung einige Objekte ausschließt und sie auf diese Weise der Umgebung zuordnet. Betrachtet man zum Beispiel die Arbeit eines Eisenbahnabschnitts beim Transport von Rohstoff zu einer Zuckerfabrik, so kann man sich darauf beschränken, die eigentlichen Elemente der Eisenbahn in das System einzuschließen. Es ist aber auch sinnvoll, gleichzeitig das Vorhandensein oder Fehlen von Rüben in den Erfassungspunkten zu betrachten sowie den gesamten Ablauf der Rübenernte im gegebenen Gebiet.

Jedes System kann quantitativ gekennzeichnet werden. Dem System werden in jedem Zeitmoment bestimmte *quantitative Kenngrößen* zugeordnet, wobei auch die Zahl derartiger Kenngrößen ihrerseits eine quantitative Kenngröße des Systems darstellt. Betrachten wir zum Beispiel einen bestimmten Transportknotenpunkt. In ihm wird das Frachtgut, das mit Flugzeugen und Eisenbahnen transportiert wurde, für den Weitertransport mit Hilfe der Fluß- oder Seeschiffahrt verladen. Ein solcher Knotenpunkt ist durch eine Anzahl von Anlegestellen gekennzeichnet, in denen die Schiffe bedient werden. Darüber hinaus existieren bestimmte Fördermittel und Mechanismen mit entsprechender Produktivität, Schiffe mit entsprechender Ladekapazität, die beladen werden bzw. sich auf Außenreede befinden, eintreffendes Fördergut jeder Art in bestimmten Mengen usw. Es lassen sich bereits für relativ kleine, in ihrer Struktur einfache Systeme gewöhnlich hinreichend viele zahlenmäßige Kenngrößen angeben, im allgemeinen sogar sehr viele. Dabei sind alle diese Kenngrößen in ihrer Bedeutung oft miteinander nicht gleichwertig, man kann sie gewöhnlich (entsprechend einer in bestimmter Weise ausgewählten Aufgabenstellung der Systemuntersuchung) einteilen in *wesentliche* und in *unwesentliche* sowie in *abhängige* und *unabhängige*. So sind im angeführten Beispiel der Untersuchung der Funktion eines Umschlagknotenpunkts unter der Zielstellung, die Durchlaßfähigkeit dieses Systems zu ermitteln, alle die Informationen, die die Verteilung des Frachtguts auf die Kunden nach der Versendung aus dem Hafen betreffen, unwesentlich. Die drei Größen Anzahl der Verladekräne, Anzahl der Kräne im arbeitsfähigen Zustand sowie Anzahl der nichtarbeitsfähigen Kräne sind untereinander abhängig. Besonderes Interesse besitzen jedoch solche Systemkenngrößen, die bei der Lösung der Aufgabe eine wesentliche Rolle spielen (unter Beachtung der Wahl ihrer Anordnung) und voneinander unabhängig sind.

Die *zeitliche Entwicklung des Systems* und damit die Änderung seiner quantitativen Kenngrößen ist für jedes System eine wesentliche Besonderheit. Dabei ändern sich die Kenngrößen des Systems im allgemeinen in Abhängigkeit voneinander sowie vom Einfluß der äußeren Umgebung. Unter Vorbehalt können die quantitativen Kenngrößen in solche eingeteilt werden, die sich mit der Zeit schnell ändern und solche, die sich langsam ändern. Die Anzahl der Kraftfahrzeuge zum Beispiel, die im gegebenen Zeitmoment eine Kolchose besitzt, kann man als eine sich langsam ändernde Kenngröße ansehen. Dagegen ändern sich solche Kenngrößen, wie zum Beispiel der Abstand jedes Kraftfahrzeuges von der nächsten Reparaturwerkstatt im gegebenen Moment schnell. Die Kenngrößen des Systems, die sich mit der Zeit relativ schnell ändern, bezeichnet man zweckmäßigerweise als *momentane Werte* der Kenngrößen. Die sich langsam ändernden Kenngrößen werden als *Systemparameter* bezeichnet.

Auf das Funktionieren der realen Systeme wirken unterschiedliche *zufällige Faktoren* ein. Diese bedingen, daß aus den Veränderungsprozessen aller momentanen Werte der Systemkenngrößen Zufallsprozesse werden. Bei der Beladung von zwei gleichen Eisenbahnwaggons mit dem gleichen Frachtgut und mit Hilfe derselben Einrichtung ergeben sich für die Beladungsdauer bestimmte, wenn auch unwesentliche Unterschiede. Durch die Rohrleitung fließen im allgemeinen in gleichen Zeitabschnitten unterschiedliche Erdölmengen. Die Aufenthaltszeit eines Tankschiffes im Hafen hängt von vielen zufälligen Faktoren ab, unter anderem davon, ob die notwendige Frachtgutmenge im Moment des Eintreffens des Tankschiffes im Hafen vorhanden ist. Des weiteren sind die anderen Schiffe im Hafen und deren Bedienungsgeschwindigkeit, die metereologischen Bedingungen, die Arbeitsintensität der Mannschaft, die das Tankschiff auf die Ladung vorbereitet, u. a. wesentlich.

Somit besitzen alle real existierenden Systeme stochastischen Charakter. Sind die zufälligen Schwankungen der wesentlichen Systemkenngrößen unbedeutend, so kann man die stochastischen Faktoren, die auf das System einwirken, vernachlässigen. In diesem Fall wird das System als *determiniert* betrachtet (d. h., es ist keinen stochastischen Einwirkungen unterworfen). Jedoch ist es z. B. günstig, einen bestimmten Mittelwert für den Beladungskoeffizienten der Lastkraftwagen anzunehmen sowie für jede Fahrt des Kraftwagens vorauszusetzen, daß eine ganz bestimmte konstante Frachtgutmenge befördert wird.

Offensichtlich kann somit angenommen werden, daß für jedes System folgende Besonderheiten kennzeichnend sind:

1. Beschreibung der Struktur,
2. Einfluß der Umgebung und Einfluß des Systems auf die Umgebung,
3. Vorhandensein quantitativer Kenngrößen, die den Systemzustand in jedem Zeitmoment bestimmen,
4. zeitliche Veränderung des Systemzustandes,
5. Einfluß bestimmter zufälliger Faktoren auf das Funktionieren des Systems.

Wie wir im weiteren sehen werden, gestattet uns die Modellierung mit Hilfe stochastischer Automaten in vielen Fällen, jede der aufgezählten allgemeinen Besonderheiten der Systeme abzubilden.

1.2. Ökonomische Produktionssysteme

Die Ökonomie ist unmittelbar mit der Produktion verbunden. Die ökonomischen Kenngrößen werden durch den Zustand der Produktion bestimmt und wirken ihrerseits auf seine Entwicklung ein. Aus diesem Grunde haben die meisten von uns betrachteten ökonomischen Systeme einen gemischten produktionstechnisch-ökonomischen Charakter.

Unter einem ökonomischen System verstehen wir ein solches System, dessen konkreter Inhalt mit der Produktion materieller Güter, ihrer Verteilung und ihrem Verbrauch verbunden ist. Sieht man vom ökonomischen Inhalt dieser Systeme ab, so ergeben sich die grundlegenden Besonderheiten, die bereits oben erwähnt wurden. Andererseits besitzen ökonomische Systeme eine ganze Reihe spezifischer Besonderheiten. Diese bedingen bestimmte Eigenschaften der Modelle dieser Systeme. Da wir in einem gewissen Grade eine allgemeine Darlegung der praktischen Verfahren zur Verwendung von Automaten als Modelle ökonomischer Systeme anstreben, ist es notwendig, einige Besonderheiten dieser Systeme aufzuzeigen.

Die Ökonomie umfaßt das gesamte Gebiet der Volkswirtschaft. Sie befindet sich in enger Verbindung mit der Technik, mit der Wissenschaft und Kultur, mit dem Bildungssystem, dem Gesundheitswesen sowie den gesellschaftlichen Erscheinungen. Folglich können als Objekte der ökonomischen Systeme Elemente der industriellen und landwirtschaftlichen Produktion, des Handels, des Finanzwesens, der administrativen und automatisierten Leitung, des Transports, der Versorgung der Bevölkerung usw. angesehen werden.

Für produktionstechnisch-ökonomische Systeme ist die Bewegung der Ressourcen im Raum kennzeichnend. Fortlaufend erfolgt eine Bewegung des Rohstoffs in die Produktionsgebiete sowie der Produkte vom Hersteller zum Kunden. Finanzielle Mittel, vom Handel eingenommen, gelangen in die Abteilungen der Staatsbank. Von dort gehen sie in die Betriebe zur Lohnzahlung an die Arbeiter und Angestellten. Die Informationen über den Ablauf des Produktionsprozesses gelangen über verschiedene Kanäle zu den Steuerorganen, die ihrerseits über diese Kanäle Steuerinformationen an die Objekte, die unter ihrer Leitung stehen, senden.

Betrachtet man irgendwelche Elemente des ökonomischen Systems im einzelnen, lassen sich bestimmte Gemeinsamkeiten feststellen. Kennzeichnend für die Arbeitsweise der Elemente ist der Eintritt einer gewissen Anzahl von Ressourcen, ihre Verzögerung in einem bestimmten Zeitabschnitt und der Übergang zu einem anderen Element.

Als einfachstes Beispiel für eine derartige Situation kann eine metallverarbeitende Werkzeugmaschine in einem Produktionsbetrieb betrachtet werden. Während des Arbeitsprozesses treffen ein: Halbfabrikate; Zeichnungen; die Beschreibung der produktionstechnischen Operationen, die realisiert werden müssen; Elektroenergie; Schmiermittel; Ersatzteile usw. Dementsprechend ergeben sich am Ausgang der Werkzeugmaschine die fertig bearbeiteten Teile, Späne, freigewordene Verpackung.

Bei der Untersuchung des Verkehrswesens zur Beförderung von Frachtgut wird vorausgesetzt, daß das Frachtgut am Ladeplatz vorher gesammelt wird. Es vergeht eine bestimmte Zeit zur Durchführung der Verladearbeiten sowie zur Beförderung der beladenen Transporteinheiten. Die modernen Industrieerzeugnisse besitzen einen langen Weg von der Rohstoffgewinnung bis zum Kunden. Dabei werden sie mehrfach transportiert, beladen, entladen, in Lagerräumen sowie in Produktionsabschnitten aufbewahrt, wobei sie dabei unterschiedliche Veränderungen erfahren.

Die Arbeit einer Kasse besteht offensichtlich darin, Geld und Dokumente, die Berechnungen darstellen, zu empfangen und auszugeben.

Ein Dienstleistungsbetrieb erhält Bestellungen zur Durchführung bestimmter Arbeiten. Es werden die Varianten zur Erfüllung der Bestellungen betrachtet, eine Variante ausgewählt und entsprechende Arbeitskräfte zum Ort der Dienstleistung entsendet.

Wie aus den aufgezählten Beispielen ersichtlich ist, treffen in die Objekte ökonomischer Systeme verschiedenartige Flüsse von Forderungen ein. Ihre Wechselwirkung innerhalb des Objekts kann sehr unterschiedlich sein, jedoch sind sie in der Regel mit einer Zeitverzögerung verbunden. Die Ausgangsströme sind ebenso wie die Eingangsströme verschiedenartig.

In der Literatur zur mathematisch-ökonomischen Modellierung, zur Bedienungstheorie, Lagerhaltungstheorie und Simulation werden die ökonomischen Systeme und Objekte selten entsprechend ihren Eigenschaften klassifiziert, zum Beispiel bezüglich der unterschiedlichen Eingangsströme und der Zeitverzögerung der einzelnen Forderungen innerhalb des Objekts. Auf Grund der Mannigfaltigkeit der produktionstechnisch-ökonomischen Systeme ist eine scharfe Abgrenzung der entstehenden Situationen im allgemeinen unmöglich. Nur wenn man sich auf die wesentlichen Kenngrößen der realen Objekte beschränkt, wird man sie bedingt einer bestimmten Gruppe zuordnen können. Zur Klassifikation ökonomischer Aufgaben, die mit dem Eintritt, der Verzögerung und dem Ausgang bestimmter Ressourcen verbunden sind, werden wir drei Kategorien unterscheiden. Diese Einteilung wurde bereits von den Autoren in einer Reihe von Publikationen angewendet, in denen praktische Aufgaben, die mit Simulationsmethoden gelöst wurden, beschrieben sind. Diese Einteilung erwies sich als ausreichend gut. Die dabei verwendete Terminologie stellt keinen Standard dar und wird nur zur Vereinfachung eingeführt.

Aufgaben der Systemuntersuchung, in denen die Verzögerung der eintreffenden Forderungen nur durch die Realisierung der Bedienung bzw. infolge des Wartens auf den Anfang der Bedienung verursacht wird und nicht mit dem Eintreffen von Forderungen anderer Eingangsströme verbunden ist, werden als *Bedienungsaufgaben* bezeichnet. Diese Definition entspricht vollständig der in der Bedienungstheorie betrachteten Aufgabenstellung und erweist sich deshalb als begründet.

Falls die Verzögerung der Forderungen im System durch das Warten auf das Eintreffen einer anderen Forderung bedingt ist und bei Ankunft dieser Forderung augenblicklich die Verzögerung beendet wird, sprechen wir von *Aufgaben der Lagerhaltung*. Auch diese Definition stimmt weitgehend mit der existierenden Terminologie überein, weil in der Lagerhaltungstheorie gewöhnlich solche Fälle betrachtet werden, in denen augenblicklich die eintreffende Nachfrage bei vorhandenem Vorrat befriedigt und eine Verzögerung der vom Lager abgegebenen Waren nicht berücksichtigt wird.

Als dritte allgemeine Aufgabenstellung betrachten wir schließlich die *Befriedigung von Warenbestellungen*. Das betrachtete System besitzt mindestens zwei unterschiedliche Arten von Eingangsströmen. Diese zwei unterschiedlichen Eingangsströme bezeichnen wir entsprechend als *Warenstrom* und *Bestellstrom*. Sie stehen miteinander in Wechselwirkung und tilgen sich gegenseitig. Forderungen beider Ströme können in zwei verschiedenen Formen im System warten: aktiv und passiv. Bei einer *passiven Verzögerung* wartet entweder die Nachfrage auf das Angebot oder umgekehrt. Falls im System gleichzeitig Nachfrage und Angebot in entsprechenden Proportionen erscheinen, werden beide Faktoren in demselben Zeitintervall einer gemeinsamen passiven Verzögerung unterzogen. Während man in realen Systemen die passive Verzögerung als ein Warten der Käufer auf das Eintreffen der Waren bzw. als Aufbewahrung dieser Waren in Erwartung der Käufer ansehen kann, stellt die *aktive Verzögerung* einen Prozeß dar, in dem die Waren abgegeben, die Dokumente für die abgegebene Ware angefertigt werden und der Verladeprozeß erfolgt. Systeme zur Befriedigung von Forderungen besitzen gewöhnlich eine begrenzte Anzahl von Anlagen zur unmittelbaren Auslieferung von Waren, so daß Verzögerungen auch eintreten können, weil die Waren und Forderungen auf den Moment warten, in dem die Einrichtungen zum Verladen frei werden.

Offensichtlich verallgemeinert die dritte Aufgabenstellung die beiden ersten Aufgaben. Setzt man voraus, daß im System zur Befriedigung von Forderungen immer ausreichende Warenmengen vorhanden sind, so stellt ein derartiges System ein Bedienungssystem dar. Unter der Voraussetzung, daß die gegenseitige Tilgung der eintretenden Forderungen und Waren augenblicklich erfolgt, erhalten wir eine Aufgabe der Lagerhaltung.

Die Aufgaben der ersten zwei Arten ermöglichen relativ gut (in hinreichend einfachen Fällen) eine Untersuchung mit analytischen Methoden. Dagegen sind für Aufgaben der dritten Art bislang Beispiele für eine analytische Lösung nicht bekannt. Die einzige Methode zur Untersuchung derartiger Systeme zur Befriedigung von Forderungen ist bislang die stochastische Simulation.

Offensichtlich lassen sich bei weitem nicht alle ökonomischen Aufgaben in die angegebenen drei Aufgabentypen einordnen, obwohl derartige Aufgaben für ökonomische Systeme äußerst charakteristisch sind. Bei ausreichend ausführlicher Beachtung weiterer Besonderheiten der realen Objekte kann eine ziemlich umfangreiche Klasse von in der Praxis anzutreffenden Situationen beschrieben werden.

Bei der Untersuchung des Verhaltens ökonomischer Systeme und ihrer Optimierung hat die Auswahl der *Effektivitätskriterien* (*Zielfunktionen*) große Bedeutung. Die Bestimmung einer optimalen Funktionsweise eines ökonomischen Systems führt in vielen Fällen zur Ermittlung optimaler Werte bestimmter Systemparameter, die als ihre *Regelparameter* bezeichnet werden. Im Simulationsprozeß werden in der Regel bestimmte determinierte zahlenmäßige Systemkenngrößen als Funktion ihrer Regelparameter berechnet. Derartige determinierte Kenngrößen des Systems sind gewöhnlich der Erwartungswert, die Dispersion und andere Momente (darunter auch verzerrte) einiger Komponenten der stochastischen Prozesse, die im System ablaufen. Diese Kenngrößen werden bei fixierten Werten der Regelparameter des Systems berechnet.

Das Effektivitätskriterium des Systems ist gewöhnlich eine Funktion, deren Argumente deterministische Kenngrößen des Systems sind. Die Ergebnisse der Simulation werden verwendet, um einer Gesamtheit von Werten der Regelparameter des Systems einen bestimmten Wert der Zielfunktion zuzuordnen. Wählt man in dieser Weise die Gesamtheit der Werte der Regelparameter, bei der das Effektivitätskriterium seinen extremalen Wert erreicht, so kann das Arbeitsregime des Systems optimiert werden. In der Praxis erfolgt eine Auswahl des Effektivitätskriteriums als Funktion der deterministischen Kenngrößen des Systems, ausgehend von ökonomischen Vorstellungen und Anforderungen der Praxis, die die Untersuchung des gegebenen Systems verursachten.

In den einfachsten Fällen führt die Optimierung des Arbeitsregimes des Systems zu einer einfachen Auswahl der Werte der Regelparameter des Systems. In komplizierten Fällen ist es sinnvoll, die Methoden der Simulation mit bestimmten Methoden der mathematischen Optimierung zu verknüpfen. Dabei müssen die kombinierten Realisierungen der Methoden in einem bestimmten Sinne einander entsprechen, d. h. eine wechselseitige Übereinstimmung gewährleisten. Die Kombination der Methoden der Simulation mit speziellen Optimierungsmethoden ist sehr kompliziert und erfordert gesonderte Untersuchungen, die über unseren Rahmen hinausgehen.

1.3. Modelle und Simulation

Die Untersuchung ökonomischer und produktionstechnisch-ökonomischer Systeme erfolgt immer mit einem bestimmten Ziel. In den meisten Fällen besteht dieses Ziel in der Ermittlung einer solchen Systemstruktur oder eines solchen Arbeitsregimes, bei denen das System den größten ökonomischen Effekt entsprechend dem ausgewählten Effektivitätskriterium ergibt. In den einfachsten Fällen gelingt es, eine solche Aufgabe mit Hilfe bestimmter mehr oder weniger genauer und mehr oder weniger komplizierter Berechnungen zu lösen, die auf der Kenntnis der grundlegenden Besonderheiten und Gesetzmäßigkeiten des betrachteten Systems sowie auf den Ergebnissen der Betrachtung entsprechender ähnlicher Systeme beruhen. So kann man zum Beispiel bei der Planung der

Erweiterung eines Viehzuchtbetriebes von den bekannten Daten über die vorhandenen Baumaterialien, Arbeitskräfte, finanziellen Mittel, über die Nachfrage nach Tierproduktion im gegebenen Gebiet, über die Kapazität der zur Verfügung stehenden Futterbasis, über die notwendige Anzahl und Qualität des Futters pro Einheit Viehbestand, über die ökonomischen Kosten zur Aufrechterhaltung von Viehbestand und Inventar und für den Bau von Räumen ausgehen und mit Hilfe einfacher Berechnungen angenähert die rationelle Größe der Betriebserweiterung, die Anzahl des Bedienungspersonals sowie den Produktionsausgang bestimmen.

In vielen Fällen führen derartige Berechnungen zu wesentlichen Ungenauigkeiten. Das liegt vor allem in der unzureichenden Zuverlässigkeit der numerischen Daten, die bei den Berechnungen verwendet wurden, begründet aber auch darin, daß der angewendete Algorithmus einige Gesetzmäßigkeiten, die in der Realität Gültigkeit besitzen, nicht beachtet. So kann im gegebenen Beispiel die Ungenauigkeit der berechneten Größen darin bestehen, daß die tatsächliche Nachfrage nicht konstant ist und die Arbeit des Systems insgesamt von bestimmten äußeren Bedingungen wesentlich beeinflußt wird (Bau und Baubeginn anderer Objekte und Betriebe in diesem Gebiet, Entwicklung der Viehzuchtbetriebe in den Nachbargebieten usw.). Sieht man die erhaltenen (mit zugelassenen Ungenauigkeiten) Daten als richtig an und verwendet sie bei der Projektierung des Objekts, so wird dieses Objekt nach der Realisierung im allgemeinen bei weitem nicht optimal funktionieren. Das zeigt sich zum Beispiel darin, daß einzelne Abschnitte mit erhöhter Belastung arbeiten, während umgekehrt andere nicht ausgelastet sind. Dementsprechend wird eine nochmalige Erweiterung der überlasteten Abschnitte sowie eine Umgestaltung der Ausrüstung oder eine vollständige Demontage des nichtausgelasteten Abschnitts erforderlich. Für eine derartige Vervollkommnung des Systems werden quantitative Berechnungen erforderlich, die man wiederum im allgemeinen nicht mit idealer Genauigkeit ausführen kann. Der ganze Prozeß wiederholt sich von Anfang an und das System wird kontinuierlich in eine solche Arbeitsweise und in eine solche Struktur überführt, die bei gegebenen Bedingungen eine ausreichende Effektivität der Arbeit gewährleisten. Der beschriebene Prozeß stellt den Prozeß der Regelung eines Systems mit Hilfe von *Experimenten am realen Untersuchungsobjekt* dar. Da in vielen Fällen die optimale Systemstruktur sowie das günstigste Arbeitsregime im voraus nicht bestimmt werden können, wird das System selbst zur Ermittlung verwendet. Allerdings ist die Optimierung eines Systems mit Hilfe von Experimenten am System selbst im allgemeinen sehr teuer. Eine derartige Optimierung kann darüber hinaus sehr lange dauern, wobei in dieser Zeit im allgemeinen das System mit Verlust arbeitet. Darüber hinaus sind in einigen Fällen derartige Experimente am realen Untersuchungsobjekt überhaupt nicht möglich (zum Beispiel, wenn ein derartiges Experiment zu einem katastrophalen Verlust oder zu menschlichen Opfern führt).

Es entsteht die Frage, ob man nicht anstelle eines Experiments direkt am System Experimente an einem anderen, hinreichend „ähnlichen" System durchführen kann, wobei dabei diese Experimente zu keinen wahrnehmbaren Verlusten führen dürfen. Damit kommen wir zur grundlegenden Idee der Simulationsmethoden, d. h. zu den *Modellexperimenten.*

Wir betrachten zwei Systeme S_1 und S_2 unterschiedlicher physikalischer Natur, für die die weiter oben genannten Besonderheiten des Systems kennzeichnend sind, d. h. Struktur, Umgebung, zeitliche Kenngrößen, Veränderungen in der Zeit sowie Einfluß bestimmter zufälliger Faktoren. Wir nehmen an, daß zwischen den zeitlichen Kenngrößen der Systeme S_1 und S_2, ihren strukturellen Bestandteilen, den entsprechenden Einwirkungen aus der Umgebung und den Verteilungsgesetzen der Zufallsfaktoren eine solche gegenseitige Übereinstimmung festgestellt werden kann, so daß die Verteilung der einander entsprechenden quantitativen Kenngrößen beider Systeme in jedem Zeitmoment t im definierten Sinne ausreichend wenig voneinander abweichen. Dann wollen wir die betrachteten Systeme S_1 und S_2 *ähnlich* nennen. Offensichtlich wird in Abhängigkeit von der Art und der Abschätzung der Übereinstimmung der Verteilungen der zeitlichen Kenngrößen des Systems in jedem konkreten Fall die Eigenschaft der Ähnlichkeit unterschiedlich bestimmt.

Wenn zwei Systeme S_1 und S_2 im angegebenen Sinne ähnlich sind, so kann man jedes als *Modell* des anderen bezeichnen. In der Praxis wird gewöhnlich eines der beiden Systeme einfacher als das andere sein. In diesem überaus verbreiteten Fall ist es üblich, nur das einfachere System als Modell des komplizierteren Systems zu bezeichnen. Mangel dieser Definition ist jedoch, daß der Begriff der Kompliziertheit für Systeme beliebiger physikalischer Natur häufig sehr relativ ist.

Wir wollen voraussetzen, daß alle strukturellen Bestandteile eines bestimmten Systems S, der Charakter der Einwirkungen der Umgebung auf dieses System, seine zeitlichen Kenngrößen und die Zufallsfaktoren, die auf die Arbeitsweise des Systems einwirken, rein mathematischer Natur sind, d. h. abstrakte mathematische Objekte darstellen. Dann bezeichnen wir das System S als ein *mathematisches System.* Beispiele für mathematische Systeme können algebraische Gleichungen und Differentialgleichungen, MARKOWsche Ketten, stochastische Automaten, Aggregate im Sinne der Definition von N. P. BUSLENKO [1] sowie eine Reihe anderer Objekte rein mathematischer Natur sein. Für das mathematische System erhält der Begriff der Kompliziertheit einen konkreten Sinn. So ist es manchmal sinnvoll, unter zwei mathematischen Systemen das als komplizierter anzusehen, das bei der Beschreibung mit Hilfe einer bestimmten ausgewählten algorithmischen Sprache mehr binäre Symbole verwendet. Allerdings hängt eine in dieser Weise eingeführte Definition des Begriffs der Kompliziertheit eines Systems von der Wahl der algorithmischen Sprache, insbesondere von seiner Redundanz ab.

Sind beide betrachteten ähnlichen Systeme S_1 und S_2 mathematische Systeme und erfolgt ihre Beschreibung in derselben algorithmischen Sprache, so legen wir fest, daß das System, das weniger kompliziert ist, als Modell des anderen bezeichnet wird. Ist dagegen eines der ähnlichen Systeme S_1 und S_2, zum Beispiel

S_2, ein mathematisches System und besitzt S_1 eine andere „physikalische“ Natur, zum Beispiel stelle es ein ökonomisches System dar, dann bezeichnen wir das mathematische System S_2 als *mathematisches Modell* des ökonomischen Systems S_1.

Gibt das Verhalten des Modells mit ausreichender Genauigkeit das Verhalten des Systems wieder, so kann man das Modell bei der Bestimmung der günstigsten Arbeitsweise des ursprünglichen Systems, d. h. zu seiner Optimierung verwenden. Den Prozeß der Untersuchung der Arbeitsweise des Systems und seine Optimierung mit Hilfe eines Experiments, das mit Hilfe eines mathematischen Modells des gegebenen Systems durchgeführt wird, bezeichnen wir als *mathematische Simulation.* Methoden zur Lösung von ökonomischen, technischen, biologischen Aufgaben, die mit der Untersuchung komplizierter Systeme verbunden sind und den Prozeß der mathematischen Simulation verwenden, werden gewöhnlich als *Simulationsmethoden* bezeichnet. Muß darüber hinaus bei der Wiedergabe des Verhaltens des untersuchten Systems mit Hilfe des Modells die Wirkung bestimmter zufälliger Faktoren nachgebildet werden, wobei die entsprechenden Daten aus der statistischen Beobachtung des Systems erhalten wurden, so bezeichnen wir die Simulation als *stochastische Simulation.*[1])

In den letzten Jahren wurde die stochastische Simulation mit der Entwicklung schneller elektronischer Rechenmaschinen zu einer leistungsstarken und ergebnisreichen Methode der Untersuchung und Optimierung komplexer Systeme, darunter auch ökonomischer Systeme, weiterentwickelt.

---

[1]) In diesem Kapitel und in einigen weiteren Kapiteln werden Terminologien und Definitionen verwendet, die N. P. Buslenko in [10] einführte.

2. Einige Grundlagenkenntnisse

2.1. Zufallsgrößen in Modellen komplexer Systeme[1])

Unter einer Zufallsgröße wird gewöhnlich eine Größe verstanden, die in Abhängigkeit von der jeweiligen Situation verschiedene Werte annimmt. So ist zum Beispiel die Anzahl der Käufer, die ein Geschäft im Verlauf eines bestimmten Zeitabschnitts besuchen, eine Zufallsgröße. Das Eintreffen von Witterungsbedingungen, die einen Flug auf einer Fluglinie und im Flugplatzgebiet nicht gestatten, ist ebenfalls zufällig. Ebenso kann die Tankzeit für ein Öltankschiff als eine Zufallsgröße angesehen werden.

In Wirklichkeit hat es natürlich immer seine Ursachen, daß die Größe einen bestimmten konkreten Wert und nicht einen beliebigen anderen annimmt. Diese Ursachen sind in ihrem Charakter vollständig bestimmt, und ihre Wirkung könnte im Prinzip mit Hilfe mathematischer Beziehungen erfaßt werden. In vielen Fällen ist es jedoch nicht möglich, alle Umstände, die sich auf den Wert einer Systemkenngröße auswirken, in die Untersuchung einzubeziehen. Vielmehr ist der Wissenschaftler gezwungen, den Umfang des untersuchten Systems einzuschränken und alles weitere, was in die Untersuchung mit einbezogen werden muß, in der Umgebung zu erfassen. Parallel dazu erfolgt eine Verringerung der Beziehungen, indem der Einfluß solcher Faktoren auf das System, die als Objekte der Umgebung erscheinen, durch Zufallsgrößen ersetzt wird.

Das kann man an folgendem Beispiel illustrieren. Bei der Untersuchung der Arbeitsweise eines Handelsbetriebes können nicht alle Faktoren betrachtet werden, die auf die Ankunft der Kunden in einer bestimmten Zeit einwirken. Zu diesem Zweck müßte in die Betrachtung die gesamte produktive und unproduktive Tätigkeit der Menschen, die im gegebenen Gebiet wohnen oder dieses Gebiet besuchen, eingeschlossen werden. Offensichtlich ist das praktisch unmöglich. Daher werden anstelle der Berücksichtigung aller Ursachen, die auf den Kundenstrom wirken, ausführliche statistische Beobachtungen ihrer Ankunft durchgeführt. Im Ergebnis der Verarbeitung der statistischen Daten wird eine bestimmte Hypothese über den stochastischen Charakter der Ankunft gemacht. Dabei werden alle äußeren Faktoren, die den Kundenstrom beschleunigen oder verzögern können, aus dem betrachteten System ausgeschlossen und zu den Objekten der Umgebung gezählt.

---

[1]) In den folgenden Kapiteln benötigen wir einige rein mathematische Kenntnisse. Aus diesem Grunde werden einige Grundlagen der Wahrscheinlichkeitstheorie, der mathematischen Logik sowie Methoden zur Erzeugung von Zufallsgrößen mit Hilfe elektronischer Rechenmaschinen zusammengestellt.

Ist das System stochastisch, d. h. wird seine Arbeitsweise von Zufallsgrößen beeinflußt, sind alle Kenngrößen Zufallsgrößen, die miteinander eng verbunden sind. Die Aufgabe besteht in diesem Fall darin, in rationellster Weise den Umfang des betrachteten Systems zu bestimmen, den Einfluß der nicht in das System eingehenden Objekte durch Zufallsgrößen zu ersetzen und die quantitativen Beziehungen, die innerhalb des Systems wirken, als Funktionale dieser Zufallsgrößen darzustellen. Daher ist es eine Aufgabe der Formalisierung des Systems, die von den Systemkenngrößen nicht abhängigen Zufallsgrößen auszusondern und die Abhängigkeit zwischen den Kenngrößen in Form bestimmter Beziehungen darzustellen.

Wird eine Zufallsgröße mehrfach beobachtet, so ergeben sich verschiedenartige Realisierungen. Bei der Untersuchung komplexer ökonomischer Systeme treffen wir gewöhnlich nicht auf einzelne Zufallsgrößen, sondern auf ganze Folgen und Mengen von Zufallsgrößen.

Als Beispiele für Folgen von Zufallsgrößen können angeführt werden: Das Eintreffen von Rüben in einer Zuckerfabrik im Verlauf von 24 Stunden; der tägliche Erlös in einem Geschäft; die Anzahl der Sätze einer Eingangsinformation, die in einer Minute an den Eingang der Informations- und Steuermaschine gelangen; die Ladekapazität der Schiffe, die der Reihe nach an der Anlegestelle anlegen usw. Als Menge von Zufallsgrößen kann man zum Beispiel die Zusammenstellung solcher Zufallsgrößen bezeichnen, die demselben Zeitintervall zugeordnet sind: Eintritt verschiedener Frachtarten, die von einer Eisenbahnstation abtransportiert werden sollen; Eintreffen von leeren Eisenbahnwaggons und Verpackungen für die anzutransportierenden Frachtgüter; Eintreffen von Steuerinformationen über die zeitlichen Prioritäten bestimmter Sendungen.

Bei der Untersuchung einer Folge von Zufallsgrößen entstehen gewöhnlich folgende Aufgaben:

1. Untersuchung der Abhängigkeit zwischen den einzelnen Zufallsgrößen der Folge und Ermittlung des Charakters der Abhängigkeit.
2. Bestimmung der funktionalen Form und der Parameter der Verteilungen der Zufallsgrößen.

Bei der Untersuchung einer Menge von Zufallsgrößen bzw. einer Menge von Folgen von Zufallsgrößen ist es wesentlich zu klären, ob die Zufallsgrößen oder ihre Folgen, die in die Menge eingehen, voneinander unabhängig sind.

Ist eine bestimmte Folge von Zufallsgrößen, die durch eine Auswahl ihrer Realisierungen bestimmt ist, gegeben, so muß bei der Untersuchung der Abhängigkeit zwischen den Zufallsgrößen und deren Charakter gewöhnlich vor allem geklärt werden, ob die Größen, die in die Folge eingehen, mit ausreichender Genauigkeit als in ihrer Gesamtheit unabhängig angesehen werden können. Ist das nicht der Fall, so wird überprüft, ob die gegebene Folge mit Hilfe einer einfachen Markowschen Kette oder mit einer komplizierten beschrieben werden kann. Außerdem wird die Kompliziertheit dieser Kette ermittelt. Mit Hilfe des vorhandenen statistischen Materials werden auf der Grundlage der Autokorrelationsmethode, die wir weiter unten betrachten, die notwendigen Aussagen ermittelt.

Sind die Zufallsgrößen der Folge in ihrer Gesamtheit unabhängig, so müssen die Wahrscheinlichkeitsverteilungen ermittelt werden, denen die gegebenen Stichproben entsprechen. Dabei kommt die bekannte statistische Testtheorie zur Anwendung, die es gestattet, Annahmen über die Wahrscheinlichkeitsverteilung einer Zufallsgröße auf Grund ihrer Realisierungen zu überprüfen. Bekannt sind zum Beispiel der χ^2-Test oder der KOLMOGOROFF-SMIRNOW-Test. Im einfachsten und angenehmsten Fall genügen die Zufallsgrößen der Folge der gleichen Wahrscheinlichkeitsverteilung mit den gleichen Parametern. Dann können die Zufallsgrößen der Folge als unterschiedliche Realisierungen derselben Zufallsgröße angesehen werden. Ein weiterer angenehmer Fall ergibt sich, wenn für die einzelnen Zufallsgrößen nur die Parameter der Wahrscheinlichkeitsverteilungen unterschiedlich sind, die funktionale Form jedoch erhalten bleibt. In diesem Fall ist die mit Hilfe der Statistik ermittelte Gesetzmäßigkeit der Parameteränderung eine grundlegende Information, die bei der Nachbildung der Zufallsgrößen im Modell ausgenutzt wird.

Stellt die Folge von Zufallsgrößen eine MARKOWsche Kette dar, so muß die Hypothese der Homogenität dieser Kette überprüft werden. Ebenso sind die Übergangswahrscheinlichkeiten, die das Verhalten der MARKOWschen Kette steuern (die MARKOWsche Kette wird von uns getrennt betrachtet werden), zu überprüfen.

Übrig bleibt noch zu untersuchen, ob die Zufallsgrößen, die eine Menge bilden, in ihrer Gesamtheit unabhängig sind. Zu diesem Zweck müssen Korrelationsmethoden angewendet werden. Als günstigster Fall ergibt sich, daß die Hypothese der Unabhängigkeit der einzelnen Zufallsgrößen in ihrer Gesamtheit angenommen wird. Im anderen Fall werden alle weiteren Anstrengungen darauf gerichtet sein, die Abhängigkeit zwischen den Zufallsgrößen durch eine bestimmte Menge von in ihrer Gesamtheit unabhängigen Zufallsgrößen darzustellen.

Damit kann die Wirkung von stochastischen Faktoren auf das System in vielen Fällen durch in ihrer Gesamtheit unabhängige einheitlich verteilte Zufallsgrößen beschrieben werden.

In der Wahrscheinlichkeitstheorie werden die Zufallsgrößen in diskrete, stetige und gemischt verteilte Zufallsgrößen eingeteilt. Die diskreten Zufallsgrößen nehmen nur bestimmte einzelne Werte an. Die Menge der zulässigen Werte einer diskreten Zufallsgröße kann entweder endlich oder abzählbar unendlich sein. Weit verbreitet ist der Fall, daß die Zufallsgröße nur ganzzahlige Werte annimmt. Insbesondere bezeichnen wir eine Zufallsgröße als binär, wenn sie nur die Werte 0 und 1 annimmt.

Eine diskrete Zufallsgröße wird mit Hilfe der Wahrscheinlichkeitsverteilung bestimmt. Die Einzelwahrscheinlichkeit p_k ($k = 0, 1, 2, \ldots$) gibt die Wahrscheinlichkeit dafür an, daß die Zufallsgröße den Wert k annimmt. Einige weit verbreitete Wahrscheinlichkeitsverteilungen von diskreten Zufallsgrößen sind:

1. BERNOULLIsche Verteilung (für binäre Zufallsgrößen)

$$p_0 = 1 - p;\ p_1 = p;\ p_k = 0$$

für $k > 1$.

Hierbei wird mit p der in diesem Fall einzige Parameter der Wahrscheinlichkeitsverteilung bezeichnet.

2. POISSON-Verteilung

$$p_k = \frac{\lambda^k}{k!} e^{-\lambda} \quad (0 < \lambda < +\infty; \quad k = 0, 1, 2, \ldots).$$

3. Binomialverteilung

$$p_k = C_n^k p^k (1 - p)^{n-k-1}$$

für $k = \overline{0, n}$ und $p_k = 0$ für $k > n$ ($0 < p < 1$; n ist eine ganze Zahl).

4. Geometrische Verteilung

$$p_k = p(1 - p)^k \quad (k = 0, 1, 2, \ldots;\ 0 < p < 1);$$

5. Diskrete gleichmäßige Verteilung

$$p_k = \frac{1}{n} \quad \text{für} \quad k = \overline{1, n},$$

$$p_k = 0 \quad \text{für} \quad k > n \ (n \text{ ist eine ganze Zahl}).$$

Die stetigen Zufallsgrößen können jeden beliebigen Wert aus einem bestimmten endlichen oder unendlichen Intervall annehmen. Stetige Zufallsgrößen werden gewöhnlich mit Hilfe ihrer Verteilungsfunktion $F(x)$ vorgegeben. Die Verteilungsfunktion gibt die Wahrscheinlichkeit dafür an, daß der Wert der Zufallsgröße x nicht übersteigt. Typische Beispiele für die Verteilung einer stetigen Zufallsgröße sind:

1. Exponentialverteilung

$$F(x) = \begin{cases} 0 & \text{für } x \leqq 0, \\ 1 - e^{-\lambda x} & \text{für } x > 0 \end{cases} \quad (0 < \lambda < +\infty).$$

Die nach diesem Gesetz verteilte Zufallsgröße kann nur nichtnegative Werte annehmen.

2. Normalverteilung

$$F(x) = \frac{1}{\sigma \sqrt{2\pi}} \int_{-\infty}^{x} e^{-\frac{(z-a)^2}{2\sigma^2}} dz \quad (-\infty < a < +\infty, \sigma \geqq 0).$$

Eine normalverteilte Zufallsgröße nimmt positive und negative Werte an.

3. Gleichmäßige Verteilung im Intervall $[a, b]$

$$F(x) = \begin{cases} 0 & \text{für} \quad x \leqq a, \\ \dfrac{x-a}{b-a} & \text{für } a < x \leqq b, \\ 1 & \text{für} \quad x > b \; (-\infty < a < b < +\infty). \end{cases}$$

4. Transformierte Normalverteilung im Intervall (c_1, c_2)

$$F(x) = \frac{\Phi(x) - \Phi(c_1)}{\Phi(c_2) - \Phi(c_1)}.$$

Dabei stellt $\Phi(x)$ eine gewöhnliche Normalverteilung dar. Es gilt: $-\infty \leqq c_1 < c_2 \leqq +\infty$. Für $c_1 = -\infty$ ergibt sich eine einseitige Transformation von rechts in den Punkt c_2, für $c_2 = +\infty$ ergibt sich eine einseitige Transformation von links in den Punkt c_1. Gilt gleichzeitig $c_1 = -\infty$ und $c_2 = +\infty$, geht die transformierte in die einfache Normalverteilung über.

Unter einer gemischten Zufallsgröße versteht man eine Zufallsgröße, die einerseits Werte annehmen kann, denen isolierte Punkte entsprechen, und die andererseits in einem bestimmten Intervall der Zahlengeraden stetig verteilt ist. Betrachten wir zwei Arten gemischter Verteilungen:

1. Gemischte Exponentialverteilung.

Mit der Wahrscheinlichkeit p_0 nimmt die Zufallsgröße den Wert 0 an und mit der Wahrscheinlichkeit $p = 1 - p_0$ Werte, die mit einer der Realisierungen der exponentiell verteilten Zufallsgröße übereinstimmen.

2. Gemischte transformierte Normalverteilung.

Mit der Wahrscheinlichkeit p_0 nimmt die Zufallsgröße den Wert 0 an. Mit der Wahrscheinlichkeit $p = 1 - p_0$ ergeben sich Realisierungen der Zufallsgröße, die mit den Realisierungen einer transformiert-normalverteilten Zufallsgröße übereinstimmen.

2.2. Einige Verfahren zur Erzeugung von Zufallszahlen auf EDVA

Bei der Anwendung der Monte-Carlo-Methode zur Untersuchung des Verhaltens ökonomischer Systeme wird ein wesentlicher Teil der Rechenoperationen für die Erzeugung von Zufallszahlen aufgewendet. Aus diesem Grund ist es notwendig, der Erzeugung von Zufallszahlen, die einer vorgegebenen Verteilungsfunktion genügen, besondere Aufmerksamkeit zu widmen.

Bei der Untersuchung der Steuerung von Warenvorräten wird die Wahrscheinlichkeitsverteilung des Bedarfs nach unterschiedlichen Waren sowie die Wahrscheinlichkeitsverteilung der Termine benötigt, in denen die Vorräte aufgefüllt werden. Die mittlere Fehlmenge an Waren sowie deren mittlere Abweichung kann man für jeden vorgegebenen Warenvorrat auf der Grundlage einer fortlaufenden

Annäherung mit Hilfe eines einfachen Rechenschemas sowie einer umfangreichen Stichprobe des Bedarfs und der Termine zur Auffüllung der Vorräte ermitteln. Auf diese Weise wird die Reserve bestimmt, bei der ein vorgegebenes Fehlmengenniveau nicht überschritten wird.

Die Anzahl der Zufallszahlen, die für die Ermittlung einer Realisierung des zu modellierenden Prozesses benötigt werden, schwankt ziemlich stark. In den einfachsten Fällen reichen ungefähr zehntausend. Für komplizierte Aufgaben werden jedoch hunderttausend und mehr notwendig.

Um die Realisierung einer Zufallsgröße mit vorgegebener Wahrscheinlichkeitsverteilung zu erhalten, werden im allgemeinen eine oder mehrere gleichmäßig verteilte Zufallszahlen benötigt. Aus diesem Grunde hat die Ermittlung von gleichmäßig verteilten Zufallszahlen auf EDVA eine besonders große Bedeutung.

Die Erzeugung von gleichmäßig verteilten Zufallsgrößen mit Hilfe der EDVA kann mit unterschiedlichen Verfahren erfolgen. Einige wichtige Ergebnisse sind in den Arbeiten [11, 12] enthalten.

Eine einfache Möglichkeit, eine Folge von gleichmäßig verteilten Zufallszahlen bereitzustellen, ist die Speicherung einer derartigen Tabelle in der EDVA. Im Verlauf der Rechnung werden entsprechende Speicher abgefragt.

Gegenwärtig ist jedoch ein derartiges Vorgehen nicht annehmbar. Im allgemeinen wird nämlich so ein Teil des operativen Speichers der EDVA für die Speicherung der Tabelle von Zufallszahlen gebunden. Das wird aber dadurch erschwert, daß der Speicher mit unterschiedlichen Informationen, die sich unmittelbar auf den zu modellierenden Prozeß beziehen, überlastet ist. Bei der Eingabe von Tabellen gleichmäßig verteilter Zufallszahlen in einen Außenspeicher der Maschine wird infolge der großen Zugriffszeit die Rechengeschwindigkeit wesentlich verringert, das Rechenprogramm komplizierter und darüber hinaus die Zuverlässigkeit der Lösung reduziert. Für die Lösung umfangreicher Aufgaben werden häufig hunderttausend und sogar Millionen Zufallszahlen notwendig. Diese Anzahl übersteigt den Umfang der gegenwärtig existierenden Tabellen gleichmäßig verteilter Zufallszahlen um ein mehrfaches.

Eine zweite Möglichkeit zur Erzeugung von gleichmäßig verteilten Zufallszahlen besteht in der Verwendung spezieller äußerer Anlagen für die EDVA, sogenannter Generatoren zur Erzeugung von Zufallszahlen. Diese wandeln die Ergebnisse eines bestimmten zufälligen physikalischen Prozesses in eine Folge binärer Zeichen in der Rechenmaschine um, wodurch sich ein Verfahren zur Erzeugung von Zufallszahlen ergibt. In jedem Arbeitsakt wird in einem festgelegten Standardspeicherelement der Maschine eine neue Zufallszahl benötigt. Das erfordert eine hohe Geschwindigkeit des Generators. Die Erzeugung von Zufallszahlen auf diese Weise macht die Installation einer zusätzlichen Anlage notwendig. Zur Verbindung des Generators mit der EDVA sind gewisse Veränderungen der Maschine erforderlich. Für den Betrieb und die Aufrechterhaltung der Betriebsfähigkeit des Generators ist zusätzlicher Arbeitsaufwand notwendig.

Wird auf der EDVA ständig die Monte-Carlo-Methode angewendet, so ist offensichtlich die Entwicklung eines Generators von Zufallszahlen sinnvoll. Im anderen Fall verwendet man sogenannte Pseudozufallszahlenfolgen, die auf der Grundlage spezieller Algorithmen auf der elektronischen Datenverarbeitungsanlage selbst ermittelt werden.

Das algorithmische Verfahren zur Erzeugung von gleichmäßig verteilten Zufallszahlen ist gegenwärtig weit verbreitet. Die Zufallszahlen werden entsprechend einer bestimmten rekursiven Beziehung, die auf der EDVA programmiert wurde, erhalten. Jede folgende Zahl a_{j+1} ergibt sich damit aus der vorhergehenden a_j (oder aus einer Gruppe von vorhergehenden Zahlen) durch Anwendung eines bestimmten Algorithmus, der aus arithmetischen und logischen Operationen besteht.

Die einfachste arithmetische Methode wurde von Neumann vorgeschlagen. Eine beliebige Zahl, die aus $2n$ binären Ziffern besteht, wird bei diesem Verfahren quadriert. Als Ergebnis erhält man eine Zahl mit $4n$ Ziffern, von der von beiden Seiten n Ziffern gestrichen werden (es bleibt die „Mitte des Produkts" stehen). Dieser Prozeß der fortlaufenden Quadrierung und Ermittlung der „Mitte des Produkts" wird mehrfach wiederholt. Die sich ergebende Folge der „Mitte des Produkts" bildet eine im Intervall (0, 1) gleichverteilte Folge von Zufallszahlen.

In der Praxis wendet man im allgemeinen kompliziertere Algorithmen an, die Verteilungen mit besseren Eigenschaften ergeben und insbesondere die Spezifik der EDVA beachten.

Alle diese Zahlenfolgen genügen den bekannten Zufallskriterien, obwohl die in die Folge eingehenden Zahlen voneinander abhängig sind. Die Verfahren haben jedoch auch einige Nachteile. Vor allem sind alle Folgen von Zufallszahlen, die mit entsprechenden Programmen erzeugt werden, periodisch. Hinsichtlich ihrer praktischen Anwendung werden damit sehr lange Folgen nicht mehr zufällig sein. Methoden zur Vergrößerung der Periode der Folgen verringern dagegen die Rechengeschwindigkeit.

Darüber hinaus unterscheidet sich die Verteilung der nach derartigen Programmen erhaltenen Zufallszahlen mehr oder weniger von der theoretischen Verteilung. Während eine solche Abweichung für den eindimensionalen Fall unwesentlich sein kann, erhält sie bei der Erzeugung verschiedener mehrdimensionaler Verteilungen aus Folgen gleichmäßig verteilter Zufallszahlen große Bedeutung.

Ungeachtet der beschriebenen Nachteile verwendet man im allgemeinen bei der Anwendung der Monte-Carlo-Methode zur Lösung einer Reihe von angewandten Aufgaben (da insbesondere für die meisten EDVA Generatoren von Zufallszahlen fehlen) diese Verfahren zur Erzeugung von Pseudozufallszahlen. Ein wesentlicher Vorteil ist dabei die Möglichkeit, die Arbeit der EDVA im Prozeß der Lösung der Aufgabe zu kontrollieren. Darüber hinaus sind die Algorithmen zur Erzeugung von Pseudozufallszahlen einfach.

Im weiteren betrachten wir die Erzeugung von im Intervall (0, 1) gleichmäßig verteilten Zufallszahlen. Grundlage für das Programm sei die numerische Methode von N. M. Korobow [13]. Die mit dieser Methode erhaltenen Folgen von Zufallszahlen ergaben bei der Untersuchung mit Hilfe statistischer Kriterien eine ausreichend gute Übereinstimmung mit dem Gesetz der gleichmäßigen Verteilung.

Ausgangsdaten für die Erzeugung von gleichmäßig im Intervall (0, 1) verteilten Pseudozufallszahlen sind zwei positive ganze Zahlen: p und g. p sei dabei eine natürliche Zahl und in der Form $p = 2p_1 + 1$ darstellbar. p_1 sei irgendeine einfache positive Zahl. g sei angenähert der Hälfte der Zahl p gleich und erlaube eine Darstellung in der Form $g = p - 3m$, wobei m eine positive ganze Zahl ist.

Bezeichnet man mit geschweiften Klammern eine Operation, mit deren Hilfe von einer gegebenen Zahl nur der gebrochen rationale Anteil genommen wird, und mit eckigen Klammern eine Operation, die von einer gegebenen Zahl nur den ganzen Teil aussondert, so ergibt sich die Folge der im Intervall (0, 1) gleichmäßig verteilten Zufallszahlen $\xi_1, \xi_2, \xi_3, \ldots$ durch folgende rekursive Gleichungen:

$$\begin{aligned} R_k &= r_{k-1} g, \\ \xi_k &= \{R_k/p\}, \\ r_k &= R_k - p[R_k/p] \qquad (k = 1, 2, 3, \ldots). \end{aligned}$$

Dabei sind R_k und r_k Folgen von Zwischenwerten, außerdem gilt $r_0 = 1$.

Bei der Anwendung dieser Methode von Korobow ergibt sich eine Folge von Pseudozufallszahlen mit der Periode $p - 1$. Die Zahlen p und g, die als Anfangswerte für die Unterprogramme dienen, werden so ausgewählt, daß sich im Verlauf der Lösung der gesamten Aufgabe keine Wiederholungen ergeben.

Die so erhaltenen im Intervall (0, 1) gleichmäßig verteilten Pseudozufallszahlen verwenden wir zur Erzeugung von Pseudozufallszahlen mit beliebiger vorgegebener Verteilungsfunktion. So kann man zum Beispiel Pseudozufallszahlen erhalten, die einer diskreten Wahrscheinlichkeitsverteilung, vorgegeben durch die Einzelwahrscheinlichkeiten $p_0, p_1, p_2, \ldots, p_n$, genügen. Zu diesem Zweck wird ein Programm aufgestellt, das die Transformation der gleichmäßig verteilten Zufallsgrößen in die Zufallszahlen, die der gegebenen diskreten Wahrscheinlichkeitsverteilung genügen, durchführt.

Eine Folge von normalverteilten Pseudozufallszahlen mit den Parametern a und σ kann man erhalten, wenn man die Bedingungen, unter denen das zentrale Grenzwerttheorem der Wahrscheinlichkeitstheorie gilt, näherungsweise nachbildet. Entsprechend diesem Grenzwerttheorem ist die Summe einer großen Anzahl von Zufallsgrößen unter einigen sehr allgemeinen Bedingungen asymptotisch normalverteilt. Aus diesem Grunde kann man für eine genäherte Modellierung die im Intervall (0, 1) gleichmäßig verteilten Zufallszahlen summieren.

Es seien ξ_i $(i = 1, 2, \ldots)$ Pseudozufallszahlen, die im Intervall (0, 1) mit dem Erwartungswert 0,5 sowie einer mittelquadratischen Abweichung $\frac{1}{2\sqrt{3}}$ gleichmäßig verteilt sind [12]. Dann ist die Summe $\eta = \sum_{i=1}^{m} \xi_i$ asymptotisch normalverteilt für ausreichend große m mit den Parametern $a' = \frac{m}{2}$, $\sigma' = \frac{1}{2}\sqrt{\frac{m}{3}}$. Die Zufallszahlen, die mit den vorgegebenen Parametern a und σ normalverteilt sind, ergeben sich dementsprechend folgendermaßen:

$$\eta = \frac{\sum_{i=1}^{m} \xi_i - \frac{m}{2}}{\frac{1}{2}\sqrt{\frac{m}{3}}}\,\sigma + a = \left(\frac{2}{\sqrt{m}} \sum_{i=1}^{m} \xi_i - \sqrt{m}\right) \sigma \sqrt{3} + a .$$

Um eine Folge von exponentiell verteilten Pseudozufallszahlen zu erhalten, wird die Formel

$$x_i = -\frac{1}{\lambda} \ln (1 - \xi_i) \qquad (i = 1, 2, \ldots)$$

verwendet. Dabei ist λ Parameter der Verteilung. ξ_i stellt die bekannte Folge der gleichmäßig verteilten Zufallszahlen dar. Da dieses Verfahren den operativen Speicher der Maschine nicht belastet, wird es in der Praxis [12] weitgehend angewendet.

Bei der Lösung praktischer Aufgaben werden oft Operationen mit Zufallsgrößen notwendig, die bestimmten Wahrscheinlichkeitsverteilungen genügen. Betrachten wir einige dieser Verteilungen, die wir im weiteren benötigen:

1. *Gemischte transformierte Normalverteilung.* Die Zufallsgröße ξ nimmt mit der Wahrscheinlichkeit p_0 ($0 \leqq p_0 \leqq 1$) den Wert 0 an. Mit der Wahrscheinlichkeit $(1 - p_0)$ ergeben sich Werte, die mit einer der Realisierungen der Zufallsgröße η, die der transformierten Normalverteilung genügt, übereinstimmen:

$$F(x) = P\{\eta \leqq x\} = \begin{cases} 0 & \text{für } x < c_1, \\ \dfrac{\Phi(x) - \Phi(c_1)}{\Phi(c_2) - \Phi(c_1)} & \text{für } c_1 \leqq x < c_2, \\ 1 & \text{für } x \geqq c_2. \end{cases} \tag{1}$$

Dabei stellt

$$\Phi(x) = \frac{1}{\sigma\sqrt{2\pi}} \int_{-\infty}^{x} \mathrm{e}^{-\frac{(x-a)^2}{2\sigma^2}}\, \mathrm{d}x$$

die Verteilungsfunktion einer gewöhnlichen (nicht transformierten) normalverteilten Zufallsgröße mit dem Erwartungswert a ($-\infty < a < +\infty$) und der Dispersion σ^2 ($0 \leqq \sigma < +\infty$) dar. c_1, c_2 sind die entsprechenden linken und rechten Schnittpunkte mit der Abszisse.

Offensichtlich wird eine gemischte transformierte Normalverteilung durch die folgenden fünf Parameter gekennzeichnet: p_0, c_1, c_2, a, σ. Für den Fall, daß die Verteilung nicht gemischt ist, ergibt sich insbesondere $p_0 = 0$. In den anderen Spezialfällen, in denen die Transformation einseitig (entweder links- oder rechtsseitig) ist oder überhaupt keine Transformation vorliegt, kann man entsprechend $c_2 = k$ oder $c_1 = k$ bzw. $c_2 = k_2$ und $c_1 = k_1$ setzen. Dabei ist k_1 eine hinreichend große negative Konstante und k_2 eine hinreichend große positive Konstante. Die konkrete Wahl von k_1 und k_2 wird entsprechend der Stellenzahl der EDVA bestimmt. Das Blockschema des Algorithmus ist in Abb. 1 dargestellt.

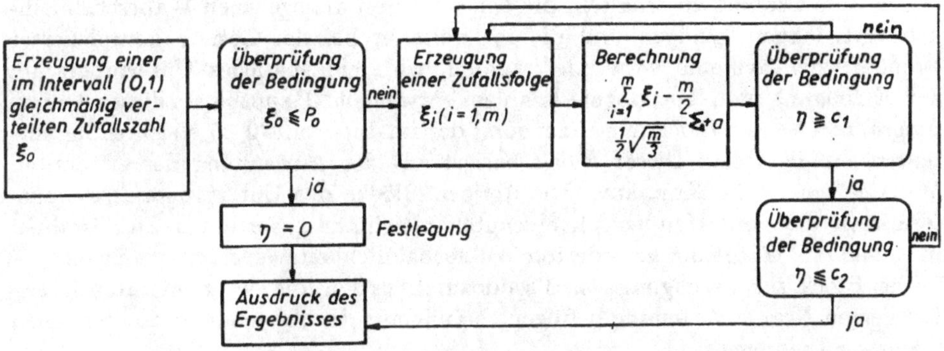

Abb. 1. Blockschema zur Erzeugung von Pseudozufallszahlen, die der gemischten transformierten Normalverteilung genügen

2. *Gemischte Exponentialverteilung.* Die Zufallsgröße nimmt mit der Wahrscheinlichkeit p_0 $(0 \leqq p_0 \leqq 1)$ den Wert 0 an. Mit der Wahrscheinlichkeit $(1 - p_0)$ stimmt sie mit einer der Realisierungen der Zufallsgröße η überein, die der Exponentialverteilung genügt. Dabei gilt $(0 \leqq \lambda < +\infty)$

$$G(x) = P\{\eta \leqq x\} = \begin{cases} 0 & \text{für } x \leqq 0 \\ 1 - e^{-\lambda x} & \text{im anderen Fall.} \end{cases} \tag{2}$$

Parameter der gemischten Exponentialverteilung sind p_0 und λ. Der Spezialfall, daß die Verteilung nicht gemischt ist, ergibt sich ganz entsprechend dem weiter oben erwähnten. Das Blockschema des Algorithmus ist in Abb. 2 dargestellt.

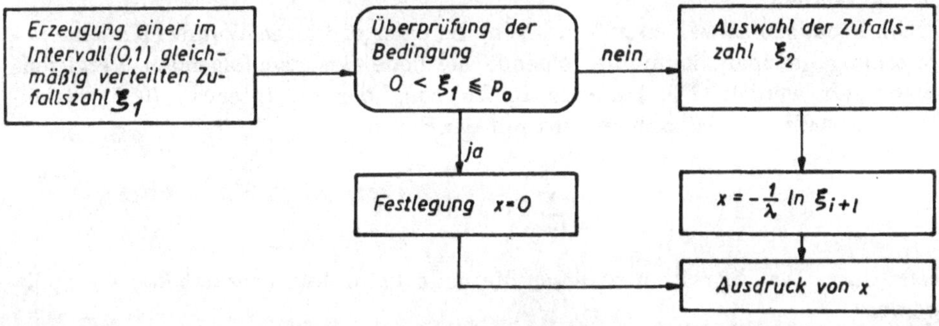

Abb. 2. Blockschema zur Erzeugung von Pseudozufallszahlen, die der gemischten Exponentialverteilung genügen

3. Eine *endliche diskrete Verteilung* ist durch die Wahrscheinlichkeiten $p_k = P\{\xi = k\}$ $(k = \overline{0, n}$; n sei eine feste positive ganze Zahl, $0 \leqq p_k \leqq 1$, $\sum_{k=0}^{n} p_k = 1)$ bestimmt.

Diese Verteilung ist im allgemeinen Fall mit Hilfe der $n + 1$ Zahlen $p_k \left(k = \overline{0, n}\right)$ vorgegeben.

Um Zufallszahlen zu erhalten, die einer der drei angegebenen Wahrscheinlichkeitsverteilungen genügen und die im weiteren bei der Lösung komplizierter ökonomischer Systeme verwendet werden, wird ein spezielles Unterprogramm zur Erzeugung von Pseudozufallszahlen entwickelt. Hauptblock dieses Unterprogramms ist der Block zur Erzeugung der im Intervall (0, 1) gleichmäßig verteilten Zufallszahlen. Dieser Block basiert auf der Anwendung der erwähnten Methode von N. M. Korobow. Die übrigen Blöcke des Unterprogramms transformieren die vom Hauptblock erzeugten gleichmäßig verteilten Zufallszahlen in Zufallszahlen, die der geforderten Wahrscheinlichkeitsverteilung genügen.

Der Block zur Erzeugung von Pseudozufallszahlen, die der gemischten transformierten Normalverteilung genügen, beruht auf der Anwendung des zentralen Grenzwerttheorems

$$\eta = \frac{\sum\limits_{i=1}^{n} \xi_i - \frac{m}{2}}{\frac{1}{2}\sqrt{\frac{m}{3}}}\,\sigma + a = \left(\frac{2}{\sqrt{m}} \sum_{i=1}^{m} \xi_i - \sqrt{m}\right) \sigma \sqrt{3} + a. \tag{3}$$

Zur Erzeugung von exponentiell verteilten Pseudozufallszahlen verwendet man einen Block, in dem die Zufallszahlen nach der Formel

$$x_i = -\frac{1}{\lambda} \ln\left(1 - \xi_i\right) \qquad (i = 1, 2, \ldots)$$

erzeugt werden.

Um Pseudozufallszahlen zu ermitteln, die einer diskreten Wahrscheinlichkeitsverteilung genügen, kann die folgende Methode des nachfolgenden Vergleichs ausgenutzt werden. Die laufende Realisierung der im Intervall (0, 1) gleichmäßig verteilten Zufallszahlen wird mit der Summe

$$S_k = \sum_{i=0}^{k} p_i \qquad \left(k = \overline{0, n}\right)$$

verglichen. Der Algorithmus dieser Methode kann folgendermaßen dargestellt werden:

1. Aufstellen der Summe $S_0 = p_0$;
2. Auswahl der im Intervall (0, 1) gleichmäßig verteilten Zufallszahl ξ;
3. Vergleich von ξ mit dem Wert der laufenden Summe S_k.

Wenn $\xi < S_k$ gilt, wird die Zufallsgröße mit $\xi = k$ angenommen. Im entgegengesetzten Fall wird die Berechnung der laufenden Summe $S_{k+1} = S_k + p_{k+1}$ fort-

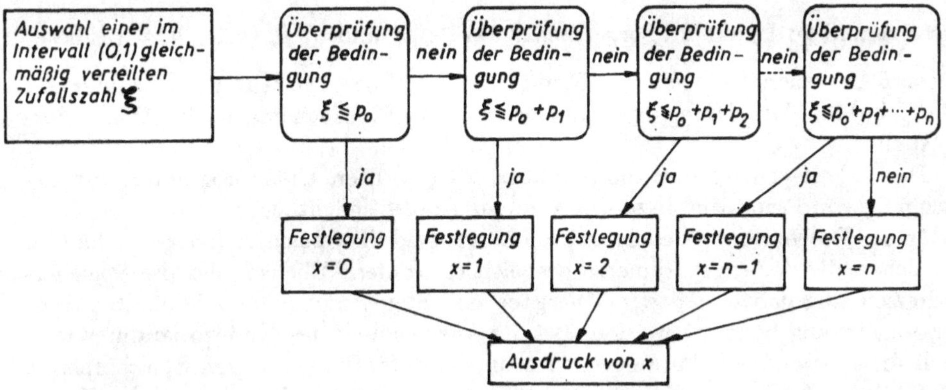

Abb. 3. Blockschema zur Erzeugung von Pseudozufallszahlen, die einer diskreten Wahrscheinlichkeitsverteilung genügen

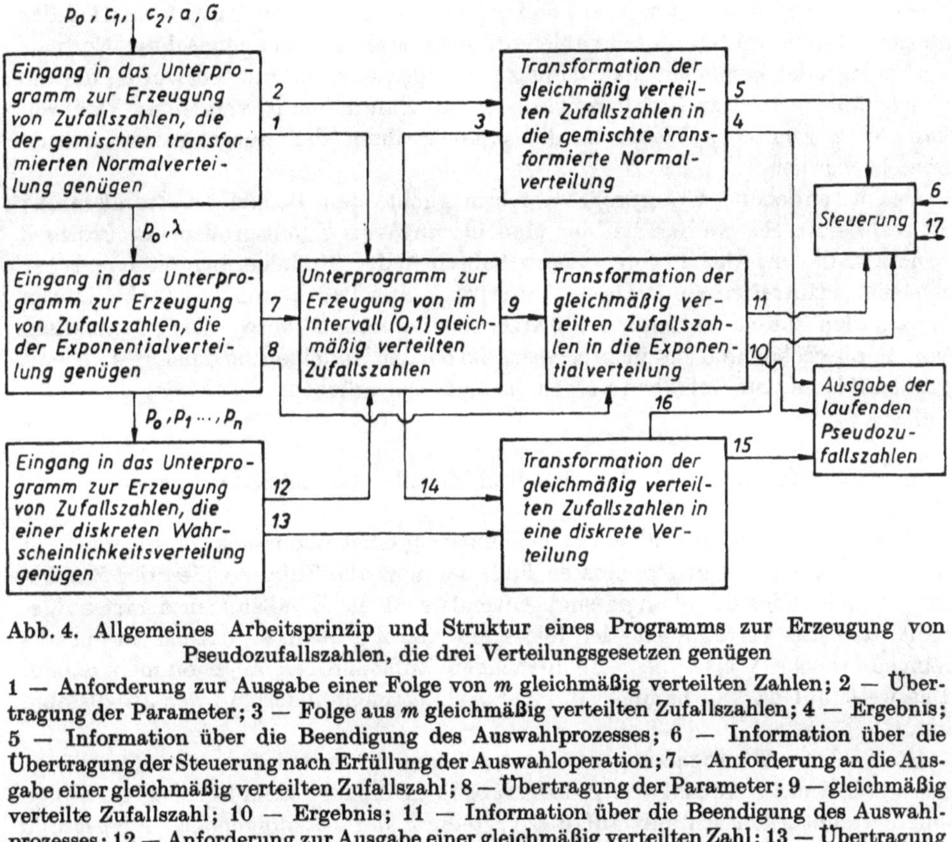

Abb. 4. Allgemeines Arbeitsprinzip und Struktur eines Programms zur Erzeugung von Pseudozufallszahlen, die drei Verteilungsgesetzen genügen

1 — Anforderung zur Ausgabe einer Folge von m gleichmäßig verteilten Zahlen; 2 — Übertragung der Parameter; 3 — Folge aus m gleichmäßig verteilten Zufallszahlen; 4 — Ergebnis; 5 — Information über die Beendigung des Auswahlprozesses; 6 — Information über die Übertragung der Steuerung nach Erfüllung der Auswahloperation; 7 — Anforderung an die Ausgabe einer gleichmäßig verteilten Zufallszahl; 8 — Übertragung der Parameter; 9 — gleichmäßig verteilte Zufallszahl; 10 — Ergebnis; 11 — Information über die Beendigung des Auswahlprozesses; 12 — Anforderung zur Ausgabe einer gleichmäßig verteilten Zahl; 13 — Übertragung der Parameter; 14 — gleichmäßig verteilte Zufallszahl; 15 — Ergebnis; 16 — Information über die Beendigung des Auswahlprozesses; 17 — Ausgang nicht in das Unterprogramm.

gesetzt und zu Punkt 2 übergegangen. Da $\xi \leqq 1$ und $\sum_{k=0}^{n} p_k = 1$ gilt, wird dieser Prozeß in jedem Fall mit der Ermittlung eines bestimmten Wertes x und der Ausgabe aus dem Unterprogramm enden. Das Blockschema ist in Abb. 3 dargestellt.

Das Arbeitsprinzip und die Struktur des gesamten Unterprogramms zur Erzeugung von Pseudozufallszahlen wird aus Abb. 4 ersichtlich.

In der Beschreibung des Unterprogramms sind die Speicheradressen enthalten, in denen die Anfangsparameter gespeichert werden. Ebenso sind die Speicheradressen angegeben, die zur Übergabe der Steuerung an den konkreten Programmeingang benötigt werden. Bei der Verwendung des Unterprogramms werden die notwendigen Parameterwerte in die dafür vorgesehenen Speicherplätze übertragen. Ebenso werden die Informationen über die Übertragung der Steuerung nach Beendigung der Operation und die Speicheradressen für die Aufbewahrung der Ergebnisse des Unterprogramms übertragen.

Es muß noch bemerkt werden, daß in den Blöcken für die Transformation der gleichmäßig verteilten Zufallszahlen in Zufallszahlen mit gemischter Normalverteilung oder Exponentialverteilung eine Operation vorgesehen wurde, die die gleichmäßig verteilten Zufallszahlen mit dem Parameter p_0 vergleicht. Dadurch kann eine gemischte Wahrscheinlichkeitsverteilung der Ausgangszufallszahlen erreicht werden.

Das beschriebene Unterprogramm ermöglicht, den Bedarf an Zufallszahlen zu realisieren. Sie werden bei der Modellierung von Zufallsgrößen der Prozesse benötigt, die bei der Lösung vieler Aufgaben der Modellierung ökonomischer Systeme anzutreffen sind. Dieses Unterprogramm kann, wenn es in konkreten Einzelfällen durch bestimmte Zusatzelemente ergänzt wird, die Nachbildung von Zufallsgrößen und Zufallsprozessen, die bei der Modellierung einer ausreichend großen Klasse von Aufgaben notwendig sind, ermöglichen.

2.3. Markowsche Abhängigkeit in Modellen komplizierter Systeme

Nicht immer treffen wir bei der Modellierung eines ökonomischen Systems auf den einfachsten und angenehmsten Fall, bei dem alle Zufallsgrößen der Zufallsfolge voneinander unabhängig sind. Oftmals sind die Zufallsfolgen derart aufgebaut, daß die Verteilungen der folgenden Zufallsgrößen wesentlich davon abhängen, welche Werte die vorhergehenden Zufallsgrößen angenommen haben. Das weist auf das Vorhandensein einer Abhängigkeit innerhalb der Zufallsfolge hin.

Eine solche Abhängigkeit kann unterschiedlich kompliziert sein. Das hängt davon ab, welche Anzahl von Realisierungen „früherer" Zufallsgrößen der Folge einen wesentlichen Einfluß auf die Verteilung der nachfolgenden Zufallsgröße besitzen. Die einfachste (schwächste) Abhängigkeit liegt vor, wenn sie sich nur auf „einen Schritt" auswirkt, d. h., wenn das Verhalten jeder nachfolgenden

Zufallsgröße nur von der Realisierung der vorhergehenden abhängt. Im Gegensatz dazu tritt der Fall der stärksten Abhängigkeit dann auf, wenn auf die Verteilung jeder Zufallsgröße der Folge von Realisierungen alle die Größen wesentlichen Einfluß haben, die der gegebenen Größe vorangegangen sind. Dazwischen liegt der Fall, daß sich die Abhängigkeit nur auf eine begrenzte Anzahl von Zufallsgrößen ausdehnt.

Eine Zufallsfolge, bei der sich die Abhängigkeit auf eine konstante Schrittzahl auswirkt, nennt man nach dem bekannten sowjetischen Mathematiker MARKOW, der sich als erster mit der systematischen Untersuchung der Abhängigkeit von Zufallsfolgen beschäftigte, eine MARKOWsche Kette. Eine Folge, bei der jede folgende Zufallsgröße nur von der Realisierung der vorhergehenden abhängt, wird gewöhnlich als *einfache* MARKOW*sche Kette* bezeichnet. Im Unterschied dazu werden Zufallsfolgen mit einer Abhängigkeit über zwei und mehr Schritte als *komplizierte* MARKOW*sche Ketten* oder als MARKOW*sche Ketten m-ter Ordnung* bezeichnet. Dabei kann die Untersuchung komplizierter MARKOWscher Ketten formal ohne prinzipielle Schwierigkeiten auf die Untersuchung einfacher MARKOWscher Ketten zurückgeführt werden. Zu diesem Zweck ist es ausreichend, anstelle der einzelnen Werte der Zufallsgrößen der Kette Mengen dieser Werte zu betrachten. Natürlich wächst dabei die Kompliziertheit der Berechnungen im Vergleich zu den Berechnungen bei der Untersuchung einfacher Ketten an.

Betrachten wir jetzt MARKOWsche Ketten. Während für die Vorgabe einer Folge in ihrer Gesamtheit unabhängiger Zufallsgrößen mit gleicher Verteilung allein die Wahrscheinlichkeitsverteilung (für den diskreten Fall)

$$p_k = P\{\xi = k\} \qquad (k = 0, 1, 2, \ldots)$$

bzw. im kontinuierlichen Fall

$$F(x) = P\{\xi \leqq x\} \qquad (-\infty < x < \infty)$$

ausreichend war, trifft das für MARKOWsche Ketten nicht zu. Betrachten wir zunächst eine einfache Kette. Wie bereits bemerkt wurde, ist die Verteilung jeder folgenden Zufallsgröße von dem Wert der vorhergehenden Zufallsgröße abhängig. Das bedeutet, daß bei der Vorgabe einer MARKOWschen Kette bedingte Wahrscheinlichkeitsverteilungen verwendet werden müssen. Ist die Menge aller zulässigen Werte (*Alphabet* der Kette), die von den Zufallsgrößen der Kette angenommen werden können, diskret, so kann man diese bedingten Verteilungen folgendermaßen angeben:

$$P\{\xi_{k+1} = j/\xi_k = i\} = p_{ij}(k) \qquad (i \in \mathfrak{A}, j \in \mathfrak{A}, k = 0, 1, 2, \ldots). \tag{4}$$

Dabei stellt $\mathfrak{A}$ das Alphabet der Kette dar.

Hängen dabei die eingeführten bedingten Verteilungen nicht von der Nummer der Zufallsgröße k ab, so nennen wir die Kette *homogen*. Für eine einfache homogene Markowsche Kette kann man die bedingten Verteilungen (4) in Form einer quadratischen Matrix der Übergangswahrscheinlichkeiten angeben:

$$\begin{pmatrix} p_{11} & p_{12} & p_{13} \cdots \\ p_{21} & p_{22} & p_{23} \cdots \\ p_{31} & p_{32} & p_{33} \cdots \\ \cdots & \cdots & \cdots \end{pmatrix}. \qquad (5)$$

In dieser Matrix nimmt jede bedingte Verteilung eine Zeile entsprechend der Nummer des Wertes der Zufallsgröße der Kette an, deren Realisierung als bekannt vorausgesetzt wird.

Da alle Elemente der Matrix (5) Wahrscheinlichkeiten sind, gilt offensichtlich

$$0 \leqq p_{ij} \leqq 1 \qquad (i \in \mathfrak{A},\ j \in \mathfrak{A}). \qquad (6)$$

Da darüber hinaus jede Zeile der Matrix (5) eine Wahrscheinlichkeitsverteilung darstellt, gilt außerdem

$$\sum_{j \in \mathfrak{A}} p_{ij} = 1 \qquad (i \in \mathfrak{A}). \qquad (7)$$

Eine Matrix, die die Eigenschaften (6) und (7) besitzt, bezeichnet man als *stochastische Matrix*. In Abhängigkeit davon, ob das Alphabet der einfachen homogenen Markowschen Kette eine endliche oder abzählbar unendliche Menge ist, wird die Matrix der Übergangswahrscheinlichkeiten endlich oder unendlich sein.

Gewöhnlich setzt man voraus, daß die Markowsche Kette einen Anfang besitzt, d. h. eine Zufallsgröße existiert, für die es keine vorhergehende gibt. In diesem Fall ergibt sich auf Grund der bisherigen Darlegungen keine Regel zur Auswahl des Wertes der ersten Zufallsgröße. Das bedeutet aber, daß die Kette noch nicht vollständig bestimmt ist. Um die Kette zu bestimmen, benötigen wir entweder einen fest vorgegebenen Anfangszustand $a_0 \in \mathfrak{A}$ (*initiale Kette*) oder eine (unbedingte) Anfangsverteilung der Wahrscheinlichkeiten

$$p_i = P\{\xi_1 = i\} \qquad (i \in \mathfrak{A},\ \sum_i p_i = 1) \qquad (8)$$

(*nichtinitiale Kette*). Offensichtlich stellt der erste Fall einen Spezialfall des zweiten dar, wenn man $p_j = 1$ für ein bestimmtes $j \in \mathfrak{A}$ und $p_i = 0$ für alle anderen $i \neq j$ setzt.

Damit haben wir festgestellt, daß für die vollständige Bestimmung einer einfachen homogenen Markowschen Kette die Matrix der Übergangswahrscheinlichkeiten sowie die Anfangsverteilung der Wahrscheinlichkeiten benötigt werden.

Die einfachen Markowschen Ketten sind gegenwärtig bereits weitgehend untersucht. In der umfangreichen Literatur zu den theoretischen und angewandten Problemen der Markowschen Ketten [14—17] werden auch die Zustände einer Markowschen Kette klassifiziert, die Ergodentheorie, die Grenzwerttheoreme sowie verschiedenartige rechentechnische Probleme und eine Reihe anderer Fragen behandelt.

Kann das untersuchte System auf eine einfache Markowsche Kette zurückgeführt werden, so ist die Untersuchung mit Hilfe der in der Theorie der Markowschen Ketten bekannten analytischen Methoden durchzuführen. Falls das System jedoch so kompliziert ist, daß eine ausreichend vollständige Untersuchung eine Betrachtung als einfache Markowsche Kette nicht zuläßt, andererseits jedoch einige der Bestandteile durch Markowsche Ketten beschrieben werden können, so wird im allgemeinen die Untersuchung des Systems mit Hilfe der Methoden der stochastischen Simulation durchgeführt. Dabei werden auch einige einzelne Markowsche Ketten, die das Verhalten bestimmter Knoten des Systems modellieren, verwendet.

Oben wurden Methoden zur Erzeugung von Zufallszahlen auf EDVA angegeben, wobei wir uns auf bestimmte am häufigsten anzutreffende Verteilungen beschränkten. Mit den gleichen Methoden erfolgt auch die Nachbildung von Folgen in ihrer Gesamtheit unabhängiger Zufallsgrößen. Für die Erzeugung von Folgen, die eine einfache Markowsche Kette darstellen, wird nach jedem Schritt der laufende Wert der Kette gespeichert. In einer bestimmten Etappe möge dieser Wert α sein. Die Realisierung einer nachfolgenden Zufallsgröße wird folgendermaßen erhalten: Aus der Matrix der Übergangswahrscheinlichkeiten ist die Zeile mit der Nummer α auszuwählen. Mit Hilfe eines Verfahrens, das im vorhergehenden Paragraphen beschrieben wurde, erzeugen wir die Realisierung einer Zufallsgröße mit einer Wahrscheinlichkeitsverteilung, die mit der ausgewählten Zeile übereinstimmt. Der erhaltene Wert wird als laufende Realisierung der zu modellierenden Markowschen Kette genommen.

Ein Betrieb werde zum Beispiel mit Ersatzteilen einer bestimmten Nomenklatur aus einem Lager versorgt. Dabei sind die Zeitabstände, in denen Ersatzteile der erforderlichen Nomenklatur am Lager sind, relativ groß, d. h., der Vorrat wird selten aufgefüllt und nur langsam verbraucht. Weiterhin sind $t_1, t_2, t_3, \ldots$ die Zeitpunkte, in denen der Betrieb an das Lager eine Bestellung von Ersatzteilen aufgibt. Wir führen die Folge der Zufallsgrößen $\xi_1, \xi_2, \xi_3, \ldots$ derart ein, daß jede der Größen ξ_k $(k = 1, 2, \ldots)$ den Wert 1 annimmt, wenn im Zeitpunkt t_k in dem Lager Ersatzteile vorhanden sind. Im entgegengesetzten Fall wird der Wert Null angenommen.

Sind die Zeitabstände zwischen den Eintrittsmomenten der Forderungen im Vergleich zu den Abständen, in denen Ersatzteile am Lager sind bzw. am Lager fehlen, klein, so kann die Folge $\{\xi_k\}$ nicht als eine Folge von in ihrer Gesamtheit unabhängigen Zufallsgrößen mit gleicher Verteilung angenommen werden. Vielmehr ist die nachfolgende Realisierung der Zufallsgröße von den Werten, die die Zufallsgröße vorher angenommen hatte, abhängig. Sind diese Abstände so klein, daß sich die Abhängigkeit innerhalb der Folge nicht über mehr als einen Schritt auswirkt, d. h. das Ergebnis einer Nachfrage beim Lager nur von dem Ergebnis der vorhergehenden Nachfrage nach Ersatzteilen abhängt, kann die Folge als eine einfache homogene Markowsche Kette betrachtet werden.

Beobachten wir die Nachfrage des Betriebes im Lager über eine ausreichend lange Zeitperiode (einige Hundert Realisierungen), so können auf der Grundlage dieser statistischen Daten die Elemente der Matrix der Übergangswahrscheinlichkeiten angenähert folgendermaßen bestimmt werden: N sei die Zahl der beobachteten Realisierungen der Zufallsgrößen der Folge (Stichprobenumfang). Aus diesen N Werten bildet man $N - 1$ Paare, die Werte von zwei aufeinanderfolgenden Zufallsgrößen darstellen. Dabei haben die ermittelten Paare folgendes mögliches Aussehen: (0, 0), (0, 1), (1, 0), (1, 1). Die Häufigkeit, mit der jedes Paar eintritt, bezeichnen wir entsprechend mit n_{00}, n_{01}, n_{10}, n_{11}. Offensichtlich gilt dabei $n_{00} + n_{01} + n_{10} + n_{11} = N - 1$. Dann ergeben sich die Elemente der Matrix der Übergangswahrscheinlichkeiten (Übergangsmatrix) angenähert mit Hilfe der Formeln

$$p_{00} = \frac{n_{00}}{n_{00} + n_{01}}, \quad p_{01} = \frac{n_{01}}{n_{00} + n_{01}},$$
$$p_{10} = \frac{n_{10}}{n_{10} + n_{11}}, \quad p_{11} = \frac{n_{11}}{n_{10} + n_{11}}. \tag{9}$$

Man kann überprüfen, daß die so aufgestellte Übergangsmatrix stochastisch ist und damit die Bedingungen (6) und (7) erfüllt.

Je größer der Stichprobenumfang N ist, um so größer wird die Genauigkeit, die mit der Formel (9) erreicht werden kann. Die Anfangsverteilung der Wahrscheinlichkeiten kann man im betrachteten Fall beliebig auswählen. Vollkommen analog verfahren wir in den Fällen, in denen das Alphabet der Kette aus mehr als zwei Symbolen besteht.

Unter allen bekannten theoretischen Eigenschaften der Markowschen Ketten ist die *Ergodizität* für die weiteren Darlegungen am bedeutendsten und wichtigsten. Ohne in eine strenge theoretische Definition und entsprechende Theoreme einzudringen, wollen wir kurz das Wesen der ergodischen Eigenschaft erklären. Es sei α ein Zustand der Markowschen Kette ($\alpha \in \mathfrak{A}$). Diesen Zustand kann jede Zufallsgröße der Kette von einer bestimmten Nummer ab annehmen. Einen solchen Zustand nennen wir ergodisch. Die Gesamtheit aller ergodischen Zustände der gegebenen Kette wird als die Klasse ihrer ergodischen Zustände bezeichnet. Manchmal stimmt diese Klasse mit dem ganzen Alphabet der Kette überein.

Geben die Zufallsgrößen $\eta_1, \eta_2, \eta_3, \ldots, \eta_k$ die Kohlenmenge an, die sich zu Beginn der k-ten Stunde ($k = 1, 2, \ldots$) am Lager befindet, so bilden diese Größen eine Markowsche Kette. Die Leistungskapazität der Verladegeräte ermöglicht eine Kohleauslieferung von nicht mehr als 20 Tonnen pro Stunde. Zu Beginn der ersten Stunde mögen am Lager 120 Tonnen Kohle vorhanden sein. In dieses Lager treffen jeweils Kohlen in einer Menge von 400 Tonnen ein. Dann ist der Zustand 440 ein ergodischer Zustand, weil sich von der fünften Stunde an im Lager eine solche Kohlenmenge befinden kann. Das ist möglich, wenn zum Beispiel seit Beobachtungsbeginn eine einmalige Vorratsauffüllung erfolgt und 80 Tonnen vom Lager ausgeliefert werden. Offensichtlich kann der Zustand 440 Tonnen, ausgehend vom Zustand 120 Tonnen, auf einem kürzeren Wege nicht erreicht werden.

Es kann festgestellt werden, daß im betrachteten Beispiel alle nichtnegativen, die Leistungskapazität des Lagers übersteigenden Zustände ergodisch sind.

Die ergodische Eigenschaft einer MARKOWschen Kette drückt sich darin aus, daß die Wahrscheinlichkeiten für die ergodischen Zustände der Zufallsgrößen der Kette mit Vergrößerung der Zahl der Zufallsgrößen gegen einen bestimmten Grenzwert streben. Dieser Grenzwert ist von Null verschieden und hängt vom Anfangszustand der Kette ab. Die Grenzwerte bilden eine Wahrscheinlichkeitsverteilung, die man ergodisch nennt. Ebenso ist die umgekehrte Behauptung gültig: Wenn die Grenzverteilung der Zustände existiert, so ist die Kette ergodisch, d. h., sie hat ergodische Zustände.

Die ergodischen Wahrscheinlichkeiten p_i einer MARKOWschen Kette kann man unterschiedlich interpretieren. Sie geben einerseits die mittlere Zeit an, in der sich die Kette im entsprechenden Zustand befindet. Andererseits stellen sie die Wahrscheinlichkeit dar, mit der der Wert i von der Zufallsgröße der Kette für einen vom Anfangszeitmoment ausreichend weit entfernten Zeitpunkt angenommen wird.

Eine MARKOWsche Kette mit der unendlichen Übergangsmatrix

$$\begin{pmatrix} 0 & 1 & 0 & 0 & \dots \\ 0 & 0 & 1 & 0 & \dots \\ 0 & 0 & 0 & 1 & \dots \\ \dots & \dots & \dots & \dots & \dots \end{pmatrix}$$

ist nicht ergodisch. Ihre Zufallsgrößen nehmen mit größerer Entfernung vom Anfangszustand immer größere Werte an. Von einer bestimmten Stelle an werden damit die Wahrscheinlichkeiten für jeden Zustand Null.

Durch spezielle Eigenschaften der Ergodizität (siehe [16]) kann festgestellt werden, ob eine betrachtete Kette ergodisch ist. Oftmals ist es bereits aus der Konstruktion des Systems selbst möglich zu erkennen, ob seine Funktionsweise ergodisch ist. Wenn zum Beispiel in einem chemischen Reinigungsbetrieb täglich Kleidung, die gereinigt werden soll, in einer Menge λ eintritt und diese Menge die Durchlaßfähigkeit μ des Betriebes übersteigt, dann ist die MARKOWsche Kette — Anzahl der Kleidungsstücke, die sich im Betrieb am Ende jedes Tages befinden — nicht ergodisch. Die Kette wäre nur dann ergodisch, wenn die Bedingung

$$\frac{\lambda}{\mu} < 1 \tag{10}$$

erfüllt ist.

Die ergodische Bedingung (10) nennt man auch Bedingung für die Existenz eines stationären Regimes des Systems. Die Störung der Ergodizitätsbedingung zeugt von einer ungenügenden Organisation des Prozesses, von einer Warenanhäufung bzw. von vorhandenen Mängeln im System.

Bei der weiter oben durchgeführten Untersuchung der Versorgung eines Betriebes mit Ersatzteilen ergab sich nur auf der Grundlage intuitiver Überlegungen die Schlußfolgerung, daß die Zufallsfolge ausreichend genau mit Hilfe einer einfachen Markowschen Kette beschrieben werden kann. In der Praxis werden zur Untersuchung ähnlicher Voraussetzungen objektivere Verfahren und tiefergehende Grundlagen notwendig. Die Wahl der Beschreibung einer Zufallsfolge ist dann befriedigend, wenn der Grad der Abhängigkeit der Zufallsgrößen im Modell der Folge mit dem Grad der Abhängigkeit innerhalb der realen Folge übereinstimmt. Eine solche Übereinstimmung kann man nur mit Hilfe sogenannter *Autokorrelationsfolgen* überprüfen.

Es sei eine bestimmte Realisierung $x_1, x_2, \ldots, x_N$ der Zufallsfolge $\{\xi_k\}$ $(k = 1, 2, \ldots)$ mit dem Umfang N gegeben.

Man bezeichnet die Folge

$$K(\tau) = \frac{\sum_{k=1}^{N-\tau} x_k x_{k+\tau}}{\sum_{k=1}^{N-\tau} x_k^2} \qquad (\tau = 0, 1, 2, \ldots)$$

als statistische Autokorrelationsfolge der Zufallsfolge $\{\xi_k\}$. Für jeden festen Wert τ stellt die Autokorrelationsfolge einen Korrelationskoeffizient zwischen der Ausgangsstichprobe der Folge und derselben um τ Schritte verschoben dar. Bekanntlich kennzeichnet der Wert des Korrelationskoeffizienten das Vorhandensein einer Abhängigkeit zwischen den Zufallsgrößen. Wenn der Koeffizient angenähert 1 ist, so bedeutet das, daß zwischen den Zufallsgrößen eine Abhängigkeit besteht. Ist der Koeffizient angenähert Null, so gibt es für eine derartige Schlußfolgerung keine ausreichende Grundlage. In Abb. 5 sind einige Autokorrelationsfolgen abgebildet.

Aus der Änderung der Werte $K(\tau)$ ergeben sich Aussagen über den unterschiedlichen Abhängigkeitsgrad zwischen den Zufallsgrößen der Folge. Für den Fall a können die Zufallsgrößen der Folge als voneinander unabhängig angenommen werden. Für den Fall b wird die Folge mit Hilfe einer Markowschen Kette mit einer Abhängigkeit über zwei Schritte, für den Fall c mit einer komplizierten Markowschen Kette mit einer Abhängigkeit über drei Schritte beschrieben. Im Fall d ist eine Beschreibung der Zufallsfolge mit Hilfe einer einfachen Markowschen Kette möglich.

Es muß bemerkt werden, daß all das, was über die Markowschen Ketten mit eindimensionalen (skalaren) Zuständen dargelegt wurde, auf mehrdimensionale (vektorielle) Zustände übertragen werden kann. Dabei wächst allerdings die Kompliziertheit, weil die Mehrzahl der in der Praxis anzutreffenden Systeme in jedem Zeitmoment mit Hilfe einer endlichen (manchmal ziemlich großen) Anzahl momentaner Kenngrößen beschrieben wird. Deshalb kann das Modell derartiger

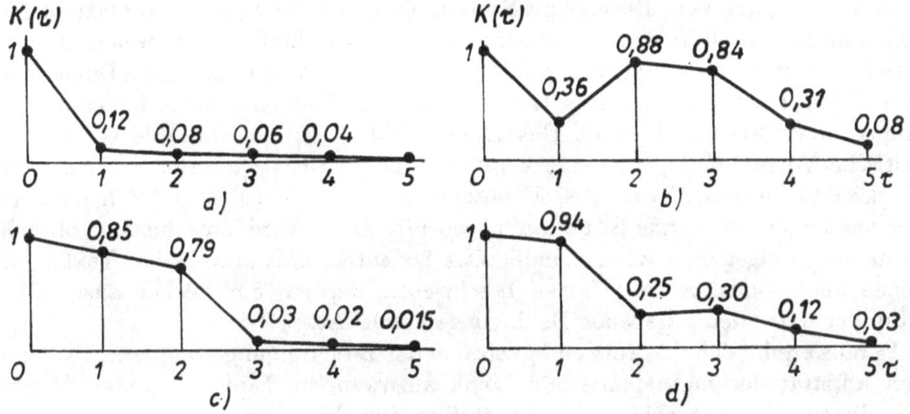

Abb. 5. Verschiedenartige Autokorrelationsfolgen

Systeme durch bestimmte mehrdimensionale MARKOWsche Ketten beschrieben werden. Die dabei entstehende Mehrdimensionalität der Ketten und die Kompliziertheit der Berechnungen bedingen jedoch gewöhnlich, daß analytische Untersuchungsmethoden nicht anwendbar sind.

Man kann komplizierte MARKOWsche Ketten in mehrdimensionale Ketten überführen. Zu diesem Zweck müssen in den Zustandsbegriff des Systems einige der vorhergehenden Zustände einbezogen werden. Wenn n die Zahl der Elemente des Alphabets der Kette bezeichnet und k den Abhängigkeitsgrad angibt, so kann eine solche Kette mit Hilfe einer rechteckigen stochastischen Matrix der Ordnung $n^k \times n$ realisiert werden.

2.4. Anwendung der Logik bei der Modellierung komplizierter Systeme

Ist das betrachtete System hinreichend einfach, so können ausreichend einfache rechentechnische Verfahren zur Anwendung kommen. Die Schwingung eines Pendels wird zum Beispiel mit relativ einfachen Gleichungen beschrieben. Die Prozentberechnung erfolgt nach einer einfachen rechentechnischen Prozedur.

Zur Beschreibung komplexer Systeme ist jedoch die Anwendung von arithmetischen Rechenoperationen allein unzureichend. Für derartige Ziele wird die Anwendung bestimmter logischer Hilfsmittel notwendig.

Die Tätigkeit eines ökonomischen oder produktionstechnischen Betriebs wird mit Hilfe von Instruktionen, Anordnungen, Absprachen, Vereinbarungen und anderen Dokumenten geregelt. Dringt man nur in ihren logischen Inhalt ein, so kann man feststellen, daß in diesen Dokumenten jede konkrete Situation mit einer bestimmten Handlung oder einer bestimmten Menge von zulässigen Handlungen in Übereinstimmung gebracht wird. Die Situationen werden gewöhnlich mit verbalen Texten, die quantitativen Charakter haben oder aber zumindest eine bestimmte quantitative Schätzung zulassen, beschrieben.

Betrachtet man zum Beispiel als System ein Lager, so wird sein Funktionieren insbesondere durch Instruktionen geregelt, die vorschreiben, bei welchem Vorratsniveau eine Bestellung zur Auffüllung des Vorrats erfolgen soll. Dabei sind zwei Situationen möglich: Das Lagerniveau ist höher oder nicht höher als ein vorgegebener kritischer Wert. Das Lagerniveau ξ ist eine variable Größe, der kritische Vorrat M dagegen eine konstante. Diese Situation kann mit Hilfe der Ungleichungen $\xi > M$ und $\xi \leqq M$ beschrieben werden. In jedem Fall wird die sich im Lager ergebende Situation überprüft. Dann wird entschieden, ob eine Bestellung aufgegeben werden muß. Das bedeutet, daß unter allen Texten, in denen alle möglichen Situationen beschrieben werden, ein solcher ausgewählt wird, der unter den gegebenen Bedingungen wahr ist.

Daraus ergibt sich die Notwendigkeit, bei der Beschreibung komplexer Systeme den Apparat der mathematischen Logik anzuwenden. Einige Grundkenntnisse aus diesem Wissensgebiet, die unmittelbar für das Verständnis der weiteren Darlegungen notwendig sind, werden im vorliegenden Paragraphen dargelegt (siehe auch [18, 19]).

Jeder Text, über den unter den gegebenen Bedingungen vollkommen bestimmt gesagt werden kann, daß er entweder wahr oder falsch ist, wird *logische Aussage* genannt. „Die Weizenernte beträgt in dem Gebiet nicht weniger als 20 Zentner pro ha“, „vom Lieferanten ist die bestellte Produktion verladen“, „es regnet“ — das sind alles logische Aussagen, da sie entweder falsch oder wahr sind. Der Text „die Weizenernte im Gebiet“ oder „die bestellte Produktion“ ist entsprechend dieser Definition keine logische Aussage.

Einige der logischen Aussagen können von Anfang an mit Hilfe mathematischer Relationen (Gleichheit oder Ungleichheit) geschrieben werden, andere lassen eine solche Beschreibung nur nach der Einführung bestimmter Kodierungen der „möglichen Zustände“ zu. Wenn man mit $\xi(A)$ die Ernte im Gebiet A bezeichnet, so läßt sich die erste der angegebenen Aussagen in der Form einer Ungleichung $\xi(A) \geqq 20$ angeben. η bedeute die Information, daß der Lieferant seine Pflichten erfüllt bzw. nicht erfüllt hat, und 1 gebe an, daß die Information über die Verladung der Produktion erhalten wurde. Es sei weiterhin ζ der Zustand der meteorologischen Bedingungen, wobei insbesondere unter allen möglichen meteorologischen Erscheinungen das Auftreten von Regen die Kodebezeichnung 3 erhält. Dann können die übrigen zwei angegebenen Aussagen in der Form $\eta = 1$ und $\zeta = 3$ geschrieben werden.

Logische Aussagen können konstant und variabel sein. Die Aussage „die Länge des Umfangs ist kleiner als das Vierfache des Durchmessers“ ist ein Beispiel für eine konstante Aussage. Wird in der obigen Aussage über die Weizenernte im Gebiet A ein ganz bestimmtes Gebiet A gekennzeichnet und bezieht sich die Aussage nur auf ein ganz bestimmtes Wirtschaftsjahr, so ist sie eine konstante Aussage.

Veränderliche Aussagen hängen von bestimmten zusätzlichen Faktoren (einem oder mehreren) ab. Stellen diese Faktoren Variablen dar, so ergeben sich Abhängigkeiten der Aussage von veränderlichen Argumenten. Dabei können die

Argumente der veränderlichen Aussagen in einigen Fällen auch Zufallsgrößen darstellen. In Abhängigkeit von den konkreten Werten der Argumente kann dann die Aussage entweder wahr oder falsch sein.

Betrachtet man beispielsweise im angeführten Beispiel der Weizenernte das Gebiet (die Nummer des Gebiets) als variabel und untersucht die Ernte in den entsprechenden Gebieten im Verlauf einiger Jahre, so ist die Aussage veränderlich und hängt von zwei Argumenten ab: Von der Nummer des Gebietes und vom betrachteten Wirtschaftsjahr. Für jedes Gebiet und Jahr wird diese Aussage entweder wahr oder falsch sein: Die Ernte kann entweder mehr oder weniger als 20 Zentner pro ha betragen.

Eine Aussage, die für alle Werte der enthaltenen Argumente wahr (falsch) ist, heißt *identisch wahr* (*identisch falsch*). In einem größeren Lager arbeiten 80 Selbststapler. Dann ist die Aussage „im gegebenen Zeitpunkt sind mit Lade- und Entladearbeiten nicht mehr als 100 Selbststapler eingesetzt“ identisch wahr. Dagegen ist die Aussage „der Kreisumfang mit der Nummer n ist viermal größer als sein Durchmesser“ identisch falsch.

Logische Aussagen können einfach und kompliziert sein. Komplizierte Aussagen ergeben sich aus anderen Aussagen (einfachen oder komplizierten) durch Anwendung der *logischen Aussagenverbindungen* „nicht“, „und“, „oder“, „wenn ... dann“ und andere. Als eine *einfache Aussage* bezeichnen wir eine solche, die sich nicht weiter in Aussagen zerlegen läßt, die untereinander durch die aufgezählten Aussagenverbindungen verknüpft sind. Als Beispiele seien die folgenden Aussagen angegeben: „die Anzahl der Waren im Lager ist größer als V_1, jedoch kleiner als V_2“, „das Werk stellte die notwendige Erzeugnismenge her oder erhält diese Menge von einem Lieferanten“, „wenn die Temperatur im Kessel größer als T ist, dann ist der Druck im Kessel nicht kleiner als P“.

Bei der Rechnung mit Aussagen werden Objekte der folgenden drei Typen benötigt. Objekte des ersten Typs sind die Symbole zur Bezeichnung der Aussagen. Ist der konkrete Sinn der Aussage nicht erkennbar, d. h., läßt sie sich nicht in Form einer Ungleichung oder Gleichung darstellen, dann kann man die Aussagen mit Hilfe gewisser Symbole, zum Beispiel mit Hilfe lateinischer oder gotischer Buchstaben bezeichnen. Weiterhin legen wir fest, daß die identisch wahre Aussage mit dem Buchstaben I und die identisch falsche mit dem Buchstaben L bezeichnet werden.

Zu der zweiten Art von Objekten gehören Symbole, die die logischen Aussagenverbindungen sowie die Relation der Äquivalenz ausdrücken. Es werden folgende Symbole eingeführt: $\neg$ — Negation, $\vee$ — Disjunktion, $\wedge$ — Konjunktion, $\supset$ — Implikation, $=$ — Äquivalenz. Dabei entsprechen den Symbolen die folgenden Aussagenverbindungen: $\neg$ — „nicht“, $\vee$ — „oder“, $\wedge$ — „und“, $\supset$ — „wenn ... dann“ und $=$ — „äquivalent“ („gleichwertig“).[1] Man bezeichnet die Operation der Disjunktion auch als logische Addition und die Konjunktion als logische

[1]) Andere Symbole für logische Operationen, die hier nicht erwähnt wurden, werden im weiteren nicht benötigt. Ausführlicher siehe hierzu [19].

Multiplikation. Um die Beschreibung der Disjunktion und Konjunktion von einigen Aussagen zu vereinfachen, werden folgende Bezeichnungen verwendet:

$$\bigvee_{k=1}^{n} A_k = A_1 \vee A_2 \vee \cdots \vee A_n,$$

$$\bigwedge_{k=1}^{n} A_k = A_1 \wedge A_2 \wedge \cdots \wedge A_n.$$

Objekte des dritten Typs sind schließlich die Klammern, die eine bestimmte Ordnung bei der Anwendung der logischen Operationen sichern. Fehlen in der Beschreibung einer komplizierten Aussage die Klammern, so werden die logischen Operationen in folgender Reihenfolge verwendet: $\neg$, $\vee$, $\supset$, $=$. Bei gleichen Operationen erfolgt die Abarbeitung in der Reihenfolge ihrer Niederschrift von links nach rechts. Klammern innerhalb von Aussagen, die die Symbole $\vee$ und $\wedge$ enthalten, können auf der Grundlage entsprechender Regeln geöffnet werden, die denen bei der gewöhnlichen Addition und Multiplikation in algebraischen Ausdrücken völlig analog sind (auf der Grundlage des kommutativen, assoziativen und distributiven Gesetzes).

Ist die Aussage A wahr, so schreiben wir $A = W$; im entgegengesetzten Fall $A = F$ (d. h., die Aussage A ist falsch). Für alle möglichen Zusammenstellungen der Wahrheitswerte von zwei Aussagen A und B ergeben sich für die von uns eingeführten logischen Operationen der Negation, Disjunktion, Konjunktion und Implikation Wahrheitswerte, die in der folgenden Tabelle angegeben sind:

A	B	$\neg A$	$\neg B$	$A \vee B$	$A \wedge B$	$A \supset B$
F	F	W	W	F	F	W
F	W	W	F	W	F	W
W	F	F	W	W	F	F
W	W	F	F	W	W	W

Die logischen Operationen sind voneinander abhängig. Das bedeutet, daß eine Operation durch andere ausgedrückt werden kann. Wie aus der angegebenen Tabelle ersichtlich ist, kann man zum Beispiel die Operationen der Implikation durch die Operationen $\neg$ und $\vee$ entsprechend folgender Formel ersetzen:

$$A \supset B = A \vee B.$$

Entsprechend können auch die anderen logischen Operationen durch die Operationen der Negation, Disjunktion und Konjunktion ausgedrückt werden.

Hat die Aussage A einen konkreten quantitativen Sinn und schreibt man sie in Form einer Gleichung oder Ungleichung, so ergibt sich die Negation $\neg A$ aus der Aussage, indem man das Gleichheits- oder Ungleichheitszeichen durch das entgegengesetzte ersetzt. Es gilt zum Beispiel

$$\neg (x > c) = (x \leqq c),$$

$$\neg (x = c) = (x \neq c).$$

Daraus folgt, daß jede logische Aussage, die einen konkreten quantitativen Sinn hat, mit Hilfe der zwei logischen Symbole $\vee$ und $\wedge$ beschrieben werden kann. Sind in der Beschreibung der logischen Aussage nur diese zwei Symbole enthalten, so bezeichnen wir eine solche Aussage als reduzierte Aussage. Im Prinzip kann man alle Berechnungen mit reduzierten Aussagen durchführen. Zu diesem Zweck müssen die Symbole der anderen logischen Operationen durch die Symbole $\vee$ und $\wedge$ so ersetzt werden, wie es bereits oben gezeigt wurde.

Öffnet man in einer logischen Aussage alle Klammern, so ergibt sich die sogenannte disjunktive Normalform der Aussage. Eine in dieser Form angegebene Aussage stellt eine Disjunktion von Konjunktionen oder eine einzige Konjunktion dar.

Jede Aussage kann sehr unterschiedliche Formen annehmen. Diese Vielfalt ergibt sich aus der Anwendung von Klammern und anderer (außer $\vee$ und $\wedge$) logischer Operationen. Nach der Reduzierung der Aussage und der Öffnung aller Klammern erhalten wir die disjunktive Normalform. Alle untereinander äquivalenten Aussagen haben, unabhängig von ihrer ursprünglichen Beschreibungsform, die gleiche disjunktive Normalform (wenn man die Reihenfolge der logischen Summanden in der Disjunktion und der logischen Multiplikanten in jeder Konjunktion vernachlässigt).

Die Aussagensysteme (ihre geordnete Menge) können entweder endlich oder unendlich sein. Das Aussagensystem $x > 3$, $x > 4$, $x > 5, \ldots$ ist zum Beispiel unendlich.

Ein System logischer Aussagen (endliches oder unendliches), für das bei jeder beliebigen Wertemenge der in die Aussagen eingehende Argumente eine und nur eine Aussage wahr sein kann, bezeichnet man als logisch vollständig oder auch einfach als vollständig. Die Disjunktion aller Aussagen eines logisch vollständigen Systems ist der identisch wahren Aussage äquivalent. Somit ist das Aussagensystem

$$x \neq 1 \wedge y < c; \quad x = 1; \quad x \neq 1 \wedge y \geqq c$$

logisch vollständig, weil

$$\begin{aligned} &(x \neq 1 \wedge y < c \vee x = 1 \vee x \neq 1 \wedge y \geqq c) \\ &= \big(x = 1 \vee x \neq 1 \wedge (y < c \vee y \geqq c)\big) \\ &= (x = 1 \vee x \neq 1 \wedge I) = (x = 1 \vee x \neq 1) = I \end{aligned}$$

gilt.

Bei der Nachbildung MARKOWscher Prozesse auf elektronischen Rechenmaschinen ergeben sich oft Schwierigkeiten, weil in den Speicher der Maschine stochastische Matrizen großer Dimensionen einzuspeichern sind. Besonders schwierig wird es, wenn derartige Matrizen unendlich sind. In diesen Fällen hilft uns ein einfaches logisches Verfahren, durch das jede Aufgabe der Simulation gelöst werden kann.

Wir wollen diese Verfahren an einem Beispiel erläutern. Bei der praktischen Realisierung ist es äußerst schwer, eine unendliche stochastische Matrix darzustellen, in der alle Elemente vollkommen „zufällig", d. h. ohne irgendeine Gesetzmäßigkeit ausgewählt sind. In der Praxis trifft man jedoch immer auf solche Matrizen, in denen von einer gewissen Zeile ab eine bestimmte Gesetzmäßigkeit bei der Bildung der Elemente wirkt. Auf dieser Eigenschaft beruht auch die Anwendung unseres logischen Verfahrens.

Wir setzen voraus, daß die betrachtete einfache homogene MARKOWsche Kette eine Übergangsmatrix der folgenden Form hat:

	0	1	2	3	4	...
0	p_0	p_1	p_2	p_3	p_4	...
1	p_0	p_1	p_2	p_3	p_4	...
2	0	1	0	0	0	...
3	$q_0 + q_1$	q_2	q_3	q_4	q_5	...
4	q_0	q_1	q_2	q_3	q_4	...
5	0	q_0	q_1	q_2	q_3	...
6	0	0	q_0	q_1	q_2	...
...	...	...	...	...	...	...

Für die Zahlen p_i und q_k gilt

$$0 \leqq p_i \leqq 1, \quad 0 \leqq q_k \leqq 1 \qquad (i = 0, 1, 2, \ldots; \; k = 0, 1, 2, \ldots),$$

$$\sum_{i=0}^{\infty} p_i = 1 \quad \text{und} \quad \sum_{k=0}^{\infty} q_k = 1 .$$

Notwendig wird ein Algorithmus, mit dessen Hilfe sich die Realisierung der Zufallsgröße $a(t + 1)$ aus der bekannten Realisierung der Zufallsgröße $a(t)$ ergibt.

Wir bezeichnen mit ξ und η diskrete voneinander unabhängige Zufallsgrößen, deren Wahrscheinlichkeitsverteilungen durch die Folgen $\{p_i\}$ und $\{q_k\}$ gegeben werden. Diese Folgen kann man ohne Schwierigkeiten in die Maschine einspeichern.

Man kann nun das folgende (endliche) vollständige System logischer Aussagen und der diesen Aussagen entsprechenden Formeln angeben:

Aussage	Formel
$a(t) < 2$	$a(t+1) = \xi$
$a(t) = 2$	$a(t+1) = 1$
$a(t) > 2$	$a(t+1) = \max\{0, a(t) + \eta - 4\}$

Offensichtlich sind die Algorithmen zur Ermittlung von $a(t+1)$ äußerst einfach. Anfangs wird die Aussage ausgewählt, die bei gegebenem Wert $a(t)$ wahr ist. Die Realisierung $a(t+1)$ ergibt sich dann nach der Formel, die der ausgewählten Aussage entspricht. Ist dabei in der ausgewählten Formel eine Zufallsgröße enthalten, so wird mit Hilfe der im Abschnitt 2.2. entwickelten Verfahren eine Realisierung dieser Zufallsgröße ermittelt und in die Formel eingesetzt. Will man sich von der Richtigkeit des vorgeschlagenen Algorithmus überzeugen und die Vorstellungen verstehen, auf deren Grundlage die Aussagen und Formeln entwickelt wurden, so ist es ausreichend, wenn man alle möglichen Werte der Zufallsgrößen $a(t)$, ξ und η in die Formeln einsetzt und das Ergebnis mit dem durch Nachbildung erhaltenen vergleicht.

Wir werden das betrachtete logische Verfahren bei der Modellierung des Verhaltens anderer Objekte, die komplizierter als die MARKOWschen Ketten sind, anwenden. Dieses Verfahren ist in komplizierten Situationen hauptsächlicher Bestandteil der Idee der Modellierung komplizierter Systeme mit Hilfe von Automaten.

3. Stochastische Automaten und Systeme stochastischer Automaten

3.1. Begriff des stochastischen Automaten und Methoden zu seiner Bestimmung

Mit der Entwicklung leistungsfähiger elektronischer Rechenmaschinen mit Programmsteuerung wurde eine abstrakte mathematische Theorie zur Informationswandlung notwendig. Die ersten Arbeiten auf diesem Gebiet stammen offensichtlich von C. SHANNON [20] und V. I. SCHESTAKOW [21]. Weiterhin erschienen eine Reihe von Arbeiten (D. A. HUFFMAN [22], G. H. MEALY [23], E. MOORE [24]), in denen erstmalig die Analyse und Synthese von digitalen Automaten als abstrakte Informationswandler behandelt wurden. Die Theorie der diskreten Automaten wurde in den Arbeiten von C. SHANNON [25], J. v. NEUMANN [26] und W. M. GLUSCHKOW [27] entwickelt.

Die abstrakte Automatentheorie sowie deren strukturelle Theorie untersuchen in der Hauptsache Probleme bei der Analyse und Synthese diskreter determinierter Automaten sowie die Darstellung von Ereignissen in Automaten. Die praktische Orientierung der Automatentheorie ergibt sich dabei aus der Nutzung ihrer Ergebnisse bei der Konstruktion von elektronischen Rechenmaschinen, in Systemen der Automatisierung von Produktionsprozessen, bei der Organisation von Steuerungssystemen, in biologischen Experimenten u. a.

Die Lösung angewandter Aufgaben der Kybernetik ergab, daß es in vielen Fällen notwendig ist, anstelle der determinierten Automaten stochastische Automaten zu betrachten. Tatsächlich spielt in den meisten Aufgaben der Technik, Biologie und Ökonomie der Einfluß unterschiedlicher stochastischer Faktoren eine große Rolle. Derartige Zufallsfaktoren sind zum Beispiel unzuverlässige Bauelemente elektronischer Anlagen, die periodisch ausfallen, zufällige Reaktionen lebender Organismen auf Einwirkungen von Reizerregern, stochastische Schwankungen der Zeit bei der Durchführung unterschiedlicher Arbeitsetappen eines Produktionsprozesses.

SHANNON betrachtete in seinen Arbeiten erstmalig einen Automaten, dessen Verhalten von Zufallsgrößen beeinflußt wird. Der Begriff des stochastischen Automaten entstand in erster Linie aus der Idee, die grundlegenden Erkenntnisse der klassischen Theorie der determinierten Automaten bei vorhandenen zufälligen Einwirkungen zu verallgemeinern. Der Begriff des stochastischen Automaten fand seine Anwendung zum Beispiel bei der Mustererkennung, in der Theorie der selbsteinstellenden Systeme sowie bei der Modellierung verschiedenartiger biologischer Prozesse. Schließlich müssen Untersuchungen erwähnt werden, in denen das Verhalten von Automaten in einer zufälligen Umgebung analysiert wurde. Dazu gehören auch die Arbeiten von M. L. ZETLIN [28], R. F. MOSTELLER

[29], W. I. Warschawski und I. P. Woronzowa [30], J. A. Schreider [31] u. a. Später hat es sich gezeigt, daß es sinnvoll ist, den Begriff des stochastischen Automaten auch bei der Modellierung ökonomischer Systeme zu verwenden.

Gegenwärtig gibt es in der wissenschaftlichen Literatur viele Arbeiten, in denen der Versuch unternommen wird, den stochastischen Automaten zu definieren. Zu diesem Zweck werden verschiedenartige Fragen, die mit den Eigenschaften dieser Automaten und ihrem Verhalten in Verbindung stehen, untersucht. Die mathematisch strengsten Definitionen gaben M. Rabin [32], W. M. Gluschkow [18] sowie R. G. Bucharajew [33].

Entsprechend den von den Autoren untersuchten Aufgaben werden in den verschiedenen Arbeiten unterschiedliche Definitionen des Begriffs des stochastischen Automaten gegeben. In einigen Definitionen spielt der zufällige Faktor nur bei der Formierung des Automatenzustands, in anderen wiederum bei der Formierung der Ausgangssignale eine Rolle. In manchen Arbeiten gilt auch beides gleichzeitig. In einigen Definitionen wird der Begriff des initialen stochastischen Automaten (mit festem Anfangszustand), in anderen dagegen der des nichtinitialen Automaten, in dem der Anfangszustand eine Zufallsgröße darstellt, verwendet. Andere geben eine Definition des Automaten derart, daß das Ausgangssignal des Automaten wesentlich vom Wert des Eingangssignals (Mealy-Automat) bestimmt wird. Andere wiederum geben eine Definition des Ausgangssignals nur über den Automatenzustand.

Wir wollen nicht in all diese wesentlichen Definitionen des stochastischen Automaten eindringen. Wir beschränken uns statt dessen auf eine dieser Definitionen. Der von uns im weiteren verwendete Automat sei ein diskreter (digitaler) initialer stochastischer Mooreschen Automat mit determiniertem Ausgang. Das bedeutet, daß die Zustandsänderung des Automaten sowie die Ausgabe von Ausgangssignalen nur zu ganzzahligen Zeitpunkten erfolgt. Der Anfangszustand des Automaten ist streng bestimmt. Stochastische Faktoren spielen nur bei der Bestimmung des Automatenzustands eine Rolle, während der Wert des Ausgangssignals vom Wert des Eingangssignals nur über den Automatenzustand abhängt.

Wir verstehen somit unter einem stochastischen Automaten ein bestimmtes Objekt, das einen inneren Zustand besitzt. Dieses Objekt sei in der Lage, Eingangssignale abzugeben. Aus diesem Grunde müssen bei einem Automaten zu jedem Zeitpunkt drei verschiedene Größen beachtet werden: Innerer Zustand, Eingangssignal und Ausgangssignal. Jede dieser Größen kann entweder skalar oder vektoriell sein. Bei ihrer Untersuchung interessiert vor allem der Wertebereich dieser Größen. Damit muß für den Automaten sein *Zustandsalphabet* (Menge der zulässigen Werte des inneren Zustands) sowie das *Eingangs-* und *Ausgangsalphabet* (Menge der möglichen Werte, die die Eingangs- und Ausgangsgröße annehmen können) bestimmt werden. Da wir uns auf die Betrachtung initialer Automaten beschränken, benötigen wir zur Bestimmung eines Automaten weiterhin seinen *Anfangszustand*, der Element des Zustandsalphabets ist. Die Vorschrift, nach der der Zustand des Automaten zu jedem Zeitpunkt bestimmt wird, stellt im allgemeinen den Zusammenhang mit dem Zustand des Automaten zum vorhergehenden Zeitpunkt und dem Wert des Eingangssignals her. Sie bildet darüber hinaus alle stochastischen Eigenschaften ab, die für das Verhalten des Automaten kennzeichnend sind. Stellt das Zustandsalphabet eine bestimmte abzählbare Menge dar, so kann diese Menge mit Hilfe einer einparametrigen Schar von quadratischen stochastischen Matrizen $A(x)$ vorgegeben werden. Dabei stimmt der Parameter x mit dem Wert des Eingangssignals überein. Die Matrix $A(x)$ besitzt für jeden festen Wert x eine Ordnung, die gleich der Anzahl der Elemente des Zustandsalphabets ist. Ist insbesondere das Zustandsalphabet unendlich (stellt aber eine abzählbare Menge dar), so ist die Matrix $A(x)$ unendlich. Schließlich benötigen wir zur Festlegung eines Automaten eine Vorschrift, nach der die Auswahl des Ausgangssignals erfolgt. In unserem Fall soll diese Vorschrift keine stochastischen Faktoren enthalten. Sie stellt eine Funktion dar, die auf dem inneren Alphabet des Automaten erklärt ist und deren Wertebereich dem Ausgangsalphabet entspricht. Somit kann der initiale stochastische MOOREsche Automat offensichtlich durch folgende sechs Objekte vorgegeben werden:

$$\langle \mathfrak{X}, \mathfrak{A}, \mathfrak{Y}, a_0, A(x), \varphi(a) \rangle .$$

Dabei stellen $\mathfrak{X}$, $\mathfrak{A}$, $\mathfrak{Y}$ die Eingangs-, Zustands-, und Ausgangsalphabete dar. a_0 ($a_0 \in \mathfrak{A}$) bestimmt den Anfangszustand, während $A(x)$ ($x \in \mathfrak{X}$) die Schar der stochastischen Matrizen ist, die die Vorschrift eines Übergangs des Automaten aus einem Zustand in einen anderen bestimmt. $\varphi(a)$ ($a \in \mathfrak{A}$, $\varphi \in \mathfrak{Y}$) gibt die Ausgangsfunktion an. Sind zum Beispiel Eingangs- und Ausgangsalphabet $\mathfrak{X}$ und $\mathfrak{Y}$ des Automaten A binär, gilt $\mathfrak{X} = D$; ($D = \{0, 1\}$), $\mathfrak{Y} = D$. Für das Zustandsalphabet ergeben sich drei Elemente $\mathfrak{A} = T$; ($T = \{0, 1, 2\}$). Dabei nehmen wir an, daß $a_0 = 0$ gilt. Das System der Matrizen $A(x)$ soll aus zwei (entsprechend der Anzahl der Elemente des Eingangsalphabets) quadratischen stochastischen Matrizen dritter Ordnung (gemäß der Anzahl der Elemente des Zustandsalphabets) bestehen. Diese Matrizen wählen wir folgendermaßen:

$$A(0) = \begin{pmatrix} 0 & 1/3 & 2/3 \\ 3/4 & 1/4 & 0 \\ 0 & 0 & 1 \end{pmatrix}; \quad A(1) = \begin{pmatrix} 0 & 0 & 1 \\ 0 & 0 & 1 \\ 1/3 & 1/3 & 1/3 \end{pmatrix}.$$

Wir wollen annehmen, daß das Ausgangssignal den Wert $y(t) = 0$ in dem Fall $a(t) = 2$ annimmt und den Wert $y(t) = 1$ in allen anderen Fällen. Betrachten wir die Funktionsweise des beschriebenen Automaten. Dazu benötigen wir noch eine bestimmte Folge von Eingangssignalen. Diese Folge kann unterschiedlich vorgegeben werden. Manchmal stellt sie eine Folge von Realisierungen der in ihrer Gesamtheit unabhängigen Zufallsgrößen mit gleicher Verteilung dar. In anderen Fällen ergibt sich eine Folge ebenfalls in ihrer Gesamtheit unabhängiger Zufallsgrößen, jedoch ist die Verteilung mit der Zeit veränderlich. Ebenso kann eine Folge einfacher oder komplizierter homogener oder nichthomogener MARKOWscher Ketten erhalten werden, bzw. eine Folge, die am Ausgang eines anderen Automaten entstand. Bei der Betrachtung unseres Beispiels bestimmten wir sie, ohne auf die Beschreibung eines Verfahrens zur Erzeugung einer Folge von

Eingangssignalen näher einzugehen, als eine bestimmte geordnete unendliche Gesamtheit von binären Symbolen. Wir wählen die nachstehende Folge aus:

$$1, 0, 0, 1, 0, 0, 0, 0, 1, 0, 1, 1, 1, 0, 0, 1, 0, 1, 1, 1, 0, 1, 0, 0, 1, 1, 1, 0, 1, 1, \ldots.$$

Dabei sind die Eingangssignale nach wachsender Zeit angeordnet, d. h., es gilt

$$x(0) = 1; \quad x(1) = 0; \quad x(2) = 0; \quad x(3) = 1; \ldots.$$

Um den Automatenzustand zum Zeitpunkt $t = 1$ zu bestimmen, muß aus der Schar der Matrizen $A(x)$ eine solche ausgewählt werden, die dem Wert der Eingangssignale zum Anfangszeitpunkt entspricht, d. h. die für $x = 1$ entsprechende Matrix $A(1)$. Da der Anfangszustand $a(0) = a_0 = 0$ ist, ergibt sich als Realisierung des Zustands in dieser Matrix die obere Zeile, d. h., es gilt $\{0, 0, 1\}$. Hieraus folgt, daß mit der Wahrscheinlichkeit 1 der Automat zum Zeitpunkt $t = 1$ den Zustand $a(1) = 2$ annehmen wird. Auf Grund der ausgewählten Ausgangsfunktion erhalten wir $y(0) = 1$, $y(1) = 0$. Wir bestimmen jetzt den Zustand des Automaten und seines Ausgangssignals zum Zeitpunkt $t = 2$. Entsprechend den vorhergehenden Betrachtungen ergibt sich die Matrix $A(x(1)) = A(0)$, wobei in dieser Matrix die untere Zeile $\{0, 0, 1\}$ betrachtet wird. Der neue Automatenzustand wird dementsprechend mit $a(2) = 2$ erhalten. Als Ausgangssignal ergibt sich $y(2) = 0$. Vollkommen analog folgt $A(x(2)) = A(0)$; $a(3) = 2$, $y(3) = 0$. Berechnen wir nun den Wert des Zustands und des Ausgangssignals zum Zeitpunkt $t = 4$. Wir erhalten $A(x(3)) = A(1)$. In dieser Matrix wird der neue Zustand durch die unterste Zeile bestimmt. Er ergibt sich als Realisierung einer Zufallsgröße mit der Verteilung

$$\left\{p_0 = \frac{1}{3};\ p_1 = \frac{1}{3};\ p_2 = \frac{1}{3}\right\}.$$

Wir wollen annehmen, daß die in entsprechender Weise erhaltene Realisierung dieser Zufallsgröße gleich 1 sei, dann erhalten wir $a(4) = 1$, $y(4) = 1$. Im folgenden Schritt ergibt sich $A(x(4)) = A(0)$, wobei in dieser Matrix die mittlere Zeile ausgewählt wird, d. h. $\{3/4, 1/4, 0\}$. Betrachtet man diese Zahlen als Verteilung einer bestimmten Zufallsgröße und ermittelt deren Realisierung, die zum Beispiel 0 sei, so erhalten wir für den neuen Zustand $a(5) = 0$ sowie als Ausgangsgröße $y(5) = 1$. Diesen Prozeß kann man beliebig fortsetzen. Als Ergebnis erhält man das Verhalten des Automaten, das in der nachstehenden Tabelle angegeben wird:

t	0	1	2	3	4	5	6	7
$x(t)$	1	0	0	1	0	0	0	0
$a(t)$	0	2	2	2	1*	0***	2**	2
$y(t)$	1	0	0	0	1	1	0	0

Bemerkung: Mit einem Stern sind die Zahlen bezeichnet, die sich als Realisierung der Zufallsgröße mit der Verteilung $\{1/3, 1/3, 1/3\}$ ergeben. Entsprechend wurden mit zwei Sternen die gemäß der Verteilung $\{0, 1/3, 2/3\}$ und mit drei Sternen die gemäß der Verteilung $\{3/4, 1/4, 0\}$ ermittelten Realisierungen gekennzeichnet.

Enthalten im Spezialfall alle Matrizen in jeder Zeile ein Element gleich Eins und sind damit die übrigen Elemente gleich Null, so stellt der Automat einen determinierten Automaten dar, d. h., das Verhalten des Automaten wird nicht von zufälligen Faktoren beeinflußt.

Wie aus den weiteren Darlegungen ersichtlich wird, ist es angebracht, den Begriff des stochastischen Automaten bei der Beschreibung ökonomischer Systeme zu verwenden. Werden jedoch dabei die Automaten in Übereinstimmung mit der gerade beschriebenen Methode vorgegeben, so entstehen große Schwierigkeiten hinsichtlich der Dimension der Matrizen, die in die Beschreibung eingehen. Zur vollständigen Darstellung der Problematik einer solchen Beschreibung reicht es aus zu bemerken, daß das System der Matrizen $A(x)$ in vielen Fällen aus einer unendlichen (abzählbaren) Anzahl von Matrizen besteht, wobei jede Matrix wiederum unendlich sein kann. Aus diesem Grund benötigen wir bei der Beschreibung komplexer Systeme mit Hilfe stochastischer Automaten ein Verfahren, das die Beschreibung jedes Automaten wesentlich verkürzt. In der Mehrzahl der in der Praxis anzutreffenden Fälle kann diese Aufgabe gelöst werden.

Wenden wir uns zu diesem Zweck dem vorhergehenden Beispiel zu. Wir bezeichnen mit ξ_1, ξ_2 und ξ_3 die in ihrer Gesamtheit unabhängigen Zufallsgrößen, die die Werte 0, 1, 2 in Übereinstimmung mit den Wahrscheinlichkeitsverteilungen $\{1/3, 1/3, 1/3\}$, $\{0, 1/3, 2/3\}$ und $\{3/4, 1/4, 0\}$ annehmen. Vereinigen wir den Zustand $a(t)$ des Automaten A zum Zeitpunkt t und das Eingangssignal $x(t)$, das in diesen Automaten zum Zeitpunkt t eintritt, zu einem zweidimensionalen Vektor, dann können wir uns davon überzeugen, daß dieser Vektor einen der folgenden sechs Darstellungen annehmen wird:

$$(0; 0), \quad (0; 1), \quad (1; 0), \quad (1; 1), \quad (2; 0), \quad (2; 1).$$

An der ersten Stelle steht in diesen Zahlenpaaren der Wert des Automatenzustands und an zweiter Stelle der Wert des Eingangssignals. Das Ereignis, daß der Zustand $a(t)$ des Automaten den Wert i und dabei das Eingangssignal $x(t)$ den Wert j annimmt, kann durch die logische Aussage $a(t) = i \wedge x(t) = j$ beschrieben werden. Dabei bedeutet das Symbol $\wedge$ („und") die Konjunktion der beiden Aussagen, d. h., beide Aussagen sind gleichzeitig wahr. Insgesamt ergeben sich in diesem Beispiel sechs derartige Aussagen, von denen in jedem Fall eine Aussage unbedingt wahr sein muß, während die übrigen falsch sind. In der folgenden Tabelle

$a(t) = 0 \wedge x(t) = 0$	ξ_2
$a(t) = 0 \wedge x(t) = 1$	2
$a(t) = 1 \wedge x(t) = 0$	ξ_3
$a(t) = 1 \wedge x(t) = 1$	2
$a(t) = 2 \wedge x(t) = 0$	2
$a(t) = 2 \wedge x(t) = 1$	ξ_1

sind links alle anzutreffenden Aussagen, rechts die entsprechenden Formeln für die Berechnung der Zustände $a(t + 1)$ des Automaten zum Zeitpunkt $(t + 1)$

angegeben. Falls die erste Aussage, für die $x(t) = 0$ gilt, wahr ist, muß aus dem System der Matrizen $A(x)$ die Matrix $A(0)$ ausgewählt werden. Da außerdem $a(t) = 0$ gilt, wird in dieser Matrix die obere Zeile gewählt, d. h. $\{0, 1/3, 2/3\}$. Entsprechend dieser Verteilung wird eine Realisierung der Zufallsgröße $a(t + 1)$ bestimmt. Auf Grund der eingeführten Bezeichnung ist $a(t + 1)$ eine Realisierung der Zufallsgröße ξ_2. Daher kann man

$$a(t + 1) = \xi_2$$

schreiben. Betrachten wir nun den Fall, daß die Aussage $a(t) = 0 \wedge x(t) = 1$ wahr ist. In diesem Fall muß die Matrix $A(1)$ gewählt werden sowie in der Matrix die Zeile $\{0, 0, 1\}$. Der Automat geht mit Sicherheit in den neuen Zustand 2 über, d. h., wir erhalten $a(t + 1) = 2$. Analog gehen wir in den Fällen vor, in denen die übrigen Aussagen wahr sind.

Im betrachteten Beispiel stehen auf der rechten Seite der angeführten Tabelle entweder unabhängige Zufallsgrößen oder Zahlen. Im allgemeinen kann der neue Automatenzustand als eine Funktion angesehen werden, die vom Zustand des gegebenen Automaten, von den Werten der Eingangssignale sowie von den Realisierungen der unabhängigen Zufallsgrößen abhängt. Darüber hinaus gehen bestimmte Konstanten ein. Beachtet man, daß $a(t)$ und $x(t)$ im allgemeinen Zufallsfunktionen darstellen, so sind die Formeln zur Berechnung der „neuen" Automatenzustände $a(t + 1)$ Funktionale. Diese Funktionale dienen der Berechnung der neuen Zustände. Die Berechnung eines Funktionals erfolgt nur, wenn die entsprechende logische Aussage wahr ist. Daher kann man diese Funktionale auch als *bedingte Übergangsfunktionale* des Automaten A bezeichnen.

Somit ist es gelungen, das System der stochastischen Matrizen $A(x)$, das den stochastischen Automaten A bestimmt, durch ein endliches System von sechs logischen Aussagen bezüglich des Automatenzustands und seines Eingangssignals zu ersetzen. Es ergibt sich ein System von sechs bedingten Übergangsfunktionalen. Die Tabelle, die die Übereinstimmung zwischen den Aussagen und den Funktionalen herstellt, bezeichnen wir als *Tabelle der bedingten Übergangsfunktionale.*

Wie aus den bedingten Übergangsfunktionalen ersichtlich ist, entsprechen drei von diesen sechs logischen Aussagen, nämlich die zweite, vierte und fünfte demselben Funktional. Durch Vereinigung der aufgezählten Aussagen in einer einzigen ergibt sich eine Vereinfachung der Tabelle:

$$a(t) = 0 \wedge x(t) = 1 \vee a(t) = 1 \wedge x(t) = 1 \vee a(t) = 2 \wedge x(t) = 0.$$

Auf Grund von Vorstellungen, die im weiteren noch offensichtlich werden, ist es sinnvoll, die Tabelle der bedingten Übergangsfunktionale nicht in Spalten, sondern in Zeilen anzuordnen. Für den betrachteten Automaten wird somit diese Tabelle in Form einer Zeile geschrieben, die aus einer oberen und einer unteren Unterzeile besteht. In der oberen Zeile werden die logischen Aussagen, in der unteren die ihnen entsprechenden Funktionale eingetragen. Am Anfang der Zeile wird zweckmäßig die Bezeichnung des Automaten angegeben. Somit erhalten wir:

A	$a = 0 \wedge x = 0$	$a = 1 \wedge x = 0$	$a = 2 \wedge x = 1$	$a = 0 \wedge x = 1 \vee a = 1 \wedge x = 1 \vee a = 2 \wedge x = 0$
	ξ_2	ξ_3	ξ_1	2

Hierbei ist zur Vereinfachung das Argument t bei a und x weggelassen worden. Dadurch entstehen jedoch keine Unklarheiten, da sich alle Größen der Tabelle auf den gleichen Zeitpunkt beziehen.

Bekanntlich kann man jede logische Aussage in unterschiedlichen Formen angeben. Die letzte Aussage in der angeführten Tabelle ist zum Beispiel auch in der Form

$$x = 1 \wedge (a = 0 \vee a = 1) \vee a = 2 \wedge x = 0$$

darstellbar. Damit in der Bezeichnung der logischen Aussagen Einheitlichkeit erreicht wird, wollen wir im weiteren jede logische Aussage in der disjunktiven Normalform angeben, das heißt in Form von Disjunktionen und Konjunktionen, wie das bereits in der Tabelle erfolgte. In der mathematischen Logik existiert ein Satz, der die Möglichkeit der Darstellung jeder logischen Aussage in der disjunktiven Normalform begründet und darüber hinaus die Eindeutigkeit einer solchen Darstellung sichert [18]. Aus diesem Satz folgt die Eindeutigkeit der Tabelle der bedingten Übergangsfunktionale, wenn alle logischen Aussagen in der disjunktiven Normalform dargestellt sind. Möglich ist außerdem der Spezialfall, daß die Tabelle der bedingten Übergangsfunktionale keine Zufallsgrößen enthält. In diesem Fall hat die Vorschrift, nach der die Automatenzustände neu berechnet werden, determinierten (nichtzufälligen) Charakter. Die Tabelle der bedingten Übergangsfunktionale ergibt eine gewöhnliche Übergangsfunktion eines determinierten Automaten. Das stimmt völlig mit der Definition des determinierten diskreten Automaten, wie er in der abstrakten und strukturellen Automatentheorie gebräuchlich ist, überein. Somit stellt die erläuterte Methode zur Beschreibung der Vorschrift, nach der die Zustände für stochastische Automaten mit Hilfe der Tabelle der bedingten Übergangsfunktionale neu berechnet werden, eine natürliche Erweiterung auf den stochastischen (wahrscheinlichkeitstheoretischen) Fall des allgemein angewandten Verfahrens der Beschreibung determinierter Automaten dar.

Bisweilen ist es möglich, daß alle Zeilen der Matrizen des Systems der stochastischen Matrizen $A(x)$ übereinstimmen. In diesem Fall können alle Aussagen zu einer einzigen vereinigt werden, die offensichtlich stets wahr, d. h. identisch der wahren Aussage I ist. Es ist dann wenig sinnvoll, die Tabelle in zwei Unterzeilen aufzuteilen. Man kann die identisch wahre Aussage in der Tabelle der bedingten Übergangsfunktionale weglassen. Außer der Bezeichnung des Automaten wird nur das einzige Übergangsfunktional angegeben, das nunmehr ein unbedingtes Funktional ist.

Ein weiterer wichtiger Spezialfall ergibt sich, wenn alle Matrizen des Systems der stochastischen Matrizen $A(x)$ übereinstimmen. In diesem Fall hängt der

Automatenzustand nicht vom Wert des Eingangssignals ab, und das System der Matrizen $A(x)$ kann durch eine einzige Matrix A angegeben werden. Der stochastische Automat entspricht dabei einer einfachen homogenen MARKOWschen Kette, die von der Matrix A bestimmt wird.

Der gerade an einem Beispiel erläuterte Übergang vom System der stochastischen Matrizen $A(x)$ zur Tabelle der bedingten Übergangsfunktionale kann für jeden stochastischen Automaten mit endlichem inneren Alphabet verwirklicht werden. Falls wenigstens ein Alphabet unendlich ist, wird dieser Prozeß mit Schwierigkeiten verbunden sein. Das System der Matrizen $A(x)$ besteht dann entweder aus einer unendlichen Anzahl von Matrizen (unendliches Eingangsalphabet), oder die Matrizen sind selbst unendlich (unendliches Zustandsalphabet). Können darüber hinaus die Elemente dieser Matrizen beliebig ohne Beachtung irgendwelcher Vorschriften ausgewählt werden, so ist es nicht möglich, zur Beschreibung die Tabelle der bedingten Übergangsfunktionale zu verwenden. In der Mehrzahl der praktischen Fälle bildet jedoch das System der Matrizen $A(x)$ die objektiven Eigenschaften irgendeines konkreten Objekts ab. Dann liegt der Bildung der Elemente dieser Matrizen immer eine Vorschrift zugrunde. So zeigt sich von einer bestimmten Zeilenzahl an in jeder Matrix eine bestimmte Gesetzmäßigkeit, nach der die Elemente der Matrix gebildet werden. Ebenso kann man von einer bestimmten Matrix ab (von einem bestimmten Wert des Eingangssignals ab) eine Gesetzmäßigkeit erkennen. Wir wollen das an einem Beispiel erläutern.

Es wird angenommen, daß der Automat A als Zustands- und Eingangsalphabet die Menge der natürlichen Zahlen ($\mathfrak{A} = N$, $\mathfrak{X} = N$) besitzt. Das System der Matrizen $A(x)$ sei für diesen Automaten folgendermaßen vorgegeben:

$$A(0) = \begin{pmatrix} p_0 & p_1 & p_2 & p_3 & \cdots \\ 0 & p_0 & p_1 & p_2 & \cdots \\ 0 & 0 & q_0 & q_1 & \cdots \\ 0 & 0 & 0 & q_0 & \cdots \\ \multicolumn{5}{c}{\cdots\cdots\cdots\cdots\cdots} \end{pmatrix}; \quad A(1) = \begin{pmatrix} p_0 & p_1 & p_2 & p_3 & \cdots \\ 0 & p_0 & p_1 & p_2 & \cdots \\ 0 & q_0 & q_1 & q_2 & \cdots \\ 0 & 0 & q_0 & q_1 & \cdots \\ \multicolumn{5}{c}{\cdots\cdots\cdots\cdots\cdots} \end{pmatrix};$$

$$A(2) = \begin{pmatrix} p_0 & p_1 & p_2 & p_3 & \cdots \\ 0 & p_0 & p_1 & p_2 & \cdots \\ q_0 & q_1 & q_2 & q_3 & \cdots \\ 0 & q_0 & q_1 & q_2 & \cdots \\ \multicolumn{5}{c}{\cdots\cdots\cdots\cdots\cdots} \end{pmatrix}; \quad A(3) = \begin{pmatrix} p_0 & p_1 & p_2 & p_3 & \cdots \\ 0 & p_0 & p_1 & p_2 & \cdots \\ q_0 + q_1 & q_2 & q_3 & q_4 & \cdots \\ q_0 & q_1 & q_2 & q_3 & \cdots \\ \multicolumn{5}{c}{\cdots\cdots\cdots\cdots\cdots} \end{pmatrix} \cdots$$

Offensichtlich fällt es nicht schwer, in der Konstruktion dieser Matrizen eine Gesetzmäßigkeit zu erkennen:

1. Die ersten zwei Zeilen (die nullte und die erste) sind für jede Matrix $A(x)$ gleich und hängen nicht von x ab.
2. In jeder Matrix wird jede folgende Zeile, beginnend mit der dritten Zeile, aus der vorhergehenden durch Verschiebung um ein Element nach rechts erzeugt. Das freiwerdende Element wird dabei gleich Null gesetzt.

3. Bei einer Vergrößerung von x um eine Einheit wird jede Zeile der Matrix $A(x + 1)$, für die $x + 1$ größer 1 ist, aus der gleichen Zeile der Matrix $A(x)$ durch Verschiebung um ein Element nach links erzeugt. Dabei wird das Element, das die Grenzen der Matrix übersteigen würde, zum Element der nullten Spalte addiert.

Derartige Gesetzmäßigkeiten geben die Möglichkeit, das System der Matrizen $A(x)$ durch eine ausreichend einfache Tabelle der bedingten Übergangsfunktionale zu ersetzen. Zu diesem Zweck bezeichnen wir mit ξ und η die Zufallsgrößen mit den Verteilungen $\{p_0, p_1, p_2, \ldots\}$ und $\{q_0, q_1, q_2, \ldots\}$ sowie damit

$$p_k = P\{\xi = k\}, \; q_k = P\{\eta = k\}.$$

Dann kann man für den Fall $a(t) = 0$ angeben, daß $a(t + 1) = \xi$ gilt. Für $a(t) = 1$ ergibt sich offensichtlich $a(t + 1) = 1 + \xi$. Diese zwei Fälle können folgendermaßen vereinigt werden: Für $a(t) \leqq 1$ gilt $a(t + 1) = a(t) + \xi$. Nehmen wir nun $a(t) > 1$ an. In diesem Fall kann man feststellen (siehe Eigenschaft 2 und 3), daß der neue Zustand $a(t + 1)$ des Automaten, wenn die Summe des Zustands des Automaten zum Zeitpunkt t mit der laufenden Realisierung der Zufallsgröße η den Wert $x(t)$ des Eingangssignals übersteigt, als Realisierung der Zufallsgröße $a(t) + \eta - x(t)$ erhalten werden kann. Anderenfalls ist dieser Zustand gleich Null. Diese Fälle vereinigen wir mit Hilfe des Symbols max in einem Ausdruck.

Es ist uns damit gelungen, das System $A(x)$ der unendlichen Anzahl unendlicher Matrizen durch eine einfache Tabelle der bedingten Übergangsfunktionale zu ersetzen:

A	$a \leqq 1$	$a > 1$
	$a + \xi$	$\max\{0, a + \eta - x\}$

Damit ist es möglich, die aufwendige Vorgabe des Automaten durch Matrizen zu vermeiden. Für die Berechnung des Automatenzustands ergab sich eine äußerst kurze und anschauliche Beschreibung.

In diesem Beispiel betrachteten wir einen sehr einfachen Fall, für den in jeder Zeile jeder Matrix des Systems $A(x)$ nur Wahrscheinlichkeiten ein und derselben Verteilung enthalten waren und der Automat nur einen einzigen Eingang besitzt. In der Praxis trifft man jedoch oftmals kompliziertere Fälle an. Damit wird natürlich der Übergang vom System der Matrizen $A(x)$ zur Tabelle der bedingten Übergangsfunktionale wesentlich komplizierter. Will man das Verhalten eines realen Objekts oder eines bestimmten Elements mit Hilfe stochastischer Automaten beschreiben, so ist es natürlich wesentlich einfacher, aus der unmittelbaren Kenntnis der Eigenschaften des Objekts die Tabelle der bedingten Übergangsfunktionale direkt zu entwickeln als den Weg über das System der Übergangsmatrizen zu gehen. Wird im weiteren für ein bestimmtes Ziel das System der Matrizen $A(x)$ noch benötigt, so kann man es ohne Schwierigkeiten aus der Tabelle der bedingten Übergangsfunktionale ermitteln.

Nunmehr sind wir in der Lage zu zeigen, daß jeder stochastische Automat als Verallgemeinerung des Begriffs der MARKOWschen Kette angesehen werden kann. Zu diesem Zweck begründen wir, daß unter allen Spezialfällen, die sich bei der Beschreibung des Verhaltens stochastischer Automaten ergeben, eine bestimmte Anzahl eine homogene MARKOWsche Kette darstellt. Dabei setzen wir voraus, daß die Eingangssignale des Automaten A zu unterschiedlichen Zeitpunkten voneinander unabhängige Zufallsgrößen mit gleicher Verteilung darstellen. Wenn wir in der Tabelle der bedingten Übergangsfunktionale die Bezeichnung des Eingangssignals durch die Bezeichnung der entsprechenden Zufallsgröße ersetzen, so gehen in die Tabelle der bedingten Übergangsfunktionale nur die Werte der Zustände dieses Automaten, die Realisierungen der unabhängigen Zufallsgrößen und gewisse Konstanten ein. Eine solche Tabelle der bedingten Übergangsfunktionale kann immer in ein System stochastischer Matrizen $A(x)$ umgewandelt werden, das nur aus einer einzigen Matrix besteht. Folglich kann man in diesem Fall den stochastischen Automaten in eine homogene MARKOWsche Kette umwandeln. Weiter oben wurde darauf hingewiesen, daß das auch gilt, wenn alle Matrizen des Systems $A(x)$ (wobei das System mehr als eine Matrix enthält) übereinstimmen.

Wir wollen nunmehr annehmen, daß der stochastische Automat A keine homogene MARKOWsche Kette darstellt. Dann muß das System der stochastischen Matrizen $A(x)$ mindestens zwei Matrizenpaare enthalten, die sich voneinander unterscheiden. Das bedeutet, daß in die Tabelle der bedingten Übergangsfunktionale unbedingt die Werte der Eingangssignale eingehen müssen, wobei diese nicht Realisierungen von unabhängigen Zufallsgrößen mit gleicher Verteilung sind. Daraus folgt, daß der stochastische Automat eine homogene MARKOWsche Kette dann und nur dann darstellt, wenn sich die Folge der Eingangssignale als Realisierung von in ihrer Gesamtheit unabhängigen Zufallsgrößen mit gleicher Verteilung darstellen läßt. Das gilt auch, wenn das Eingangssignal auf die Berechnung der Zustände der Automaten keinen Einfluß hat.

Für inhomogene MARKOWsche Ketten hängt die Übergangsmatrix, die das Verhalten der Kette bestimmt, von der Zeit ab. Diese Ketten entsprechen einem stochastischen Automaten, an dessen Eingang eine Folge $x(t) = t$ $(t = 0, 1, 2, \ldots)$ liegt.

Wie für homogene MARKOWsche Ketten mit einer abzählbaren Zustandsmenge ergeben sich für den stochastischen Automaten mit unendlichem Zustandsalphabet Fälle, in denen entweder eine stationäre Verteilung der Zustände vorliegt oder nicht. Eine allgemeine Lösung dieser Frage unter theoretischem Aspekt ist mit wesentlichen Schwierigkeiten verbunden und geht über den Rahmen unserer Darlegungen hinaus. Ohne auf die Theorie der Existenz stationärer Verteilungen einzugehen, unterscheiden wir in jedem Fall Existenzbedingungen für derartige Verteilungen entsprechend den einzelnen vorgegebenen Automaten. So existiert für das letzte Beispiel eine stationäre Verteilung der Automatenzustände, wenn der Erwartungswert der Zufallsgrößen ξ und η endlich ist, d. h., wenn $\mathrm{M}\xi < +\infty$ und $\mathrm{M}\eta < +\infty$ gilt.

3.2. Systeme stochastischer Automaten

Als Objekte bei der Entwicklung von Modellen komplexer Systeme interessieren uns im weiteren die stochastischen Automaten. Jedes im weiteren entwickelte Modell stellt eine bestimmte Gesamtheit von stochastischen Automaten dar, die untereinander in bestimmter Weise verbunden sind, d. h., die ein System von stochastischen Automaten bilden.

Eine Vereinigung der Automaten zu einem System wird erreicht, wenn die Ausgangssignale des einen Automaten mit den Eingangssignalen der anderen in Übereinstimmung gebracht werden. Wir wollen grundsätzlich voraussetzen, daß die betrachteten Automaten zu jedem Zeitpunkt einen eindimensionalen (skalaren) und keinen vektoriellen Zustand besitzen. Wird es für die Nachbildung eines realen Systems erforderlich, nicht nur eine Größe, sondern einige zu beachten, beschreiben wir das Modell mit Hilfe einiger Automaten.

Anders verhält sich das für die Eingangs- und Ausgangssignale. Weil auf die Ermittlung neuer Zustände eines bestimmten Automaten die alten Zustände einiger Automaten Einfluß haben können, werden wir in die Betrachtung die Möglichkeit vektorieller Signale mit einbeziehen müssen. So ergibt sich zum Beispiel als Eingangssignal $x(t)$ eines bestimmten Automaten A, auf dessen Zustand zum Zeitpunkt t die Zustände der drei Automaten B, C und D als Eingangssignale einwirken, ein geordnetes Tripel $\{y_1(t), y_2(t), y_3(t)\} = x(t)$. Dabei stellen $y_1(t)$, $y_2(t)$ und $y_3(t)$ die Signale dar, die zum Zeitpunkt t von den Automaten B, C und D an den Automaten A gegeben werden.

Wir werden voraussetzen, daß die Menge endlich oder abzählbar unendlich ist. Darüber hinaus nehmen wir an, daß alle Automaten des Systems synchron, d. h. mit der gleichen diskreten Zeit arbeiten.

Auf Grund der Definition des stochastischen Automaten hängt der Zustand des Automaten im nachfolgenden Moment von seinem Zustand im vorhergehenden ab. Das wird im System der Matrizen $A(x)$ bzw. in der Tabelle der bedingten Übergangsfunktionale beachtet. Daher wollen wir annehmen, daß die Ausgangssignale jedes Automaten nur auf andere Automaten einwirken. Den Fall, daß das Ausgangssignal des Automaten mit einem seiner Eingangssignale identisch ist, wollen wir aus der Betrachtung ausschließen. Des weiteren setzen wir voraus, daß zwischen zwei Automaten nur ein Signal übertragen wird.

Daraus ist ersichtlich, daß zur Bestimmung eines Systems stochastischer Automaten jeder Automat des Systems mit Hilfe eines der im vorhergehenden Paragraphen angegebenen Verfahren bestimmt werden muß. Gleichzeitig benötigen wir eine Darstellung der vorhandenen bzw. nichtvorhandenen Beziehungen für jedes geordnete Paar von Automaten des Systems. Dabei müssen die Eingangs- und Ausgangsalphabete für jedes Paar von miteinander verbundenen Automaten folgendermaßen abgestimmt sein: Es wird vorausgesetzt, daß in einem System stochastischer Automaten eine solche Beziehung zwischen den Automaten A und B besteht, daß auf den Zustand des Automaten B im folgenden

Moment der Wert des Zustands des Automaten A im vorhergehenden Moment einwirkt. Dann muß unter den Komponenten des Eingangssignals des Automaten B eine solche Komponente enthalten sein, die dem Signal des Automaten A entspricht. Umgekehrt ist unter den Komponenten des Ausgangssignals des Automaten A eine Komponente enthalten, die mit den Werten des dem Automaten B übergebenen Signals übereinstimmt. Diese beiden Komponenten sind bei einer Verbindung des Automaten A mit dem Automaten B gleich. Folglich muß auch das Alphabet des Ausgangssignals des Automaten A dem Alphabet des Eingangssignals des Automaten B entsprechen.

Es entsteht die Aufgabe, die Beziehungen zwischen den Automaten zu beschreiben. Eine Möglichkeit eröffnet die Darstellung durch einen Graphen, der die Beziehungen zwischen den Automaten abbildet. Zu diesem Zweck wird die Struktur des Systems in Form eines gerichteten Graphen dargestellt. Zwischen den Knoten des Graphen und den Automaten des Systems besteht dabei eine umkehrbar eindeutige Beziehung. Beeinflußt der Zustand eines Automaten A des Systems den Zustand eines anderen Automaten B, so wird das in dem Graphen durch einen gerichteten Bogen (Pfeil) dargestellt, der vom Automaten A zum Automaten B führt. Auf Grund der oben angegebenen Voraussetzungen bezüglich der Signale, die die Automaten des Systems verbinden, ergeben sich die folgenden Eigenschaften des Graphen: Ein Graph, der die Beziehungen zwischen den Automaten abbildet, hat keine Schleifen (es gibt keine Bogen, die in einem Knoten beginnen und in dem gleichen Knoten enden). Für jedes Paar von Knoten des Graphen existiert höchstens ein Bogen, der diese Knoten in einer vorgegebenen Richtung verbindet. Gleichzeitig ist es möglich, daß in einem Graphen ein Bogen existiert, der von einem bestimmten Knoten zu einem anderen gerichtet ist, und es im gleichen Graphen eine weitere Verbindung gibt, die die gleichen Knoten in der entgegengesetzen Richtung verknüpft.

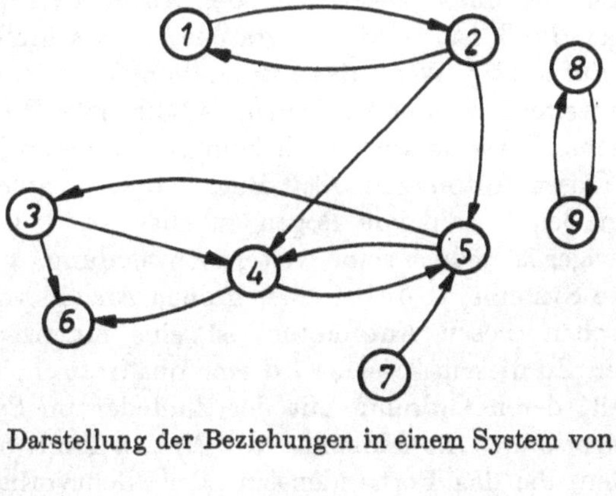

Abb. 6. Graph zur Darstellung der Beziehungen in einem System von neun Automaten

Ein derartiger Graph ist als Beispiel in Abb. 6 wiedergegeben. Aus dieser Darstellung des Graphen ergeben sich folgende Erkenntnisse:

1. Das System besteht aus 9 Automaten.

2. Das System zerfällt in zwei voneinander unabhängige Teilsysteme. Das erste Teilsystem besteht aus 7 Automaten (Automaten 1 bis 7), während das zweite Teilsystem zwei Automaten 8 und 9 enthält. Verwendet man die Terminologie der Graphentheorie, so folgt daraus, daß zwei Komponenten der Bündigkeit vorhanden sind.

3. Einige Automaten des Systems (die Automaten 4 bis 6) besitzen vektorielle Eingangssignale. So hat zum Beispiel der Automat 5 einen dreidimensionalen Eingangsvektor. Die Komponenten dieses Vektors sind Signale, die von den Automaten 2, 4 und 7 übertragen werden. Ebenso ist das Eingangssignal des Automaten 4 ein dreidimensionaler und das des Automaten 6 ein zweidimensionaler Vektor.

4. Die Ausgangssignale einiger Automaten sind vektoriell (die Ausgangssignale der Automaten 2 bis 5).

5. Unter den Automaten des Systems gibt es solche (Automat 6), deren Zustand nicht den Zustand eines anderen Automaten dieses Systems beeinflußt. In der Darstellung des Graphen entspricht das einem Knoten, aus dem kein Pfeil herausgeht. Derartige Automaten oder Automatengruppen werden wir als *Ausgangspole* des Systems bezeichnen.

6. Der Graph enthält einzelne Automaten (7) und auch Gruppen von Automaten (Teilsystem, das aus den Automaten 1 und 2 besteht), auf deren Zustand die Zustände anderer Automaten keinen Einfluß haben.

Die Beschreibung der Struktur des Systems von Automaten mit Hilfe von Graphen ist sehr anschaulich. Falls jedoch das System hinreichend kompliziert ist, d. h. die Anzahl der das System bildenden Automaten und die Anzahl der Wechselbeziehungen groß ist, wird die graphische Beschreibung der Systemstruktur ziemlich aufwendig. Wenn das System zum Beispiel aus hundert Automaten besteht (im weiteren werden wir sehen, daß die in der Praxis anzutreffenden Modelle ökonomischer Systeme auch noch komplizierter sein können), wären im Prinzip zwischen diesen Automaten 9900 Beziehungen möglich. Einen Graphen mit einer solch großen Anzahl von Bogen zu entwickeln, ist sehr aufwendig. Wesentlich schwieriger ist jedoch seine weitere Anwendung.

Für komplizierte Systeme, d. h. bei einer großen Anzahl von Automaten und Beziehungen zwischen diesen Automaten, ist eine Matrizenbeschreibung der Struktur sinnvoller. Zu diesem Zweck wird eine quadratische *Strukturmatrix* des Systems entwickelt, deren Ordnung mit der Zahl der im System enthaltenen Automaten übereinstimmt. Als Elemente der Matrix kann man zwei beliebige Symbole verwenden, die das Vorhandensein oder Nichtvorhandensein von Beziehungen angeben. Wir werden im weiteren als derartige Symbole 0 (keine Beziehungen) und 1 (vorhandene Beziehungen) wählen. Mit Hilfe dieser Strukturmatrix ergibt sich eine Darstellung des gerade beschriebenen Systems in der Form:

	1	2	3	4	5	6	7	8	9
1	1	1	0	0	0	0	0	0	0
2	1	1	0	1	1	0	0	0	0
3	0	0	1	1	0	1	0	0	0
4	0	0	0	1	1	1	0	0	0
5	0	0	1	1	1	0	0	0	0
6	0	0	0	0	0	1	0	0	0
7	0	0	0	0	1	0	1	0	0
8	0	0	0	0	0	0	0	1	1
9	0	0	0	0	0	0	0	1	1

Hierbei sind die folgenden Besonderheiten der Matrizenbeschreibung der Systemstruktur zu beachten:

1. Die Matrix ist zerlegbar (alle von Null verschiedenen Elemente sind nur in den Diagonalfeldern der Matrix enthalten.) Die Zerlegbarkeit der Matrix weist darauf hin, daß das System in zwei unabhängige Teilsysteme zerfällt. In unserem Beispiel sind die Automaten so numeriert, daß die Automaten 1 bis 7 ein Teilsystem und die übrigen ein zweites Teilsystem bilden. Werden die Zustände beliebig numeriert, so ist es nicht möglich, aus dem Aussehen der Matrix über ihre Zerlegbarkeit zu urteilen. Will man in diesem Fall entscheiden, ob die Matrix zerlegbar ist (d. h. das System in unabhängige Teilsysteme zerfällt), muß das Zerlegbarkeitskriterium angewendet werden. Wenn wir die Strukturmatrix des Systems von Automaten mit A und die Einheitsmatrix mit E bezeichnen, so erhalten wir die folgende Regel: Ein System kann in unabhängige Teilsysteme dann und nur dann zerlegt werden, wenn das charakteristische Polynom der Strukturmatrix dieses Systems identisch Null ist.
2. Den Eingangspolen des Systems entsprechen Diagonalfelder, für die alle Elemente gleich Null sind, die in der gleichen Spalte angeordnet sind und nicht zu diesem Feld gehören. In unserem Beispiel gilt das für die Gruppe von Automaten 1, 2 und 7.
3. Eine entsprechende Eigenschaft gilt für die Ausgangspole. Jedem Ausgangspol entspricht ein Diagonalfeld, für das alle Elemente gleich Null sind, die in den gleichen Zeilen angeordnet sind und nicht zu diesem Feld gehören. Im vorliegenden Fall gilt das für den Automaten 6.
4. Man kann mittels der Strukturmatrix sehr leicht die Eingangs- und Ausgangssignale für jeden Automaten bestimmen. So besteht zum Beispiel die zweite

Zeile der angeführten Matrix aus vier Einsen und fünf Nullen. Wenn man die in der Hauptdiagonale stehende Eins wegläßt, so kann man sehen, daß das Ausgangssignal des Automaten 2 ein dreidimensionaler Vektor ist. Seine erste Komponente stellt ein Signal dar, das zum Automaten 1 geht, während die zweite dem Automaten 4 und die dritte dem Automaten 5 zugeleitet wird. Entsprechend kann man sich davon überzeugen (in diesem Fall werden die von Null verschiedenen Elemente der entsprechenden Spalte betrachtet), daß das Eingangssignal des Automaten 6 ein zweidimensionaler Vektor ist, dessen erste Komponente vom Automaten 3 und dessen zweite Komponente vom Automaten 4 übertragen wird.

Das Vorhandensein oder Fehlen einer Verbindung zwischen zwei Automaten des Systems ist eng mit der Wahl des Alphabets für das Signal verbunden, das diese Beziehung hergestellt. Aus diesem Grunde ist es sinnvoll, die Alphabete der Automaten (Zustands-, Eingangs- und Ausgangsalphabet) nicht von der Strukturmatrix des Systems getrennt vorzugeben, sondern diese beiden Angaben in einer gemeinsamen Darstellung zu vereinen.

Besteht das Signalalphabet, das über einen beliebigen Verbindungskanal übertragen wird, aus einem einzigen Symbol, so wird über diesen Kanal überhaupt kein Signal übertragen. In der Tat besteht jede Nachricht immer aus einer Folge von mehreren Symbolen. Betrachten wir den Fall, daß der Zustand eines Automaten im vorhergehenden Moment auf den Zustand eines anderen Automaten zum folgenden Zeitpunkt nicht einwirkt (d. h., es wird kein Signal von dem einen Automaten zu dem anderen übertragen). Diesem Fall entspricht offensichtlich eine Beziehung zwischen den Automaten, für die das Alphabet der übertragenen Nachricht eine Menge darstellt, die aus einem einzigen Symbol besteht. Da es dabei völlig gleichgültig ist, welches Symbol verwendet wird, führen wir für alle Mengen, die aus einem einzigen Symbol bestehen, die Bezeichnung $\varnothing$ ein. Daneben werden wir im weiteren noch andere standardisierte Bezeichnungen für die Alphabete einführen. Einige davon sollen an dieser Stelle angegeben werden:

D — binäres Alphabet (Menge, die aus den zwei Symbolen 0 und 1 besteht),
T — Alphabet, das aus drei Symbolen besteht (Menge der drei Symbole 0, 1, 2),
C — Alphabet, das vier Symbole enthält (die Menge der Zahlen 0, 1, 2, 3),
N — natürliches Alphabet (Menge aller natürlichen Zahlen),
P — positives Alphabet (Menge aller positiven ganzen Zahlen),
R — rationales Alphabet (Menge aller nichtnegativen rationalen Zahlen),
N_n — begrenztes natürliches Alphabet (Menge aller natürlichen Zahlen, die eine bestimmte positive Zahl n nicht übersteigen),
R_r — begrenztes rationales Alphabet (Menge aller rationalen Zahlen, die eine bestimmte positive rationale Zahl r nicht übersteigen).

Weitere Bezeichnungen werden im Verlauf der Darlegungen eingeführt.

Offensichtlich ist es zweckmäßig, die Strukturmatrix des Systems durch eine *Alphabetmatrix* zu ersetzen. Letztere unterscheidet sich von der Strukturmatrix dadurch, daß in ihr die 0 durch das Symbol $\varnothing$ und die 1 durch die Bezeichnungen der entsprechenden Alphabete ersetzt werden. Somit besitzt die Alphabetmatrix für die oben betrachtete Strukturmatrix das folgende Aussehen:

	1	2	3	4	5	6	7	8	9
1	D	D	∅	∅	∅	∅	∅	∅	∅
2	N	N	∅	D	D	∅	∅	∅	∅
3	∅	∅	P	D	∅	T	∅	∅	∅
4	∅	∅	∅	N	T	D	∅	∅	∅
5	∅	∅	D	D	C	∅	∅	∅	∅
6	∅	∅	∅	∅	∅	N	∅	∅	∅
7	∅	∅	∅	∅	D	∅	D	∅	∅
8	∅	∅	∅	∅	∅	∅	∅	R	R_1
9	∅	∅	∅	∅	∅	∅	∅	N_n	N

Diese Matrix enthält konkrete Angaben über die Alphabete aller Eingangs- und Ausgangssignale. Zum Beispiel ergibt sich mit Hilfe dieser Matrix für den Automaten 4, daß sein Zustandsalphabet die Menge der natürlichen Zahlen ist. Das Eingangsalphabet stellt die Menge aller möglichen Tripel dar, die aus den binären Symbolen 0 und 1 zusammengestellt werden können. Als Ausgangsalphabet wird die Menge aller geordneten Zahlenpaare erhalten. An der ersten Stelle steht entweder 0, 1 oder 2 und an zweiter Stelle entweder 0 oder 1. Entsprechend der gegebenen Definition des stochastischen Mooreschen Automaten mit determiniertem Ausgang, stellt die Ausgangsfunktion für jeden betrachteten Automaten eine eindeutige Abbildung (nicht umkehrbar eindeutig) des Zustandsalphabets auf das Ausgangsalphabet dar. Aus diesem Grunde müssen die Alphabete, die in einer Zeile der Matrix stehen, derart sein, daß zwischen diesen Mengen und einer bestimmten Teilmenge der in der Hauptdiagonale der gegebenen Zeile stehenden Menge eine umkehrbar eindeutige Beziehung besteht. So sind zum Beispiel in der dritten Zeile die Symbole P, D, T und ∅ angegeben, wobei in der Hauptdiagonale P steht, d. h. die Menge aller positiven ganzen Zahlen. Offensichtlich kann man für das binäre Alphabet D, das Alphabet aus drei Symbolen T und für das Alphabet ∅, das aus einem einzigen Symbol besteht, eine umkehrbar eindeutige Beziehung zu einer bestimmten Teilmenge der Menge P herstellen. Den drei Symbolen 0, 1, 2 des Alphabets T werden zum Beispiel die positiven ganzen Zahlen 88, 1, 2 zugeordnet, so daß im gegebenen Fall keine Widersprüche entstehen. Ersetzen wir dagegen in dieser Zeile beispielsweise das Alphabet T durch die Menge aller natürlichen Zahlen N, so ergibt sich offensichtlich ein Widerspruch.

Somit erweist es sich als sinnvoll, in der Alphabetmatrix die Strukturbeschreibung eines Systems von Automaten mit der Beschreibung der Alphabete des

Systems zu verbinden. Dabei kennzeichnet die Alphabetmatrix qualitativ alle Beziehungen, die zwischen den Automaten des Systems bestehen.

Zur quantitativen Kennzeichnung der Beziehungen zwischen den Automaten reicht die Tabelle der bedingten Übergangsfunktion aus. In ihr werden alle Automaten des Systems erfaßt. Zwischen der Alphabetmatrix und der Tabelle der bedingten Übergangsfunktionale des Systems besteht eine bestimmte Abhängigkeit. Setzt man in ein beliebiges Funktional dieses Systems konkrete Werte der enthaltenen Signale entsprechend den gegebenen Alphabeten ein, so ergibt sich ein Wert für das Funktional, der Element des Zustandsalphabets des betrachteten Automaten ist.

Das Zustandsalphabet des Automaten sei zum Beispiel R, für die Alphabete der Signale x_1 und x_2 werde D bzw. T angenommen. Hat das Funktional das Aussehen $a(t) + \frac{1}{\max\left(1, x_1(t) + x_2(t)\right)}$, so entstehen keine Widersprüche. Wird für $x_1(t)$ ein beliebiges binäres Symbol und für $x_2(t)$ ein beliebiges Symbol aus dem Alphabet mit drei Symbolen eingesetzt, so erhalten wir für den zweiten Ausdruck im Funktional und folglich auch für den Wert des ganzen Funktionals eine positive rationale Zahl. Wird dagegen vorausgesetzt, daß das Zustandsalphabet des betrachteten Automaten die Menge N aller natürlichen Zahlen darstellt, so ergibt sich ein Widerspruch. Für $x_1(t) = 0$ und $x_2(t) = 2$ nimmt zum Beispiel das Funktional den Wert $a(t) + 1/2$ an.

Um den Anfangszustand des Systems zu bestimmen, reicht es aus, wenn die Anfangszustände aller Automaten in einer Reihenfolge bekannt sind, die ihren Nummern entspricht. Den sich dabei ergebenden Vektor des Systems nennen wir den *Vektor der Anfangszustände*. Jede Komponente dieses Vektors gehört dem Zustandsalphabet des entsprechenden Automaten an. Damit schließlich das System der stochastischen Automaten vollständig vorgegeben ist, benötigen wir noch die Ausgangsfunktionen für jeden Automaten. Auf Grund der großen Anzahl der Automaten, die in das System eingehen, sowie der Vielfalt der Beziehungen, die zwischen diesen Automaten bestehen, ist es ziemlich schwer, für alle Fälle eine annehmbare und hinreichend allgemeine Darstellungsform für die Ausgangsfunktionen zu finden. In dem einfachsten und ausreichend allgemeinen Fall kann man voraussetzen, daß die Ausgangssignale mit den Zuständen der entsprechenden Automaten übereinstimmen. Dann entfällt bei der Aufstellung der Tabelle der bedingten Übergangsfunktionale eine spezielle Bezeichnung der Ausgangssignale. In jeder Zeile der Alphabetmatrix stimmen alle von $\varnothing$ verschiedenen Elemente mit den Elementen der Hauptdiagonale überein. In einem anderen einfachen Fall, in dem alle Beziehungen zwischen den Automaten binär sind, können die Ausgangsfunktionen in Form einer Beziehung zwischen den Bezeichnungen der Ausgangssignale und bestimmten logischen Aussagen angegeben werden, bei deren Wahrheit das entsprechende Ausgangssignal den Wert 1 annimmt. Des weiteren ist es möglich und in der Praxis oftmals üblich, die Ausgangsfunktionen der verschiedenen Automaten mit Hilfe unterschiedlicher Formeln und Rechenalgorithmen anzugeben.

Bei der Modellbildung für reale Systeme streben wir nach Möglichkeit ein einheitliches und gleichzeitig ausreichend allgemeines Verfahren zur Beschreibung der Ausgangsfunktionen an. Dabei ist es in der Mehrzahl der betrachteten Beispiele zweckmäßig, die Ausgangsfunktionen in drei Gruppen einzuteilen. Innerhalb jeder Gruppe ist die Beschreibung der Ausgangsfunktionen standardisiert. Zur ersten Gruppe gehören alle binären Beziehungen. In der zweiten Gruppe sind die Fälle erfaßt, in denen das Ausgangssignal dem inneren Zustand des Automaten entspricht. Die dritte Gruppe enthält schließlich solche Beziehungen, die mit speziellen Formeln und Algorithmen beschrieben werden. Offensichtlich wird dabei angestrebt, daß die dritte Gruppe klein wird.

Die gesamte Information, die die Ausgangsfunktionen aller Automaten des Systems vollständig beschreibt, nennen wir unabhängig von der Darstellungsform *System der Ausgangsfunktionen* des Systems stochastischer Automaten.

Betrachten wir noch eine weitere Kennzeichnung, die bei der Beschreibung des Systems von Automaten wesentlich ist. Hierbei handelt es sich um das System der Wahrscheinlichkeitsverteilungen der unabhängigen Zufallsgrößen, die in den Tabellen der bedingten Übergangsfunktionale enthalten sind. Es ist schwer, dafür eine einheitliche, für alle Fälle sinnvolle und trotzdem ausreichend allgemeine Darstellung vorzugeben. Ohne alle Spezialfälle zu betrachten, wollen wir nur darauf verweisen, daß zur Bestimmung des Systems der Wahrscheinlichkeitsverteilungen der unabhängigen Zufallsgrößen die Beschreibung jeder Zufallsgröße im einzelnen benötigt wird. Zu diesem Zweck sind für jede Zufallsgröße die funktionelle Form der Wahrscheinlichkeitsverteilung, d. h. die Art der Wahrscheinlichkeitsverteilung sowie alle Parameter, die in dieser Verteilung enthalten sind, anzugeben. Eine Zufallsgröße ist eindeutig bestimmt, wenn ihre Wahrscheinlichkeitsverteilung, zum Beispiel die Normalverteilung, und deren Parameter, wie Erwartungswert, Disperision, linke und rechte Begrenzung usw., bekannt sind.

Man kann also ein System stochastischer Automaten mit Hilfe der Alphabetmatrix, des Systems der Ausgangsfunktionen, des Vektors der Anfangszustände, der Tabelle der bedingten Übergangsfunktionale und der Wahrscheinlichkeitsverteilungen der unabhängigen Zufallsgrößen beschreiben.

4. Beschreibung einzelner Elemente ökonomischer Systeme mit Hilfe von Automaten

4.1. Ankunft von Forderungen

Die zu untersuchenden ökonomischen Systeme sind in ihrer Struktur, Kompliziertheit und in ihrem ökonomischen Inhalt sehr vielfältig. Dementsprechend ergibt sich eine große Mannigfaltigkeit für die Modelle ökonomischer Systeme. Sieht man jedoch vom ökonomischen und produktionstechnischen Inhalt der in den Systemen und deren Teilsystemen ablaufenden Prozesse ab, so sind die logischen und rechentechnischen Gesetzmäßigkeiten, die dem Verhalten der Elemente des Systems zugrunde liegen, nicht so vielgestaltig. Oftmals beruhen Elemente mit völlig unterschiedlichem Inhalt auf denselben Gesetzmäßigkeiten. Daraus ergibt sich die Möglichkeit, bei der Modellierung komplexer Systeme mit Hilfe von Automaten mit einer relativ kleinen Anzahl von standardisierten Automaten (stochastischen oder determinierten) auszukommen. Dadurch wird die Modellierung einer recht großen Klasse von Systemen mit Hilfe einer bestimmten Anzahl derartiger Automaten möglich.

Wir verwenden unterschiedliche Verfahren zur Modellierung der Teilsysteme ökonomischer Systeme. Bestimmte Teilsysteme werden durch einzelne Automaten, andere wiederum mit Hilfe kleinerer Systeme von stochastischen Automaten dargestellt. Auf der Grundlage der Untersuchung der Eigenschaften typischer Teilsysteme wird es später möglich, zur Beschreibung der Modellbildung bei komplizierten Systemen überzugehen.

Eine wichtige Eigenschaft ökonomischer Systeme ist die Ankunft von Elementen am Eingang des Systems. Diese Elemente können in unterschiedlichen Systemen einen verschiedenartigen konkreten Inhalt haben. So treffen zum Beispiel in ein Lager Warenbestellungen, Transportmittel sowie Warensendungen ein. In einen Industriebetrieb gelangen Rohstoffe, Halbfabrikate, Ersatzanlagen, Bestellungen für die Herstellung verschiedenartiger Erzeugnisse usw. In das Steuerglied oder das automatisierte System der operativen Steuerung treffen Informationen über die Situationen am Arbeitsplatz ein. Darüber hinaus entstehen Anfragen auf Entscheidungen. Sehen wir vom konkreten Inhalt der eintreffenden Elemente ab, so können wir sie in allen Beispielen auf der entsprechenden Abstraktionsstufe als Forderungen bezeichnen, die im System eintreffen. Es existiert also ein Eingangsstrom von Forderungen. Dabei kann offensichtlich die Vorschrift, nach der die Forderungen in dem System eintreffen, sehr verschieden sein. Betrachten wir ausführlich einige Beispiele.

B e i s p i e l 1. Die Forderungen treffen zu ganzzahligen Zeitpunkten ein. Dabei hängt die Ankunft der Forderungen zum folgenden Zeitpunkt nicht vom Eintreffen in den vorhergehenden Momenten ab. In jedem Zeitpunkt kann eine Forderung mit der Wahrscheinlichkeit p eintreffen und mit der Wahrscheinlichkeit $1 - p$ $(0 \leqq p \leqq 1)$ nicht eintreffen. Wir bezeichnen mit ξ eine binäre Zufallsgröße, deren Verteilung $p_k = P\{\xi = k\}$ $(k = 0, 1)$ durch $p_0 = 1 - p$; $p_1 = p$ be-

Abb. 7. Darstellung eines stochastischen Automaten, der die Ankunft einer Forderung simuliert

stimmt ist. Ein derartiger Eingangsstrom wird mit Hilfe eines einzigen stochastischen Automaten A realisiert, für den sowohl das Zustands- als auch das Ausgangsalphabet binär sind. Das Eingangsalphabet ist $\varnothing$ (Abb. 7). Die Tabelle der bedingten Übergangsfunktionale hat folgendes Aussehen:

A	ξ

Aus dieser Darstellung folgt, daß das System der logischen Aussagen aus einer einzigen Aussage besteht, die in allen Fällen identisch der wahren Aussage ist. Der neue Automatenzustand ergibt sich als Realisierung der binären Zufallsgröße ξ. Der Anfangszustand des Automaten kann beliebig gewählt werden (0 oder 1). Anstelle der Ermittlung einer Ausgangsfunktion setzen wir voraus, daß das Ausgangssignal zu jedem Zeitpunkt mit dem Zustand des Automaten übereinstimmt. Die Zufallsgröße ξ genügt einer BERNOULLIschen Verteilung mit dem Parameter p.

Beispiel 2. Die Forderungen treffen in Gruppen ein, wobei der Umfang einer Gruppe eine Zufallsgröße η ist. Die Verteilung der Anzahl der Forderungen in jeder Gruppe

$$r_k = P\{\eta = k\} \left(k = 1, 2, \ldots; \sum_{k=1}^{\infty} r_k = 1\right)$$

wird als bekannt vorausgesetzt. Die übrigen Bedingungen des vorhergehenden Beispiels bleiben erhalten. Als Modell eines solchen Eingangsstroms ergibt sich wiederum ein Automat (wir bezeichnen ihn ebenfalls mit A). Bei der Beschreibung dieses Automaten bleiben alle Objekte außer dem Zustands- und dem Ausgangsalphabet unverändert. Diese stimmen mit der Menge N aller natürlichen Zahlen überein. Die Tabelle der bedingten Übergangsfunktionale erhält das folgende Aussehen:

A	$\xi\eta$

Offensichtlich treffen keine Forderungen ein, wenn die Zufallsgröße ξ den Wert 0 annimmt. Sonst stimmt die Anzahl der Forderungen mit einer Realisierung der Zufallsgröße η überein. Wir wollen annehmen, daß in einer Eisenbahnstation ein Zug mit leeren Eisenbahnwaggons nur nach ganzzahligen Zeiteinheiten eintreffen kann (Als Zeiteinheit wird die Minute verwendet. Wenn diese Voraussetzung nicht zutrifft, kann man gegebenenfalls runden). Darüber hinaus wird angenommen, daß in einem Intervall nur ein Zug eintrifft. Die Bedingungen entsprechen dem Beispiel 1. Als Automatenzustand wird das Eintreffen bzw. Nichteintreffen eines Zuges mit leeren Waggons in der i-ten Minute verwendet. Interessiert uns nicht das Ereignis, daß ein Zug eintrifft bzw. nicht eintrifft, sondern die Anzahl der eintreffenden Waggons, wobei die Verteilung der Zufallsgröße „Anzahl der leeren Waggons im Zug" r_k bekannt ist, so wird die Ankunft der leeren Waggons mit Hilfe eines Automaten simuliert, den wir gerade im gegebenen Beispiel betrachteten.

Untersuchen wir nun den Fall, daß die Ankunft von Forderungen blockiert werden kann.

Beispiel 3. In der Praxis wirkt häufig zeitweise eine Blockierung, die das Eintreffen der Forderungen für eine bestimmte Zeit unterbindet. Beispiele für derartige Blockierungen sind Wetterbedingungen, die einen Flug unmöglich machen; Sturm; Ausfall einer Anlage; Beendigung der Arbeitszeit usw.

Ausgehend von den Bedingungen des Beispiels 2 setzen wir voraus, daß zu jedem Zeitpunkt die Ankunft der Forderungen mit der Wahrscheinlichkeit q verhindert bzw. mit der Wahrscheinlichkeit $1 - q$ $(0 \leqq q \leqq 1)$ nicht verhindert wird. Eine Blockierung dauert bis zum nächsten Zeitpunkt (ausschließlich). Das Eintreten einer Blockierung zum nächsten Zeitpunkt möge nicht vom Vorhandensein einer Blockierung im vorhergehenden Moment abhängen. Mit ζ bezeichnen wir eine binäre Zufallsgröße, die der Bernoullischen Verteilung mit dem Parameter q genügt. Die Tabelle der bedingten Übergangsfunktionale für den im Beispiel 2 betrachteten Automaten ist:

A	$\xi\eta(1 - \zeta)$

Der so bestimmte Automat erfüllt die gestellte Aufgabe, d. h., er realisiert den betrachteten Strom. Offensichtlich können in den folgenden zwei Fällen keine Forderungen eintreffen:

1. Es wirkt die Blockierung $(\zeta = 1)$;
2. Die Blockierung wirkt nicht $(\zeta = 0)$, jedoch trifft auch kein Zug ein $(\xi = 0)$.

In allen übrigen Fällen $(\zeta = 0,\ \xi = 1)$ stimmt die Anzahl der eintreffenden Forderungen mit den Realisierungen von η überein.

Beispiel 4. Betrachten wir nun den Fall einer äußeren Blockierung. Die Beschreibung kann zu jedem Zeitpunkt mit Hilfe eines Eingangssignals $x(t)$ realisiert werden, das bei Blockierung den Wert 1 annimmt. Den Wert 0 nimmt das Signal an, wenn die Blockierung nicht wirkt. Offensichtlich ist das Eingangssignal damit binär, und die Tabelle der bedingten Übergangsfunktionale erhält das folgende Aussehen:

A	$\xi\eta\,[1 - x(t)]$

Der Automat ist schematisch in Abb. 8 dargestellt.

Abb. 8. Darstellung eines stochastischen Automaten, der die Ankunft einer Forderung bei äußerer Blockierung simuliert

Untersuchen wir einige Besonderheiten der betrachteten Modelle der Eingangsströme. Den in den Beispielen 1 bis 3 behandelten Automaten ist gemeinsam, daß ihr Zustand eine Folge unabhängiger Zufallsgrößen darstellt und daß sie kein Eingangssignal besitzen. Bei der Beschreibung derartiger Ströme kann man auch ohne Automaten auskommen, wenn man sie durch stochastische Eingangssignale ersetzt. Andererseits gibt es jedoch auch Fälle, in denen eine Beschreibung äußerer Zufallseinwirkungen, die nicht von der Zeit abhängen, mit Automaten günstiger ist. Dabei muß bemerkt werden, daß die Automaten in den Beispielen 2 und 3 auch in anderer Weise beschrieben werden können. Zu diesem Zweck wird die Tabelle der bedingten Übergangsfunktionale wie im Beispiel 1 geschrieben, jedoch wird die Verteilung der Zufallsgröße ξ geändert. Wählt man im Beispiel 2 als Verteilung die Folge

$$p_0 = 1 - p; \quad p_k = pr_k$$

$$\left(k = 1, 2, 3, \ldots; \ 0 \leqq r_k \leqq 1; \ \sum_{k=1}^{\infty} r_k = 1; \ 0 < p \leqq 1\right),$$

so erhalten wir im Beispiel 3

$$p_0 = 1 - p + pq, \quad p_k = p(1 - q)r_k$$

$$\left(k = 1, 2, \ldots; \ 0 \leqq q < 1; \ \sum_{k=1}^{\infty} r_k = 1; \quad 0 < p \leqq 1; \quad 0 \leqq r_k \leqq 1\right).$$

Wir wollen das erläutern. Tatsächlich können keine Forderungen in das System eintreten, solange keine Ankunft realisiert wird (die Wahrscheinlichkeit für dieses Ereignis ist $1 - p$). Wird jedoch andererseits eine solche Ankunft realisiert und wirkt eine Blockierung (die Wahrscheinlichkeit ist pq), so treten ebenfalls keine Forderungen ein. Der Eintritt einer Gruppe von k Forderungen erfolgt dann und nur dann, wenn folgendes zusammengesetztes Ereignis eintritt: Es trifft eine Gruppe von Forderungen ein, und die Blockierung wirkt nicht. Dabei möge die eintreffende Gruppe aus genau k Forderungen bestehen. Die Wahrscheinlichkeit für dieses Ereignis ist dann $p(1 - q)r_k$.

Im Unterschied zu diesen Überlegungen hängt der Automatenzustand im Beispiel 4 vom Eingangssignal ab. Allerdings hängt er im folgenden Moment nicht vom Zustand im vorhergehenden Moment ab, d. h., der Automat verwirklicht praktisch eine zufällige Transformation des Eingangssignals, wobei diese Umformung zeitunabhängig ist.

Beispiel 5. Wir wollen nun kompliziertere Typen der Ankunft von Forderungen beschreiben. Dazu wird vorausgesetzt, daß die Zeitintervalle zwischen den Ankunftsmomenten aufeinanderfolgender Forderungen ganzzahlige positive und in ihrer Gesamtheit unabhängige Zufallsgrößen sind. Ein solcher Eingangsstrom, der in der Bedienungstheorie auch als diskreter rekursiver Strom bezeichnet wird, kann mit Hilfe stochastischer Automaten folgendermaßen beschrieben werden. Das Zustandsalphabet des Automaten A ist die Menge P aller positiven ganzen Zahlen. Als Eingangsalphabet dient die Menge $\varnothing$, die aus einem einzigen Signal besteht. Das Ausgangssignal ist binär. Die Tabelle der bedingten Übergangsfunktionale erhält folgendes Aussehen:

A	$a(t) > 1$	$a(t) = 1$
	$a(t) - 1$	ξ

Dabei wird weiterhin vorausgesetzt, daß ξ eine ganzzahlige positive Zufallsgröße ist, deren Verteilung mit der Verteilung der Zeitintervalle zwischen den Eintrittsmomenten aufeinanderfolgender Forderungen übereinstimmt.

Der Zustand $a(t)$ des Automaten A gibt im Zeitpunkt t die Zeit an, die bis zum Eintreffen der nächstfolgenden Forderungen verbleibt. In einem bestimmten Zeitpunkt t sei der Zustand $a(t) > 1$. Nach einer Zeiteinheit wird er sich um eine Einheit verringern, d. h., es gilt $a(t + 1) = a(t) - 1$. Für $a(t) = 1$ erfolgt nach einer Zeiteinheit eine Ankunft von Forderungen. Die Größe des Zeitintervalls bis zum Eintreffen der nachfolgenden Forderungen ergibt sich als Realisierung der Zufallsgröße ξ, d. h., es gilt $a(t + 1) = \xi$. Im weiteren ist es sinnvoll anzunehmen, daß das Ausgangssignal des Automaten den Wert 1 nur annimmt, wenn nach einer Zeiteinheit in das System Forderungen eintreffen. In diesem Fall kann man die Ausgangsfunktion folgendermaßen angeben:

$$y(t) = \begin{cases} 1 & \text{für} \quad a(t) = 1, \\ 0 & \text{für} \quad a(t) > 1. \end{cases}$$

Der Anfangszustand des Automaten wird entweder beliebig aus der Menge P gewählt oder in Übereinstimmung mit den Anforderungen, die durch das konkrete Modell uns gestellt werden. Offensichtlich stellt dieser Automat eine Markowsche Kette dar, da er kein Eingangssignal besitzt.

Das Verhalten des Automaten ist in Abb. 9 angegeben. Auf der Abszisse wurde die Zeit abgetragen und auf der Ordinate der Automatenzustand. Mit Pfeilen sind die Ankunftsmomente der Forderungen ξ', ξ'', ξ''', ξ^{IV} gekennzeichnet.

Sie stellen Realisierungen der Zufallsgröße ξ dar. Dieses Beispiel kann man auf den Fall erweitern, daß Blockierungen vorliegen.

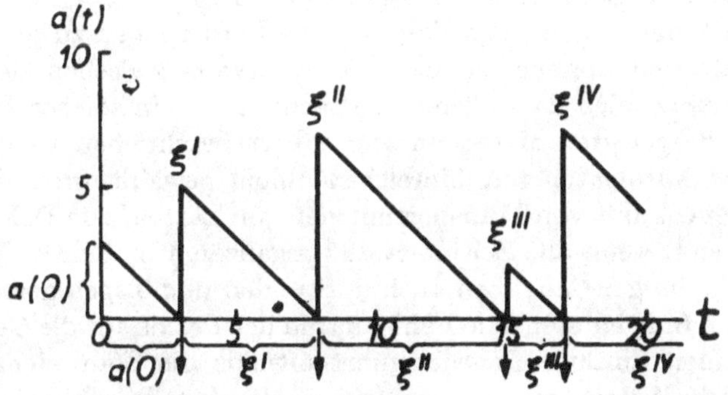

Abb. 9. Verhalten eines Automaten, der die Ankunft eines diskreten rekursiven Stromes simuliert

Beispiel 6. Die Blockierung sei wie im Beispiel 3 eine binäre Zufallsgröße. Der folgende Wert hängt dabei nicht vom vorhergehenden Wert sowie von der Zeit ab, die seit dem Moment des Eintreffens der Forderungen vergangen ist. Jede Blockierung dauert eine Zeiteinheit.

Die Wirkung einer Blockierung verzögert den Eintritt aller folgenden Forderungen um eine Zeiteinheit. Damit erhält die Tabelle der bedingten Übergangsfunktionale die Form:

A	$a(t) > 1$	$a(t) = 1$
	$a(t) - (1 - \eta)$	$\eta + (1 - \eta)\,\xi$

Hierbei wurde mit η eine Zufallsgröße bezeichnet, die den Wert 1 annimmt, wenn die Blockierung wirkt, und den Wert Null, wenn die Blockierung nicht wirkt. Setzt man in die Tabelle der bedingten Übergangsfunktionale für η die Werte 0 und 1 ein und vergleicht die erhaltenen Werte der Funktionale mit denen des vorhergehenden Beispiels, so zeigt sich, daß das Verhalten des beschriebenen Automaten genau der von uns angenommenen Vorschrift des Eintreffens von Forderungen entspricht.

Beispiel 7. Man kann das vorhergehende Beispiel leicht auf den Fall einer äußeren Blockierung verallgemeinern, die mit Hilfe eines binären Signals $x(t)$ verwirklicht wird. Dabei ergibt sich die Tabelle der bedingten Übergangsfunktionale in der Form:

A	$a(t) > 1$	$a(t) = 1$
	$a(t) - [1 - x(t)]$	$x(t) + [1 - x(t)]\,\xi$

Alle in diesem Paragraphen beschriebenen Eingangsströme stellen diskrete Ströme dar, bei denen die Ankunft der Forderungen oder der Gruppen von Forderungen nur zu ganzzahligen Zeitpunkten erfolgt. In der Praxis beobachtet man gewöhnlich den allgemeinen Fall, daß die Forderungen zu jedem beliebigen Zeitpunkt eintreffen können, so daß die Intervalle zwischen dem Eintreffen beliebige positive Zahlen darstellen. Im Prinzip kann ein solcher Eingangsstrom mit einer der dargelegten Methoden angenähert beschrieben werden, wenn die Zeiteinheit des Automaten nur hinreichend klein gewählt wird. So ist es zum Beispiel für die Ankunft von Transportmitteln, von Lasten, von Dokumentationen meist hinreichend, wenn alle Zeitintervalle in ganzen Minuten, in fünf oder zehn Minuten und in einigen Aufgaben auch in Stunden und Tagen gemessen werden. Der bei der Rundung entstehende Fehler hat in der Praxis auf die Genauigkeit der Ergebnisse keinen Einfluß. Dagegen führt oftmals die Wahl einer sehr kleinen Zeiteinheit für die Automaten zu einem wirtschaftlich nicht vertretbaren Aufwand an Maschinenzeit bei der Modellierung.

Beispiel 8. Wir betrachten als Spezialfall die Beschreibung eines nicht diskreten Eingangsstroms von Forderungen. In diesem Falle ist einerseits eine Auswahl sehr kleiner Zeiteinheiten nicht erforderlich und andererseits wird eine maximale Genauigkeit gewährleistet. Dazu setzen wir voraus, daß der nachzubildende Eingangsstrom rekursiv ist, jedoch nicht unbedingt diskret zu sein braucht. Die Zeitintervalle zwischen den Ankunftsmomenten aufeinanderfolgender Forderungen sind in ihrer Gesamtheit unabhängige Zufallsgrößen mit der gleichen Verteilung. Sie können keine Werte annehmen, die kleiner als eine bestimmte positive Zahl ε sind.

Den zufälligen Abstand zwischen den Ereignissen des Eingangsstroms bezeichnen wir mit ξ. Offensichtlich gilt $\xi > \varepsilon$. Wählt man die Automatenzeit kleiner als ε, so ergibt sich ein Automat, der einen derartigen Eingangsstrom beschreibt.

Betrachten wir nun einen Automaten ohne Eingang (das Eingangsalphabet sei die Menge $\varnothing$). Wir wollen annehmen, daß das Zustandsalphabet des Automaten mit der Menge der nichtnegativen Zahlen C übereinstimmt. Das Ausgangsalphabet ergibt sich als Menge C_1 aller nichtnegativen Zahlen $\leqq 1$. Wie bisher bestimmen wir den Zustand $a(t)$ des Automaten A zum Zeitpunkt t als das Zeitintervall, das bis zum Moment des Eintreffens der folgenden Forderung verbleibt. Dem Ausgangssignal geben wir folgenden Sinn: Wenn im Zeitintervall $(t, t + 1]$ (der Anfangspunkt des Abschnitts wird ausgeschlossen) keine Forderung eintrifft, so ist das Ausgangssignal $y(t) = 0$. Im entgegengesetzten Fall gibt das Ausgangssignal $y(t)$ das Zeitintervall bis zur Ankunft der Forderung innerhalb des Intervalls $(t, t + 1]$ an. Die Tabelle der bedingten Übergangsfunktionale erhält man in der Form:

A	$a(t) > 1$	$a(t) \leqq 1$
	$a(t) - 1$	$\xi - [1 - a(t)]$

Offensichtlich wird der Wert der Zufallsgröße ξ in den festgelegten Einheiten der Automatenzeit gemessen. Die Bedeutung des Funktionals, das in die Tabelle der bedingten Übergangsfunktionale eingeht, ist aus den Abbildungen 10 und 11 ersichtlich.

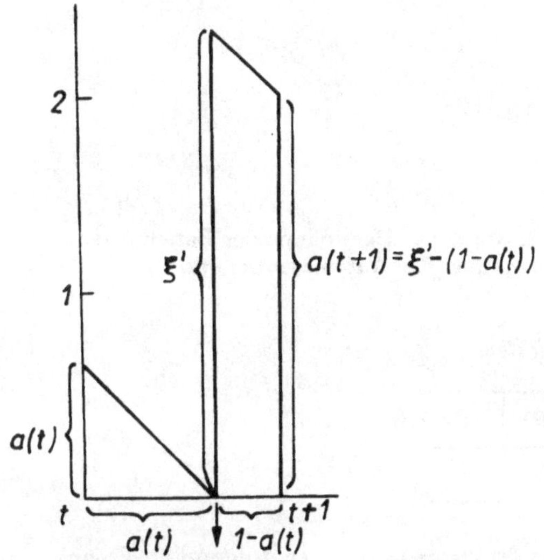

Abb. 10. Verhalten des Automaten für $a(t) \leqq 1$

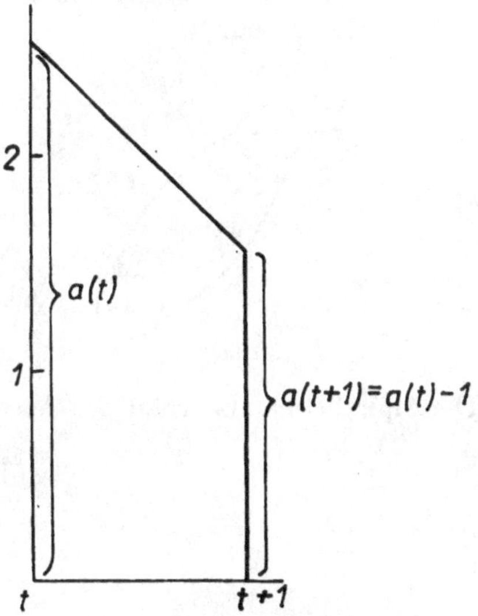

Abb. 11. Verhalten des Automaten für $a(t) > 1$

In Abb. 10 ist mit einem Pfeil das Ankunftsmoment der Forderung gekennzeichnet, während mit ξ' die Realisierung der Zufallsgröße ξ bezeichnet wird.

Beispiel 9. Kompliziertere Fälle von Eingangsströmen beschreibt man mit Hilfe mehrerer Automaten. Betrachten wir einen diskreten Strom mit Blockierung, bei dem die Forderungen zu jedem Zeitpunkt eintreffen können, wenn eine Blockierung nicht wirkt. Bei vorhandener Blockierung können sie nicht eintreffen. Eine solche Situation kann beim Leistungslohn beobachtet werden. In diesem Fall entspricht der vorhandenen oder fehlenden Blockierung die vorhandene oder fehlende Arbeit, die durchgeführt werden muß. Das Ausgangssignal gibt den Aufwand zur Entlohnung der durchgeführten Arbeit in der laufenden Zeiteinheit an. Wir nehmen an, daß die Zeit, in der eine Blockierung wirkt oder nicht wirkt, durch voneinander unabhängige positive ganzzahlige Größen η und ζ angegeben werden kann. Zur Modellierung verwenden wir ein System aus zwei Automaten A_1 und A_2. Den Zuständen der Automaten geben wir den folgenden Inhalt: Der Zustand $a_1(t)$ nimmt den Wert 1 an, wenn im Intervall $[t, t+1)$ eine Blockierung wirkt $\left(a_1(t) = 1\right)$. Anderenfalls gilt $a_1(t) = 0$. Der Zustand $a_2(t)$ stellt das Zeitintervall dar, das vom Moment t bis zum Moment der laufenden Änderung des Zustands der Blockierung verbleibt.

Bezüglich der Eingangssignale setzen wir voraus, daß $x_1(t) = 1$ dann und nur dann gilt, wenn zum Zeitpunkt t eine Blockierung nicht wirkt. $x_2(t) = 1$ gilt dann und nur dann, wenn bis zum Moment der nächsten Änderung des Zustands der Blockierung eine Zeiteinheit verbleibt.

Der Graph, der die Beziehungen zwischen den Automaten darstellt, ist in Abb. 12 angegeben.

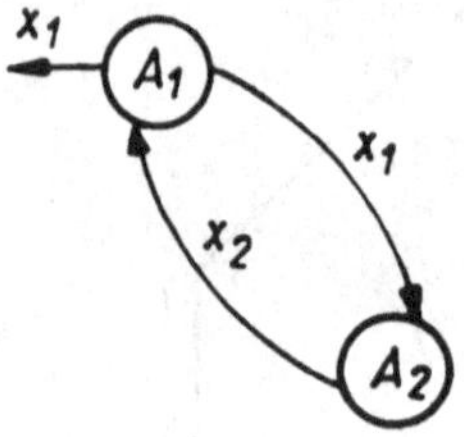

Abb. 12. Graph zur Darstellung der Beziehungen zwischen den Automaten A_1 und A_2

Die Alphabetmatrix erhält das Aussehen:

D	D
D	P

Das System der Ausgangsfunktionen kann man in der folgenden Form darstellen:

	1
$x_1(t)$	$a_1(t) = 0$
$x_2(t)$	$a_2(t) = 1$

Schließlich ergibt sich die Tabelle der bedingten Übergangsfunktionale:

A_1	$x_2(t) = 0$	$x_2(t) = 1$	
	$a_1(t)$	$1 - a_1(t)$	
A_2	$a_2(t) > 1$	$a_2(t) = 1 \wedge x_1(t) = 0$	$a_2(t) = 1 \wedge x_1(t) = 1$
	$a_2(t) - 1$	ζ	η

Für den Anfangszustand des Automaten A_1 wird $a_1(0) = 0$ angenommen. $a_2(0)$ kann eine beliebige positive ganze Zahl sein. Die Verteilung der diskreten Zufallsgrößen η und ζ werden als bekannt angenommen.

In Abb. 13 ist das gemeinsame Verhalten der Automaten A_1 und A_2 dargestellt. Durch Indizierung der Buchstaben η und ζ werden die Realisierungen der Zufallsgrößen bezeichnet. Die Pfeile geben die Eintrittsmomente der Forderungen an. In diesen Momenten gilt $x_1(t) = 1$. Offensichtlich kann das Signal $x_1(t)$ als das Ausgangssignal des gesamten Systems angenommen werden.

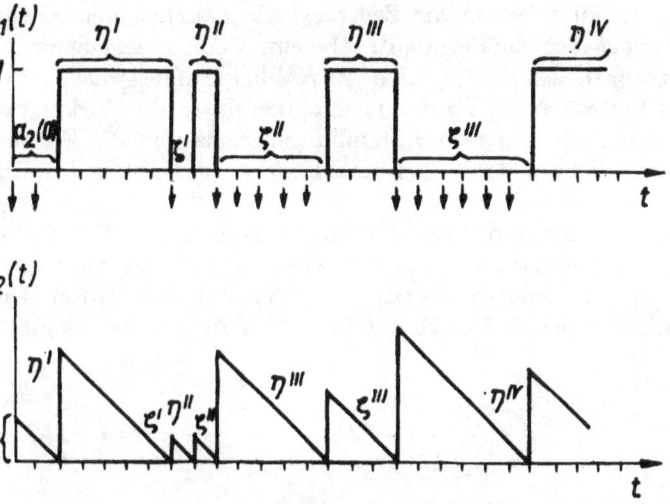

Abb. 13. Gemeinsames Verhalten der Automaten A_1 und A_2

Einige Erläuterungen zur Tabelle der bedingten Übergangsfunktionale: Verbleibt bis zum Moment der nächsten Änderung des Zustands der Blockierung ein Intervall größer Eins (d. h. $x_2(t) = 0$), so ändert sich der Zustand der Blockierung beim Übergang von t nach $t + 1$ nicht, d. h., es gilt $a_1(t + 1) = a_1(t)$. Im entgegengesetzten Fall ändert sich der Zustand der Blockierung, d. h., es gilt $a_1(t + 1) = 1 - a_1(t)$.

Verbleibt im Zeitpunkt t bis zum Moment der Zustandsänderung der Blockierung nur eine Zeiteinheit $\left(a_2(t) = 1\right)$ und wirkt in diesem Moment die Blockierung $\left(x_1(t) = 0\right)$, so ergibt sich das Zeitintervall bis zur nächsten Zustandsänderung als Realisierung der Zufallsgröße ζ, die das Zeitintervall angibt, in der die Blockierung nicht wirkt. Wenn aber zum Zeitpunkt t keine Blockierung wirkt, so erfolgt eine sprunghafte Änderung des Automatenzustands A_2 von Null auf eine Größe, die mit einer Realisierung der Zufallsgröße η übereinstimmt, die das Zeitintervall angibt, in dem eine Blockierung wirkt. Falls bis zum Moment der Zustandsänderung der Blockierung mehr als eine Zeiteinheit übrig bleibt, verringert sich beim Übergang von t nach $t + 1$ der Zustand des Automaten A_2 nur um eine Einheit.

Beispiel 10. Die in den Beispielen 5 und 9 betrachteten Modelle kann man in einem System stochastischer Automaten vereinigen. Dieses System simuliert dann einen diskreten rekursiven Strom mit „verbietender" Blockierung. Die Bezeichnung „verbietende" Blockierung wird hier in dem Sinne verwendet, daß die Wirkung der Blockierung das Eintreffen der Forderungen verhindert und nicht nur wie in Beispiel 6 verschiebt. Es wird vorausgesetzt, daß die Forderungsgruppen entsprechend der Reihenfolge des diskreten rekursiven Stromes eintreffen. Für ihn stimmen die Zeitintervalle zwischen den Ereignissen mit den Realisierungen der Zufallsgröße ξ überein. Der Umfang der eintreffenden Forderungsgruppen ist eine positive ganzzahlige Zufallsgröße ν. Von Zeit zu Zeit wird das Eintreffen der Forderungsgruppen durch die Wirkung der Blockierung unterbrochen. Die Länge der Handlungsperiode und die Zeiten, in denen eine Blockierung nicht wirkt, stellen unabhängige ganzzahlige Zufallsgrößen η und ζ dar.

Das Modell wird durch vier Automaten beschrieben. Die Zustände der beiden ersten Automaten stimmen mit den Zuständen der im vorhergehenden Beispiel betrachteten Automaten überein. Der Zustand des dritten Automaten ergibt sich wie in Beispiel 5. Der Zustand $a_4(t)$ des Automaten A_4 gibt die Anzahl der

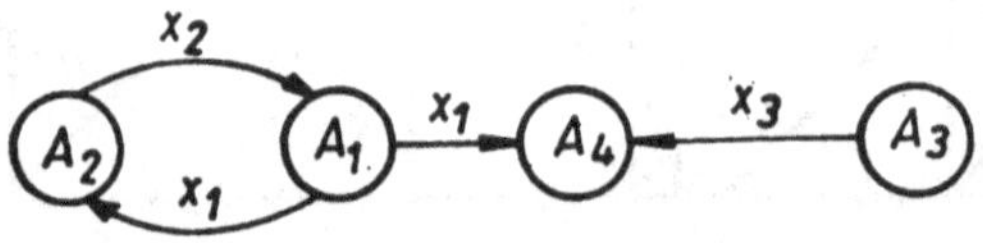

Abb. 14. Graph zur Darstellung der Beziehungen zwischen den Automaten A_1, A_2, A_3 und A_4

Forderungen an, die zum Zeitpunkt t eintreffen. Der Graph, der die Beziehungen zwischen den Automaten angibt, ist in Abb. 14 dargestellt. Die Alphabetmatrix besitzt die Form:

D	D	$\varnothing$	D
D	P	$\varnothing$	$\varnothing$
$\varnothing$	$\varnothing$	P	D
$\varnothing$	$\varnothing$	$\varnothing$	N

Das System der Ausgangsfunktionen kann folgendermaßen angegeben werden:

	1
x_1	$a_1(t) = 0$
x_2	$a_2(t) = 1$
x_3	$a_3(t) = 1$

Schließlich hat die Tabelle der bedingten Übergangsfunktionale das Aussehen:

A_1	$x_2(t) = 0$	$x_2(t) = 1$	
	$a_1(t)$	$1 - a_1(t)$	
A_2	$a_2(t) > 1$	$a_2(t) = 1 \wedge x_1(t) = 0$	$a_2(t) = 1 \wedge x_1(t) = 1$
	$a_2(t) - 1$	ζ	η
A_3	$a_3(t) > 1$	$a_3(t) = 1$	
	$a_3(t) - 1$	ξ	
A_4	$\nu x_3(t)\, x_1(t)$		

Erläuterungen sind nur zur letzten Zeile dieser Tabelle notwendig. Offensichtlich ist die Zahl der eintreffenden Forderungen gleich Null, wenn zum Zeitpunkt t eine Blockierung wirkt $\left(x_1(t) = 0\right)$ bzw. keine neue Forderungsgruppe $\left(x_3(t) = 0\right)$ eintrifft. Dann ist $a_4(t + 1) = 0$. Anderenfalls $\left(x_3(t) = 1 \text{ und } x_1(t) = 1\right)$ tritt eine Forderungsgruppe ein. Dabei stimmt die Anzahl der Forderungen mit einer Realisierung der Zufallsgröße ν überein.

Mit den betrachteten Beispielen wurden bei weitem nicht alle in der Praxis typischen Zufallsströme erfaßt. Kombiniert man jedoch die unterschiedlichen Vorgehen, so kann man ein Modell erhalten, das fast jeden Eingangsstrom von Lasten, Transportmitteln, Dokumenten, finanziellen Einheiten usw. hinreichend genau abbildet.

4.2. Simulation des Verarbeitungsprozesses

Ökonomische Systeme funktionieren in der Zeit. In diesem Prozeß treffen unterschiedliche materielle Ressourcen, Dokumentationen, Transportmittel ein und werden in der Zeit verzögert. Bezüglich des Eingangsstroms muß man in den mathematischen Modellen ökonomischer Systeme die Fälle der äußeren und inneren Ankunft unterscheiden. Eine äußere Ankunft erfolgt aus Quellen, die nicht in das Modell einbezogen werden, während eine innere Ankunft im Modell verursacht wird. In den Modellen komplexer Systeme der Dokumentenverarbeitung müssen zum Beispiel Dokumente erfaßt werden, die von Institutionen eintreffen, die keine Abteilungen dieses Systems sind. Andererseits gelangen innerhalb des Systems selbst die Dokumente von einem Element zu einem anderen (Übertragung). Im vorigen Paragraphen wurde ein Überblick über Verfahren zur Darstellung der äußeren Ankunft mit Hilfe von Automaten gegeben. Eine innere Ankunft ergibt sich jedoch nicht als Folge spezifischer struktureller Eigenschaften des Systems, sondern infolge des Funktionierens seiner einzelnen Glieder.

Von besonderem Interesse bei der Untersuchung der Eigenschaften komplizierter ökonomischer Systeme und ihrer Modellierung ist die *Zeitverzögerung* innerhalb des Systems. Wir werden produktive und nichtproduktive Zeitverzögerungen unterscheiden. Unter einer produktiven Verzögerung verstehen wir die Zeit, in der sich die Forderung in einem der Teilsysteme des Systems befindet und entweder selbst im Verlauf einer bestimmten Zeitperiode aktiv auf das System einwirkt oder aber an sich selbst eine solche aktive Einwirkung erfährt. So ist zum Beispiel eine aktive Verzögerung die Beladung der Transportmittel im Lager mit Lasten oder die Zeit, in der sich diese Lasten auf dem Transportweg befinden. Die Halbfabrikate und Erzeugnisse erfahren eine aktive Verzögerung im Produktionsprozeß während der Bearbeitung auf der Werkzeugmaschine. Ökonomische Informationen, die in elektronische Datenverarbeitungsanlagen eingegeben werden, befinden sich in den Zeitabschnitten im Verarbeitungsprozeß (Akt der Zeitverzögerung), in denen sie aktiv zur Berechnung benutzt werden. Ein Auto oder ein Mechanismus, der in die Reparaturwerkstatt gelangt, befindet sich im Zustand der aktiven Verzögerung, wenn die Fehlersuche, die Demontage, die Montage, der Ersatz von entsprechenden Teilen sowie die Erprobung durchgeführt werden.

Neben einer aktiven Zeitverzögerung erfolgt in jedem ökonomischen System eine passive Zeitverzögerung der Forderungen. Hierbei handelt es sich um die Aufbewahrung der Waren im Lager, in Speichern, Geschäften, um den Stillstand beladener und leerer Transportmittel, das Warten der Passagiere in der Station, im Flughafen, an der Haltestelle, das Warten der Erzeugnisse und Halbfabrikate auf den Beginn des Bearbeitungsprozesses auf der Werkzeugmaschine sowie um die Zeit, in der sich die numerische Information im äußeren Speicher der Rechenmaschine befindet usw. Die Unterschiede der Prozesse der aktiven und passiven Verzögerung beruhen auf den charakteristischen Eigenschaften dieser Prozesse und müssen in den Automaten bei der Modellierung beachtet werden. Die Zeit, in der die Forderungen eine aktive Verzögerung erfahren, hängt wesentlich von den Eigenschaften und Parametern der Forderungen selbst ab, während die Zeit für die nichtproduktive Verzögerung durch unterschiedliche äußere Bedingungen bestimmt wird. So hängt die Zeit für die Reparatur eines Mechanismus von der Fehlerart und deren Kompliziertheit ab. Die Zeit, die ein Mechanismus auf den Reparaturbeginn wartet, hängt gewöhnlich nicht von diesen Faktoren, sondern von den analogen Kenngrößen der Mechanismen ab, die im laufenden Moment repariert werden. Die Zeit, in der eine Last zum Ziel transportiert wird, hängt von der Adresse, der Art des Transportmittels u. a. ab. Die Wartezeit einer Last im Lager oder auf dem Umschlagplatz wird in der Hauptsache durch die vorhandenen Transportmittel bestimmt.

Beispiel 11. Wir wollen annehmen, daß die Verzögerungen der eintreffenden Forderungen unabhängige Zufallsgrößen ξ mit der gleichen Verteilung sind. Erfolgt zu irgend einem Zeitpunkt eine Bedienung (Bearbeitung der Forderung) und wurde die Forderung noch nicht vollständig bedient, so wird im nachfolgenden Moment diese Zeitverzögerung fortgesetzt. Wird im betrachteten Zeitpunkt die

Bedienung der laufenden Forderung beendet und sind noch Forderungen vorhanden, die auf die Bedienung warten, so gelangt eine dieser Forderungen in die Bearbeitung, wodurch für sie die Periode der aktiven Verzögerung beginnt. Ist die Bedienung der Forderung beendet und liegen weitere Forderungen nicht vor, so stehen die Bedienungsmittel bis zum Moment des Eintreffens neuer Forderungen still.

Wir bestimmen den Automaten, der die produktive Zeitverzögerung der Forderungen simuliert: $a(t)$ sei der Zustand des Automaten A zum Zeitpunkt t. Dabei stellt $a(t)$ das Zeitintervall dar, das vom Moment t bis zum Moment der Beendigung der Bedienung der Forderung, die sich in der Periode t im Prozeß der aktiven Verzögerung befindet, verbleibt. Das Eingangsalphabet des Automaten sei binär. Das Zustandsalphabet stellt die Menge aller natürlichen Zahlen dar, während das Ausgangsalphabet wiederum binär ist. Wir wollen annehmen, daß das Eingangssignal $x(t) = 1$ angibt, daß im Moment t eine Forderung auf Bedienung wartet. Dementsprechend zeigt $x(t) = 0$ an, daß derartige Forderungen nicht vorhanden sind. Die Tabelle der bedingten Übergangsfunktionale kann in der Form

A	$a(t) > 1$	$a(t) \leqq 1 \wedge x(t) = 1$	$a(t) \leqq 1 \wedge x(t) = 0$
	$a(t) - 1$	ξ	0

angegeben werden. Nach einer Zeiteinheit verringert sich diese Größe um 1, wenn bis zur Beendigung der Bearbeitung der laufenden Forderung im Moment t ein Zeitintervall größer einer Zeiteinheit verbleibt, d. h., es gilt $a(t + 1) = a(t) - 1$. Wird zum Zeitpunkt t keine Forderung bedient, $\big(a(t) = 0\big)$ bzw. bleibt bis zur Beendigung der Bearbeitung der laufenden Forderung eine Zeiteinheit $\big(a(t) = 1\big)$ übrig, so beginnt, falls Forderungen zur Bedienung bereitstehen $\big(x(t) = 1\big)$, die Bedienung der nächsten Forderung $\big(a(t + 1) = \xi\big)$. Warten keine Forderungen auf Bedienung $\big(x(t) = 0\big)$, geht das Bedienungselement in den freien Zustand über $\big(a(t + 1) = 0\big)$.

Das Ausgangssignal $y(t)$ des Automaten ist sinnvoller Weise so zu bestimmen, daß es den Wert 1 annimmt, wenn nach einer Zeiteinheit die produktive Verzögerung der laufenden Forderung beendet wird. Anderenfalls nimmt es den Wert Null an. Dann kann man die Ausgangsfunktion des Automaten folgendermaßen angeben:

$$y(t) = \begin{cases} 1 & \text{für} \quad a(t) = 1, \\ 0 & \text{für} \quad a(t) \neq 1. \end{cases}$$

Der Anfangszustand $a(0)$ des Automaten A kann beliebig gewählt werden. Die Verteilung der diskreten Zufallsgröße ξ, d. h. die Länge der produktiven Verzögerung einer Forderung, wird als bekannt vorausgesetzt.

Das Verhalten des Automaten A ist in Abb. 15 dargestellt, aus der sich die Tabelle

t	0	1	2	3	4	5	6	7	8	9	10	11	12	13	14	15	16	17	18	19	20	21	22	23	24	25
$x(t)$	0	1	1	0	1	0	0	0	1	0	1	1	0	1	0	1	1	0	0	0	0	1	0	0	1	0
$a(t)$	2	1	4*	3	2	1	0	0	0	6*	5	4	3	2	1	0	1*	3*	2	1	0	0	4*	3	2	1
$y(t)$	0	1	0	0	0	1	0	0	0	0	0	0	0	0	1	0	1	0	0	1	0	0	0	0	0	1

ergibt. Dabei bezeichnen die mit einem Stern gekennzeichneten Zahlen die laufende Realisierung der Zufallsgröße ξ.

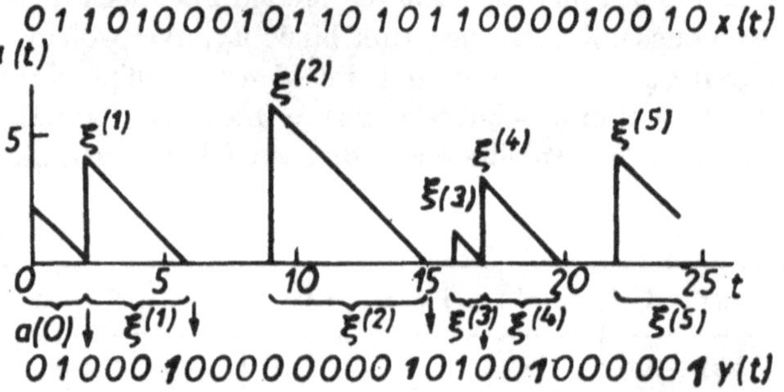

Abb. 15. Verhalten des Automaten A, der eine produktive Verzögerung der Forderung simuliert

In Abb. 15 ist auf der Abszisse die Zeit und auf der Ordinate der davon abhängige Zustand des Automaten A aufgetragen. Die produktive Zeitverzögerung bezeichnen wir mit $\xi^{(i)}$. In der Abbildung wurden die Werte des Eingangssignals oberhalb sowie die Werte des Ausgangssignals unterhalb der Abszisse angegeben. Der Austritt der bedienten Forderungen ist mit Pfeilen gekennzeichnet.

Durch Vergleich des entwickelten Automaten mit dem Automaten von Beispiel 5 ergibt sich, daß der erste Automat (der die produktive Verzögerung simuliert) eine Verallgemeinerung des zweiten Automaten (der einen diskreten rekursiven Strom abbildet) ist. Wenn das Eingangssignal $x(t)$ des betrachteten Automaten immer den Wert 1 annimmt, ergibt sich aus dem Vergleich der Tabellen der bedingten Übergangsfunktionale, daß die Tabelle des ersten Automaten in die Tabelle der bedingten Übergangsfunktionale von Beispiel 5 übergeht:

A	$a(t) > 1$	$a(t) \leqq 1$
	$a(t) - 1$	$\xi x(t)$

Ein Vergleich mit der Tabelle der bedingten Übergangsfunktionale des Automaten von Beispiel 7 ergibt, daß das entwickelte Modell für den Bedienungsmechanismus im wesentlichen ein Modell eines diskreten rekursiven Forderungstromes bei vorhandener Blockierung darstellt. Der Unterschied besteht nur darin, daß die Blockierung nur in den Momenten wirkt, die der Beendigung der Bedienung vorausgehen. Sie besteht in einer Verzögerung des Anfangszeitpunktes für die nächste Zufallsgröße. Im Beispiel 7 änderte die Blockierung den normalen Ablauf des Prozesses in einem beliebigen Zeitpunkt, und ihre Wirkung führte zu einer einfachen Verzögerung des gesamten Prozesses.

Beispiel 12. Offensichtlich kann das Beispiel 11 ohne Schwierigkeiten auf den Fall verallgemeinert werden, daß einige Quellen für die eintreffenden Forderungen vorhanden sind. Dann besitzt der Automat n Eingangssignale $x_i(t)$ $(i = \overline{1, n})$ bzw. ein vektorielles Signal $x(t)$. Jede Eingangsnachricht stellt eine geordnete Gesamtheit $(0, 1, 0, 0, \ldots, 1, 0)$ aus n binären Symbolen dar. Ein solches Alphabet bezeichnen wir mit D^n. Mit Hilfe der in der Mengentheorie üblichen Terminologie kann die Menge D^n als DESCARTESsches Produkt von n binären Alphabeten D betrachtet werden. Die Tabelle der bedingten Übergangsfunktionale erhält das Aussehen:

A	$a(t) > 1$	$a(t) \leqq 1 \wedge \sum_{i=1}^{n} x_i(t) > 0$	$a(t) \leqq 1 \wedge \sum_{i=1}^{n} x_i(t) = 0$
	$a(t) - 1$	ξ	0

oder

A	$a(t) > 1$	$a(t) \leqq 1$
	$a(t) - 1$	$\xi \min \left\{1, \sum_{i=1}^{n} x_i(t)\right\}$

Offensichtlich sind beide Darstellungen äquivalent. Die übrigen Objekte, die vorgegeben werden müssen, bleiben unverändert.

Im betrachteten Beispiel ist es unwesentlich, ob Prioritäten für die aus den unterschiedlichen Quellen kommenden Forderungen vorhanden sind. System und Modell, d. h. der entwickelte Automat, funktionieren gleich, unabhängig davon, welches System von Prioritäten vorgegeben ist. In diesem Beispiel wurde angenommen, daß die Länge der zufälligen Verzögerung der Forderung nicht davon abhängt, aus welcher Quelle die Forderung stammt. In der Praxis wird eine solche Voraussetzung bei weitem nicht immer erfüllt. So erfordert zum Beispiel eine Einzelteillieferung von einem Materiallager gewöhnlich wesentlich weniger Zeit als die Annahme einer laufenden Sendung zur Auffüllung des Lagervorrates.

Beispiel 13. Wir betrachten den Fall, daß sich die Verzögerungszeiten für die Forderungen, die aus unterschiedlichen Quellen kommen (im Beispiel aus zwei Quellen), unterscheiden. Wenn die Forderung aus der ersten Quelle kommt, sei die Verzögerungszeit durch die Zufallsgröße ξ_1, für die zweite Quelle durch ξ_2

beschrieben. Es wird angenommen, daß die Realisierungen ξ_1 und ξ_2 unabhängig sind. Außerdem setzen wir voraus, daß sie nur ganze positive Werte annehmen können. Von allen Objekten des Automaten muß nur die Tabelle der bedingten Übergangsfunktion geändert werden. Man kann sie in der Form

A	$a > 1$	$a \leqq 1 \wedge x_1 = 1$	$a \leqq 1 \wedge x_1 = 0 \wedge x_2 = 1$	$a \leqq 1 \wedge x_1 + x_2 = 0$
	$a - 1$	ξ_1	ξ_2	0

darstellen. Hierbei wurde das Argument t bei den Automatenzuständen und den Eingangssignalen weggelassen. Eine derartige Vereinfachung werden wir auch im weiteren beibehalten, weil die Berücksichtigung des Arguments nur die Ausdrücke unnötig kompliziert.

Offensichtlich benötigen wir auf Grund der Voraussetzung, daß die aus unterschiedlichen Quellen kommenden Forderungen unterschiedliche Verzögerungszeiten haben, ein bestimmtes Prioritätensystem. Im vorliegenden Fall werden die Forderungen der ersten Quelle bevorzugt. Eine Bedienung von Forderungen der zweiten Quelle kann erst dann beginnen, wenn Forderungen aus der ersten nicht mehr vorhanden sind. Ein solches Prioritätensystem wird auch als fest bezeichnet. Darüber hinaus sind jedoch noch zufällige und gesteuerte Prioritätensysteme möglich. Andere Varianten eines festen Prioritätensystems lassen sich leicht verwirklichen, wenn man die entsprechende Form der Tabelle der bedingten Übergangsfunktionale wählt und die Vorgehen ausnutzt, die bereits angewendet wurden.

Beispiel 14. Betrachten wir die Wirkungsweise eines zufälligen und gesteuerten Prioritätensystems. Wir wollen annehmen, daß sich die Priorität der eintreffenden Forderungen in Abhängigkeit vom Wert der Zufallsgröße ändert. Treffen im Moment t Forderungen aus der ersten und zweiten Quelle ein, so wird der Forderung der Vorzug gegeben, die aus der ersten Quelle stammt, wenn $\eta = 0$ gilt, und der aus der zweiten für $\eta = 1$. Die Tabelle der bedingten Übergangsfunktionale ändert sich damit folgendermaßen:

A	$a > 1$	$a \leqq 1 \wedge x_1 = 0 \wedge x_2 = 0$	$a \leqq 1 \wedge x_1 = 1 \wedge x_2 = 0$	$a \leqq 1 \wedge x_1 = 0 \wedge x_2 = 1$	$a \leqq 1 \wedge x_1 = 1 \wedge x_2 = 1$
	$a - 1$	0	ξ_1	ξ_2	$\xi_1(1 - \eta) + \xi_2\eta$

In kurzer Form ergibt sich:

A	$a > 1$	$a \leqq 1$
	$a - 1$	$\xi_1x_1(1 - x_2) + \xi_2x_2(1 - x_1) + \xi_1x_1x_2(1 - \eta) + \xi_2x_1x_2\eta$

Ansonsten bleibt im Vergleich zum vorhergehenden Beispiel alles erhalten.

Beispiel 15. Ähnlich wie im Beispiel 14, in dem sich die Prioritäten in Abhängigkeit von dem Wert der Zufallsgröße η änderten, möge auf die Änderung der Prioritäten ein steuerndes Eingangssignal $x_3(t)$ einwirken. Um den Einfluß des gesteuerten Systems der Prioritäten darzustellen, reicht es aus, in der Tabelle der bedingten Übergangsfunktionale den Wert der Zufallsgröße η durch die Bezeichnung des Signals $x_3(t)$ zu ersetzen. Wir erhalten:

A	$a > 1$	$a \leqq 1$
	$a - 1$	$\xi_1 x_1(1 - x_2) + \xi_2 x_2(1 - x_1) + \xi_1 x_1 x_2(1 - x_3) + \xi_2 x_1 x_2 x_3$

Das Eingangssignal des Automaten A bezüglich des gesteuerten Eingangssignals $x_3(t)$ ist binär. Folglich kann das Prioritätensystem zwei mögliche Werte annehmen: Es werden die Forderungen bevorzugt, die entweder aus der ersten oder aus der zweiten Quelle kommen. Im allgemeinen wird jedoch das Prioritätensystem eine größere Anzahl von Werten annehmen, und dementsprechend ändert sich auch das Alphabet des Eingangssignals.

Beispiel 16. Betrachten wir den Fall, daß auf den Bearbeitungsprozeß der Forderung eine bestimmte Blockierung einwirkt. Eine derartige Blockierung hält den Bearbeitungsprozeß so lange auf, bis ihre Wirkung beendet ist. Sie kann aber auch verursachen, daß die Bearbeitung der Forderung, die gerade zu Beginn der Blockierung bedient wurde, beendet wird.

Wir setzen im weiteren voraus, daß der Automat A, der den Prozeß der aktiven Verzögerung der Forderung abbildet, zwei Eingänge besitzt. Das Eingangssignal $x_1(t) = 1$ gibt an, daß Forderungen zum Zeitpunkt t eintreffen, während für das Signal $x_1(t) = 0$ keine Ankünfte entstehen. Des weiteren wird angenommen, daß das Signal $x_2(t)$ den Wert 1 erhält, wenn eine Blockierung wirkt. Der Wert 0 wird dementsprechend im entgegengesetzten Fall angenommen. Wie bisher stellt der Automatenzustand $a(t)$ das Zeitintervall vom Zeitpunkt t bis zum Moment der vollständigen Beendigung der Bearbeitung der laufenden Forderung dar. Wir erhalten somit die Tabelle der bedingten Übergangsfunktionale:

A	$a > 1$	$a \leqq 1$
	$(a - 1)(1 - x_2) + a x_2$	$\xi x_1(1 - x_2)$

Setzen wir hierin für x_1 und x_2 spezielle Werte ein, so kann man erkennen, daß die Blockierung den alten Automatenzustand nicht verändert und folglich der Automat die Unterbrechungen in der Wirkung des Bedienungssystems abbildet. Sobald die Blockierung aufhört, nimmt der Prozeß seinen normalen Zustand an. Offensichtlich kann man das angegebene Beispiel auf den Fall erweitern, daß die Blockierung nicht von außen in Form eines Eingangssignals eingegeben wird, sondern innerhalb des Modells entsteht und eine unabhängige Zufallseinwirkung darstellt. Dazu reicht es aus, in der Tabelle der bedingten Übergangsfunktionale das Eingangssignal $x_2(t)$ durch die Realisierungen einer bestimmten Zufallsgröße η zu ersetzen, die die Wirkung der Blockierung zum Ausdruck bringt. Dieses Beispiel kann man auch auf den Fall erweitern, daß Forderungen aus verschiedenen Quellen eintreffen, wobei ein bestimmtes Prioritätensystem vorgegeben ist.

Beispiel 17. Wir wollen nun den Fall betrachten, daß infolge der Einwirkung einer Blockierung die in diesem Moment gerade bediente Forderung unverzüglich das System zu verlassen hat. Nach Beendigung der Blockierung beginnt die Bedienung der nächsten (anderen) Forderung, wenn eine solche vorhanden ist. Anderenfalls steht das Bedienungssystem still. Übernehmen wir alle Bezeichnungen aus Beispiel 16, so erhalten wir die folgende Tabelle der bedingten Übergangsfunktionale:

A	$a > 1$	$a \leqq 1$
	$(a - 1)(1 - x_2)$	$\xi x_1 (1 - x_2)$

Von praktischem Interesse ist eine solche Simulation des Prozesses der aktiven Verzögerung, bei der eine übermäßige Zerstückelung der Zeiteinheit des Automaten verhindert wird.

4.3. Beschreibung des Stillstandsprozesses

In 4.2. wurde der Unterschied zwischen der aktiven und passiven Teilnahme der Ressourcen am Funktionieren des Systems erörtert. Bei einer aktiven Teilnahme sind die materiellen Ressourcen unmittelbar am laufenden technologischen Prozeß beteiligt. Dagegen sind sie bei einer passiven Teilnahme nur in einem bestimmten strukturellen Glied des Systems anwesend. Sie stehen still, warten in einer Warteschlange auf den Moment, in die Phase der aktiven Bearbeitung eintreten zu können.

Die Teile, die auf Werkzeugmaschinen bearbeitet werden, die Dokumente, die in bestimmten Institutionen untersucht oder von entsprechenden Prozeßrechenanlagen analysiert werden, die Lasten, die von einer Transportart auf eine andere verladen werden oder sich auf dem Transportweg befinden, wirken auf die Funktion des Systems aktiv ein. Die Teile jedoch, die in einer Reihe vor der Werkzeugmaschine warten, die Lasten, die im Lager aufbewahrt werden, die Dokumente, die sich in Archiven oder im Speicher einer elektronischen Rechenmaschine befinden, nehmen an der Arbeit nur passiv teil.

Das Modell kann in Abhängigkeit von dem Ziel der Modellierung auf verschiedenen Abstraktionsebenen entwickelt werden. Wenn z. B. bestimmte homogene Einheiten betrachtet werden, die sich während der Wartezeit nicht verändern, reicht es aus, nur die Anzahl der im Verlauf jeder Zeiteinheit stillstehenden Elemente zu ermitteln. Werden zum Beispiel Eisenbahnwaggons gleicher Ladekapazität betrachtet, die mit Kohle beladen sind, so müssen wir nicht unbedingt unterscheiden, ob 25 Waggons im Verlauf eines Tages oder ein Waggon im Verlauf von 25 Tagen stillstehen.

Verdirbt jedoch die Ladung schnell, so unterscheiden sich diese Fälle, und neben der Anzahl der wartenden Ladungen ist die Zeit zu beachten, in deren Verlauf die Ladung wartet. Ähnliche Schlußfolgerungen ergeben sich auch in den Fällen, in denen mehrere Ströme mit unterschiedlichen Ladungen gegeben sind, die in der Reihenfolge ihrer Ankunft bearbeitet werden sollen. Um den Prozeß der Ankunft der einzelnen Mengen inhomogener Ladungen richtig zu beschreiben, muß die Zeit beachtet werden, die jede Einheit der entsprechenden Ladung aufbewahrt wird.

Manchmal müssen neben der Anzahl der wartenden Einheiten auch andere Besonderheiten beachtet werden. So ist es oftmals nicht ausreichend, darauf zu verweisen, daß im Verlauf einer gegebenen Zeiteinheit zum Beispiel 5 Schiffe stillstehen. Haben diese Schiffe unterschiedliche Ladekapazitäten, so unterscheiden sich die Verluste beim Stillstand eines Schiffes mit einer Ladekapazität von 5000 t von denen beim Stillstand eines Schiffes mit einer Ladekapazität von 50000 t.

Offensichtlich erfordert die Vielfalt der zu modellierenden Systeme und der bei der Modellierung verfolgten Ziele unterschiedliche Verfahren zur Modellbildung. Einige häufig anzutreffende Situationen wollen wir ausführlicher betrachten. Dabei beginnen wir mit dem einfachsten Problem, dem homogenen Fall, für den die Angabe der Anzahl der wartenden Ressourcen in jeder Zeiteinheit ausreicht.

Wir gehen von dem Grundprinzip der Warteschlangenbildung aus, das folgendermaßen formuliert werden kann: Die Anzahl der am Ende eines Zeitintervalls wartenden Forderungen ist gleich der am Anfang dieses Intervalls wartenden plus der Anzahl der eintreffenden minus der Anzahl der die Warteschlange verlassenden (aus unterschiedlichen Gründen) Forderungen im betrachteten Zeitintervall.

Die Anzahl der in das System (oder in ein bestimmtes Teilsystem) eintreffenden Forderungen stellt entweder eine vom Systemzustand unabhängige Zufallsgröße dar oder ergibt sich als Summe von Signalen, die von anderen Teilsystemen eintreffen. Diese Signale geben die Anzahl der Forderungen an, die im gegebenen Teilsystem eintreffen können. Die wartenden Forderungen können die Schlange verlassen, wenn entweder die Bedienung beginnt oder wenn sie das System ganz verlassen (auf Grund einer zu langen Wartezeit oder infolge Qualitätsverlust) bzw. zu einem anderen Teilsystem übergehen wollen. Bei der Beschreibung des Verhaltens einer Warteschlange mit Hilfe stochastischer Automaten wird der Prozeß, daß Forderungen das System verlassen, mit Hilfe eintreffender Signale verwirklicht. Diese Signale stellen Informationen über die Zustände der einzelnen Teilsysteme oder Zufallsgrößen dar.

Im Unterschied zu den Automaten, die das Eintreffen von Forderungen oder deren aktive Verzögerung abbilden, werden die Automaten, die das Verhalten einer Warteschlange simulieren, in einer solchen Form dargestellt werden, daß ihre Tabelle der bedingten Übergangsfunktionale ein logisches Aussagensystem ergibt, in dem als einzige Aussage die identisch wahre Aussage enthalten ist. Dann kann die Tabelle der bedingten Übergangsfunktionale dieses Automaten mit Hilfe gewöhnlicher Gleichungen angegeben werden.

Betrachten wir einige Beispiele. Dazu führen wir einen Automaten A ein, dessen Zustand $a(t)$ die Zahl der in der Warteschlange zum Zeitpunkt t enthaltenen Forderungen angibt. Das Zustandsalphabet des Automaten ist damit die Menge N der natürlichen Zahlen.

Beispiel 18. Es wird vorausgesetzt, daß in das gegebene Teilsystem die Forderungen nur über einen Kanal eintreffen können. Das Signal $x(t)$ gibt die Anzahl der Forderungen an, die im Zeitintervall $(t, t + 1]$ eintreffen. In Abhängigkeit von den Besonderheiten der Ankunft ist das Alphabet des Signals entweder binär oder gleich der Menge der natürlichen Zahlen.

Das Ausscheiden einer Forderung aus der Warteschlange möge ebenfalls nur über einen Kanal erfolgen. Das bedeutet, daß zum Beispiel nur Forderungen zur Bedienung aus der Warteschlange ausscheiden. $y(t)$ gibt die Anzahl der Plätze an, die im Intervall $(t, t + 1]$ im Bedienungssystem frei wurden. Für das Alphabet des Signals $y(t)$ sind die alten Annahmen gültig.

Auf Grund des Prinzips der Warteschlangenbildung erhält die Tabelle der bedingten Übergangsfunktionale des Automaten A das Aussehen

A	I
	$\max\{0, a(t) + x(t) - y(t)\}$

bzw.

$$a(t + 1) = \max\{0, a(t) + x(t) - y(t)\}.$$

Das Symbol max wird erforderlich, da das Signal $y(t)$ den Wert der Summe $a(t) + x(t)$ übersteigen kann. In diesem Fall würde das Funktional $a(t) + x(t) - y(t)$ negativ werden und einen Zustand außerhalb des Zustandsalphabets annehmen.

Es sei bemerkt, daß der in diesem Beispiel entwickelte Automat zur Nachbildung einer Warteschlange auch verwendet werden kann, wenn die Anzahl der in die Warteschlange eintreffenden und der sie verlassenden Forderungen nicht ganzzahlig ist. In diesem Fall stellt das entsprechende Alphabet die Menge aller nichtnegativen rationalen Zahlen oder die Menge aller nichtnegativen reellen Zahlen dar.

Beispiel 19. Wir wollen das Beispiel 18 erweitern. Zu diesem Zweck nehmen wir an, daß die Ankunft der Ressourcen im Verlauf eines Intervalls, das als Zeiteinheit ausgewählt wurde, als Realisierung einer bestimmten Zufallsgröße ξ betrachtet werden kann, die nicht vom Zustand des Systems abhängt. Die

Tabelle der bedingten Übergangsfunktionale kann in der Form

$$a(t+1) = \max\{0, a(t) + \xi - y(t)\}$$

geschrieben werden.

Mit diesem sowie dem vorhergehenden Beispiel können sowohl diskrete als auch kontinuierliche Varianten erfaßt werden. Für die kontinuierliche Variante stellt das Zustandsalphabet des Automaten (bezüglich des Eingangssignals $y(t)$) und das Alphabet der Zufallsgröße ξ die Menge der nichtnegativen reellen (oder rationalen) Zahlen dar. Im entgegengesetzten Fall nehmen $a(t)$, $y(t)$ und ξ nur natürliche Zahlen an.

Stellt die Ankunft der Forderungen einen normalen Prozeß dar, d. h., können die Forderungen nur einzeln eintreffen, so ist ξ eine binäre Zufallsgröße.

Entsprechend der Beschreibung der Ankunft der Ressourcen in der Warteschlange ergibt sich die Beschreibung der Forderungen, die die Warteschlange verlassen. Dazu ist es ausreichend, in der Tabelle der bedingten Übergangsfunktionale das Eingangssignal $y(t)$ durch die Zufallsgröße zu ersetzen.

Beispiel 20. Es werde angenommen, daß die Forderungen über einige Kanäle in der Warteschlange eintreffen bzw. sie verlassen. Mit n bezeichnen wir die Anzahl der Ankunftskanäle und mit m die der Ausgangskanäle.

Über jeden dieser Kanäle kann entweder eine streng definierte konstante oder zufällige Anzahl von Forderungen eintreffen bzw. austreten. Ebenso ist es möglich, daß diese Anzahl durch bestimmte Steuersignale vorgegeben wird. Offensichtlich kann der erste Fall ohne Schwierigkeiten in den zweiten überführt werden, da man jede konstante Größe als eine Zufallsgröße betrachten kann, die in jeder Realisierung denselben Wert annimmt.

Wir wollen voraussetzen, daß über n_1 der n Kanäle eine zufällige Anzahl von Ressourcen ξ_i $\left(i = \overline{1, n_1}\right)$ eintrifft. Für die restlichen $n_2 = n - n_1$ Kanäle beträgt die Anzahl $x_j(t)$ $\left(j = \overline{1, n_2}\right)$, wobei $x_j(t)$ ein Eingangssignal darstellt, das von einem bestimmten Element des Systems ausgeht. Entsprechend nehmen wir an, daß über m_1 Kanäle eine zufällige Anzahl von Ressourcen η_k $\left(k = \overline{1, m_1}\right)$ austritt, während über die übrigen $m_2 = m - m_1$ Kanäle eine Menge y_l $\left(l = \overline{1, m_2}\right)$ austritt, die durch die Zustände anderer Elemente des Systems bestimmt wird. Dabei sind die Zufallsgrößen ξ_i und η_k unabhängig.

Die Tabelle der bedingten Übergangsfunktionale des Automaten A erhält das Aussehen

$$a(t+1) = \max\left\{0, a(t) + \sum_{i=1}^{n_1} \xi_i + \sum_{j=1}^{n_2} x_j(t) - \sum_{k=1}^{m_1} \eta_k - \sum_{l=1}^{m_2} y_l(t)\right\}.$$

Das Zustandsalphabet dieses Automaten ist davon abhängig, ob die betrachteten Ressourcen in ganzzahligen Einheiten gemessen werden oder sie gebrochene oder reelle Zahlen sind. Im gegebenen Fall hat der Automat ein vektorielles Eingangssignal der Dimension $n_2 + m_2$. Jede Komponente dieses Vektors besitzt ein Alphabet, das dem Charakter der Ankunft oder des Austritts der Ressourcen für den betrachteten Kanal entspricht.

Beispiel 21. Weit verbreitet ist in der Praxis der Fall, daß die „Warteschlangenlänge" begrenzt ist. Das bedeutet zum Beispiel Lagerung von Produkten in Lagern mit begrenzter Kapazität, Speicherung von Informationen in Speicheranlagen mit begrenzter Kapazität, Unterbringung der auf Bearbeitung wartenden Teile in Räumen bestimmter Abmessungen usw.

Tritt im Lager eine solche Produktionsmenge ein, die zusammen mit der bereits vorhandenen und das System verlassenden Menge die Kapazität des Lagers übersteigt, so wird der Produktionsüberschuß nicht angenommen. Der Überschuß kann entweder dem Lieferanten zurückgegeben oder in ein anderes Lager übersandt werden. Offensichtlich ergibt sich für das Verhalten der Warteschlange ein Automat mit folgender Tabelle der bedingten Übergangsfunktionale:

$$a(t+1) = \min\left\{v, \max\{0, a(t) + x(t) - y(t)\}\right\}.$$

Dabei stellt v die Kapazität des Lagers dar. Der Automatenzustand und das Eingangssignal haben die gleiche Bedeutung wie früher.

Außer dem betrachteten Fall konstanter Lagerkapazität sind auch andere Fälle möglich. Wird zum Beispiel im Lager eine inhomogene Produktion gelagert, so hängt die vom Lager angenommene Produktionsmenge davon ab, wieviel Mengen anderer Produktionsarten zum gleichen Zeitpunkt gelagert werden. Das entspricht dem Fall einer gesteuerten Lagerkapazität. Zu jedem Zeitpunkt wird die maximale Produktionsmenge mit Hilfe eines Eingangssignals $z(t)$ bestimmt. Wir erhalten

$$a(t+1) = \min\left\{z(t), \max\{0, a(t) + x(t) - y(t)\}\right\}.$$

Offensichtlich ergeben sich für komplizierte ökonomische Systeme nur selten derartig einfache Verhältnisse. So bestehen zum Beispiel bei der Warteschlangenbildung fast immer gewisse Präferenzen. Beim Austritt oder beim Versand der Produktion an die Kunden werden im allgemeinen die Ladungen bevorzugt, deren sofortige Zustellung besonders wichtig ist.

Bevorzugt werden zum Beispiel die schnell verderblichen Produkte versandt, über Nachrichtenkanäle eilige Informationen gegeben, Kapitalinvestitionen für den Bau besonders wichtiger volkswirtschaftlicher Objekte bewilligt.

Die Gesamtheit der Regeln, auf deren Grundlage die Prioritäten für die Forderungen aufgestellt werden, nennen wir Prioritätensystem der gegebenen Warteschlange. Das Prioritätensystem der Warteschlange ist vorgegeben, wenn für jedes Paar von Forderungen (für je zwei Einheiten materieller Ressourcen) der Warteschlange bestimmte Regeln gegeben sind, die zu jedem Zeitpunkt die Reihenfolge der Forderungen festlegen. Ändert sich das Prioritätensystem einer Warteschlange im Verlauf einer Untersuchung nicht, so bezeichnen wir es als konstant. Bisweilen ändern sich die Prioritäten in der Warteschlange unter dem Einfluß bestimmter Signale, die von anderen Elementen des Systems eintreffen.

In diesem Fall handelt es sich um ein gesteuertes Prioritätensystem. Manchmal hat das Prioritätensystem stochastischen Charakter, und die Prioritäten ändern sich entsprechend bestimmter Zufallsgrößen, die nicht vom Systemzustand abhängen.

Beispiel 22. Wir betrachten das Modell einer Warteschlange mit einem einfachen Prioritätensystem. Es wird vorausgesetzt, daß die Forderungen über drei geordnete (numerierte) Kanäle eintreffen. Forderungen, die über einen Kanal in die Warteschlange mit einer im Vergleich zu einer anderen Forderung geringeren Nummer eintreffen, werden bevorzugt. Zwei Forderungen, die über den gleichen Kanal eintreffen, werden in der Reihenfolge ihrer Ankunft bedient.

Offensichtlich ist es im gegebenen Fall zur Beschreibung des Zustands nicht ausreichend, die Gesamtzahl der Forderungen zu kennen, die sich in der Warteschlange zum betrachteten Zeitpunkt befinden. Zur Beschreibung der Warteschlange benötigen wir zu jedem Zeitpunkt die Anzahl der Forderungen, die in jedem Kanal eintreffen bzw. sich in der Warteschlange befinden.

Aus diesem Grunde reicht zur Beschreibung der Warteschlange ein Automat nicht aus. Vielmehr wird das Verhalten der Warteschlange durch eine Gruppe von drei Automaten A_1, A_2 und A_3 simuliert. Die Zustände $a_i(t)$ $(i = 1, 2, 3)$ der Automaten A_i geben die Anzahl der Forderungen an, die zum Zeitpunkt t (genauer im Moment $t + 0$) im Kanal mit der Nummer i eintreffen bzw. sich in der Warteschlange befinden.

Die Ankunft von Forderungen in jedem Kanal des Systems wird mit Hilfe von Eingangssignalen $x_1(t)$, x_2 (t) und $x_3(t)$ realisiert. Zur Einfachheit nehmen wir für diese Signale binäre Alphabete an. Informationen über den Austritt von Forderungen aus der Warteschlange enthält das Eingangssignal $y(t)$ mit einem Alphabet N. Die Tabelle der bedingten Übergangsfunktionale erhalten wir in der Form:

A_1	$\max\{0, a_1(t) + x_1(t) - y(t)\}$
A_2	$\max\{0, a_2(t) + x_2(t) - \max\{0, y(t) - a_1(t) - x_1(t)\}\}$
A_3	$\max\{0, a_3(t) + x_3(t) - \max\{0, y(t) - a_1(t) - x_1(t) - a_2(t) - x_2(t)\}\}$

Tatsächlich haben die Forderungen, die über den ersten Kanal eintreffen, einen Vorzug. Damit unterscheidet sich das Verhalten des Automaten A_1 praktisch nicht vom Verhalten des Automaten in Beispiel 18.

Nach Befriedigung der Nachfrage $y(t)$ durch Forderungen des ersten Kanals ist die ganze Nachfrage bereits abgedeckt, wenn $y(t) \leqq a_1(t) + x_1(t)$ gilt. Anderenfalls bleibt ein Teil dieser Nachfrage offen und kann mit Forderungen des zweiten und dritten Kanals befriedigt werden. Es ergibt sich der sogenannte Restbedarf erster Ordnung, der, wie man sich leicht überzeugt, durch

$$\max\{0, y(t) - a_1(t) - x_1(t)\}$$

ausgedrückt werden kann.

Den Automaten A_2 entwickeln wir wie den Automaten A_1, wobei die Größe des allgemeinen Bedarfs $y(t)$ durch die Größe des Restbedarfs erster Ordnung ersetzt wird. Analog kann die Restnachfrage zweiter Ordnung

$$\max \{0, y(t) - a_1(t) - x_1(t) - a_2(t) - x_2(t)\}$$

und die Tabelle der bedingten Übergangsfunktionale für den Automaten A_3 entwickelt werden.

Es sei bemerkt, daß in der zweiten Zeile der Tabelle der bedingten Übergangsfunktionale die Bezeichnung $a_1(t)$ für das vom Automat A_1 zum Automat A_2 gegebene Signal verwendet wurde. Dieses Signal stimmt zu jedem Zeitpunkt mit dem Zustand des Automaten A_1 überein. Aus diesem Grunde konnte das Signal genauso wie der Automatenzustand bezeichnet werden. Diese Bemerkung gilt auch für die Bezeichnungen $a_1(t)$ und $a_2(t)$ in der letzten Zeile der Tabelle der bedingten Übergangsfunktionale. Dadurch kann die Entwicklung der Alphabetmatrix und des Strukturgraphen der betrachteten Gruppe von Automaten erleichtert werden. Wir wollen hier nicht Automaten betrachten, von denen die Signale $x_1(t)$, $x_2(t)$ und $y(t)$ ausgehen. Deshalb bezeichnen wir die Automaten A_1, A_2 und A_3 nicht als System, sondern als „Gruppe von Automaten". Dadurch enthält der Strukturgraph dieser Gruppe von Automaten Pfeile mit einem freien Anfang. Diese Pfeile stellen Signale dar, die in die betrachtete Gruppe von Automaten von bestimmten äußeren Automaten, die von uns nicht betrachtet werden, eintreffen. Analog sind in der Alphabetmatrix zusätzliche Zeilen enthalten, für die wir die Bezeichnungen der entsprechenden Signale angeben. Der Strukturgraph ist in Abb. 16 dargestellt. Die Alphabetmatrix hat das Aussehen:

	A_1	A_2	A_3
x_1	D	D	D
x_2	$\varnothing$	D	D
x_3	$\varnothing$	$\varnothing$	D
y	N	N	N
A_1	N	N	N
A_2	$\varnothing$	N	N
A_3	$\varnothing$	$\varnothing$	N

Offensichtlich kann man als Vektor der Anfangszustände ein beliebiges Tripel natürlicher Zahlen auswählen. Für das System der Ausgangsfunktionen stimmen die Ausgangssignale der Automaten A_1 und A_2 mit den entsprechenden Zuständen überein.

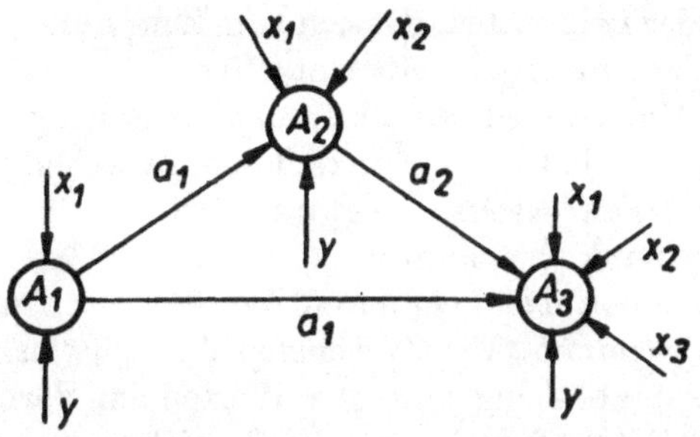

Abb. 16. Strukturgraph einer Gruppe von Automaten, die eine Warteschlange mit Prioritätensystem simulieren

Die Tabelle der bedingten Übergangsfunktionale kann vereinfacht werden. Dazu führen wir die folgende Bezeichnung ein:

$$b_0 \equiv 0,$$
$$b_1(t) = a_1(t) + x_1(t),$$
$$b_2(t) = b_1(t) + a_2(t) + x_2(t).$$

Dann ergibt sich für die Tabelle der bedingten Übergangsfunktionale:

$A_k (k = 1, 2, 3)$	$\max \{0, a_k(t) + x_k(t) - \max \{0, y(t) - b_{k-1}(t)\}\}$

Auf der Grundlage eines derartigen Verfahrens sind wir in der Lage, eine Verallgemeinerung für eine beliebige Zahl n von Kanälen zu erhalten. Zu diesem Zweck setzen wir

$$b_0(t) \equiv 0,$$
$$b_k(t) = b_{k-1}(t) + a_k(t) + x_k(t) \qquad \left(i = \overline{1, n-1}\right).$$

Dann ergibt sich:

$A_k (k = \overline{1, n})$	$\max \{0, a_k(t) + x_k(t) - \max \{0, y(t) - b_{k-1}(t)\}\}$

Bei der Bestimmung der Tabelle der bedingten Übergangsfunktionale wurde der für die praktische Entwicklung von Systemen stochastischer Automaten wichtige Begriff der Zwischengröße $b_k(t)$ eingeführt. Offensichtlich stellen sie wie die Automatenzustände zeitliche Kenngrößen des Systems dar. Sie beziehen sich immer auf den gleichen Moment der Automatenzeit wie die „alten" Werte der Automatenzustände. Dementsprechend kann auch für jede Zwischengröße ein konkreter Inhalt angegeben werden. Im betrachteten Beispiel bedeutet jede Zwischengröße $b_k(t)$ $\left(k = \overline{1, n-1}\right)$ die summarische Anzahl der Forderungen der ersten k Kategorien der Prioritäten, die sich zum Zeitpunkt t in der Warteschlange befinden oder über die Eingangskanäle eintreffen.

Ein wesentlicher Unterschied zwischen den Zwischengrößen und den Automatenzuständen besteht jedoch darin, daß die Zwischengrößen sich nicht als Komponenten eines MARKOWschen Vektors darstellen lassen, der den Systemzustand in jedem Zeitpunkt bestimmt.

Darüber hinaus können bei bekannten Werten der Automatenzustände zu einem bestimmten Zeitpunkt t die Zwischengrößen, die sich auf diesen gleichen Zeitpunkt beziehen, unabhängig von den Werten im vorhergehenden Moment berechnet werden. Damit stellen sie einfache Bezeichnungen für bestimmte Funktionale von den Automatenzuständen und den Eingangssignalen dar. Sie wurden eingeführt, um die Schreibweise zu vereinfachen und zu standardisieren.

Bei der Modellierung ökonomischer Systeme mit Hilfe von Automaten erfolgt manchmal die Aufteilung der in der Warteschlange wartenden Forderungen in verschiedene Kategorien nicht nach dem Prioritätsrecht, sondern nach anderen Kennzeichen. Wir wollen als Beispiel eine Aufteilung nach der Wartezeit („Alter") betrachten. Das ist sinnvoll, wenn die ökonomischen Kosten der Aufbewahrung von der Dauer der Aufbewahrung der Waren abhängen.

Beispiel 23. Die Warteschlange der Forderungen wird in Abhängigkeit vom „Alter" in n Etappen eingeteilt. Die Forderungen sollen sich außer in der letzten Etappe in jeder Warteetappe nicht länger als eine Einheit der Automatenzeit aufhalten. Danach verlassen sie entweder unter dem Einfluß einer Nachfrage die Warteschlange, oder sie gelangen in die nächste Warteetappe. Haben die Forderungen die letzte Etappe erreicht, so verbleiben sie dort so lange, bis sie aus der Warteschlange mit Hilfe eines Signals, das eine Nachfrage simuliert, abgefordert werden. Auf diese Weise erfolgt in der k-ten Etappe der Warteschlange $\left(k = \overline{1, n-1}\right)$ eine Ansammlung von Forderungen, deren Wartezeit k Zeiteinheiten beträgt. Die n-te Etappe enthält Forderungen, die schon n und mehr Zeiteinheiten warten.

Betrachten wir nun eine Gruppe von n Automaten A_k $\left(k = \overline{1, n}\right)$. Dabei gibt der Zustand $a_k(t)$ des k-ten Automaten zum Zeitpunkt t die Anzahl der Forderungen an, die sich zu diesem Zeitpunkt in der k-ten Etappe der Warteschlange befinden. Dem Eingangssignal $x(t)$ entspricht die Anzahl der Forderungen, die im Moment t eintreffen, und $y(t)$ bezeichnet die Anzahl der Forderungen, die zu diesem Zeitpunkt die Schlange verlassen. Bezüglich der Alphabete der Signale $x(t)$ und $y(t)$ wird angenommen, daß sie mit der Menge N aller natürlichen Zahlen übereinstimmen.

Als Zwischengrößen führen wir $d_k(t)$ $\left(k = \overline{1, n-1}\right)$ ein. Dabei verstehen wir unter $d_k(t)$ die Anzahl der Forderungen, die sich zum Zeitpunkt t in allen Etappen, beginnend mit der k-ten, befinden. Damit gilt

$$d_k(t) = \sum_{i=k}^{n} a_i(t) \qquad \left(k = \overline{1, n-1}\right).$$

Offensichtlich kann die Tabelle der bedingten Übergangsfunktionale in folgender Form angegeben werden:

A_1	$\max\{0, x(t) - \max\{0, y(t) - d_1(t)\}\}$
$A_k(k = \overline{2, n-1})$	$\max\{0, a_{k-1}(t) - \max\{0, y(t) - d_k(t)\}\}$
A_n	$\max\{0, a_n(t) + a_{n-1}(t) - y(t)\}$

Wird die Menge der natürlichen Zahlen durch ein schraffiertes Kästchen und das Alphabet $\varnothing$ durch ein nichtschraffiertes Kästchen gekennzeichnet, so nimmt die Alphabetmatrix das in Abb. 17 dargestellte Aussehen an. Der Strukturgraph ist für $n = 4$ in Abb. 18 dargestellt.

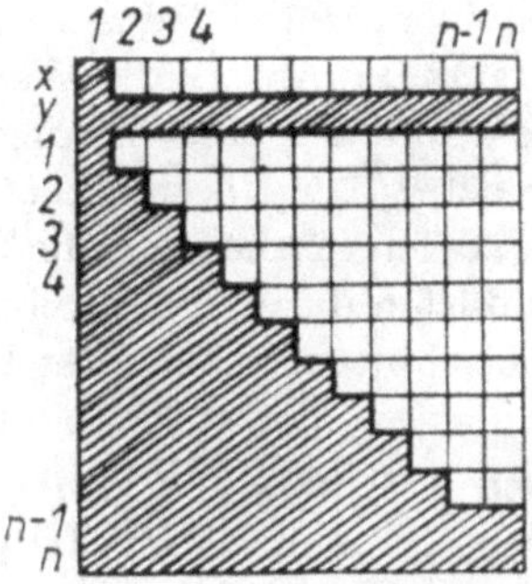

Abb. 17. Alphabetmatrix der Gruppe von Automaten A_1, A_2, …, A_k, …, A_n

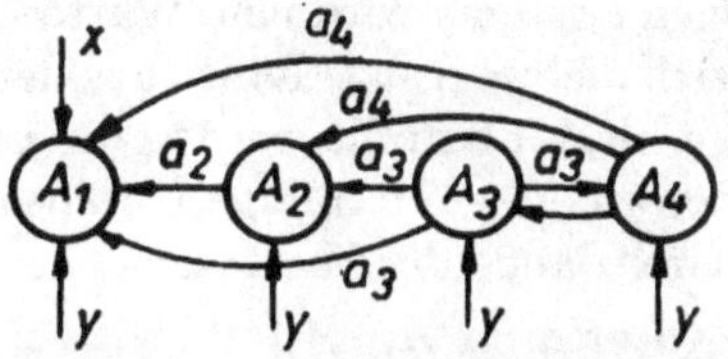

Abb. 18. Strukturgraph der Gruppe von Automaten zur Simulation einer Warteschlange, deren Forderungen in n Etappen (in diesem Fall $n = 4$) eingeteilt sind

In diesem Beispiel wurde wiederum vorausgesetzt, daß die von den Automaten der betrachteten Gruppe ausgehenden Signale mit den Zuständen der entsprechenden Automaten übereinstimmen.

Beispiel 24. Als drittes Beispiel für ein Modell einer aufgeteilten Warteschlange betrachten wir den Fall, daß die Forderungen nach einem beliebigen speziellen Kennzeichen in Kategorien eingeteilt werden. So können zum Beispiel Schiffe, die in einen Hafen eintreffen, nach ihrer Ladekapazität in verschiedene Kategorien eingeteilt werden. Dem entsprechen offensichtlich unterschiedliche Kosten für den Stillstand im Hafen. Existiert dabei ein Prioritätensystem, dessen Prioritätenkategorien mit den Kategorien der Aufteilung der Warteschlange übereinstimmen (wenn zum Beispiel die Bedienung der Schiffe in der Reihenfolge abfallender oder ansteigender Ladekapazität erfolgt), so unterscheidet sich das Beispiel in keiner Weise von Beispiel 22.

Entspricht der Austritt der Forderungen aus der Warteschlange der Reihenfolge ihrer Ankunft, so muß die Warteschlange gleichzeitig nach dem grundlegenden Kennzeichen und nach der Wartezeit eingeteilt werden. Dabei ist es wesentlich, daß innerhalb derselben Zeitetappe in einer Warteschlange unterschiedliche Prioritätenregeln angewendet werden müssen, die den unterschiedlichen Kategorien der Forderungen entsprechen, die sich nach dem grundlegenden Kennzeichen ergeben. Nehmen wir eine ausreichend kleine Abstufung der Warteschlange nach der Wartezeit durch Bildung einer ausreichend großen Anzahl von Zeitetappen vor, so befinden sich in jeder Etappe und in jeder Kategorie der Schlange zu jedem Zeitpunkt wenig Forderungen. Das hebt die Wirkung einer künstlichen Prioritätenwahl innerhalb einer beliebigen Zeitetappe der Warteschlange auf.

Beispiel 25. Komplizierter ist die Modellierung, wenn eine Aufteilung in bestimmte Kategorien nach einem speziellen Kennzeichen nicht möglich ist. In diesem Fall muß für jede Forderung, die eine passive Wartezeit erlebt, der Wert dieses Kennzeichens beachtet werden.

Ein solcher Fall tritt zum Beispiel ein, wenn in einem Hafen Transportschiffe unterschiedlicher Ladekapazität eintreffen. Dann muß die Anzahl der Waren im Modell mit größerer Genauigkeit beachtet werden. Bei der Modellierung eines derartigen Systems wird eine Warteschlange begrenzter Länge betrachtet. Dabei ergibt sich die maximale Länge aus der Berechnung. Offensichtlich darf die Warteschlange nicht überfüllt werden, und andererseits dürfen durch eine solche Wahl keine Schwierigkeiten infolge Überbelastung der Maschinenspeicher entstehen.

Die Grenzlänge der Warteschlange betrage n Einheiten. Wir stellen ein Modell aus n Automaten $A_1, A_2, \ldots, A_n$ auf. Der Zustand $a_k(t)$ $\left(k = \overline{1, n}\right)$ jedes Automaten wird als zahlenmäßige Größe eines bestimmten Kennzeichens festgelegt, das der Forderung entspricht, die den k-ten Platz in der Warteschlange einnimmt. Wir wollen voraussetzen, daß in jeder Einheit der ausgewählten Automatenzeit nicht mehr als eine Forderung eintreffen kann. Dann bestimmt das Eingangssignal $x(t)$ den Wert des Kennzeichens für die Forderung, die gerade zum Zeitpunkt t eintraf. Falls keine Forderung eintraf, wird $x(t)$ mit Null angenommen. Das Alphabet des Signals $x(t)$ entspricht der Menge R aller rationalen Zahlen (für dieses Alphabet ist auch die Menge der natürlichen Zahlen oder aller nichtnegativen reellen Zahlen zulässig). Die Ausgangssignale $z_k(t)$ $\left(k = \overline{1, n}\right)$ der Automaten A_k sind gleich Eins, wenn zum Zeitpunkt t der k-te Platz der Warteschlange durch eine bestimmte Forderung besetzt wurde (wobei das Kennzeichen den Wert $a_k(t)$ annimmt). Anderenfalls ist das Ausgangssignal Null. Das Eingangssignal $y(t)$ kennzeichnet die Nachfrage. Dabei gilt $y(t) = 1$, wenn zum folgen-

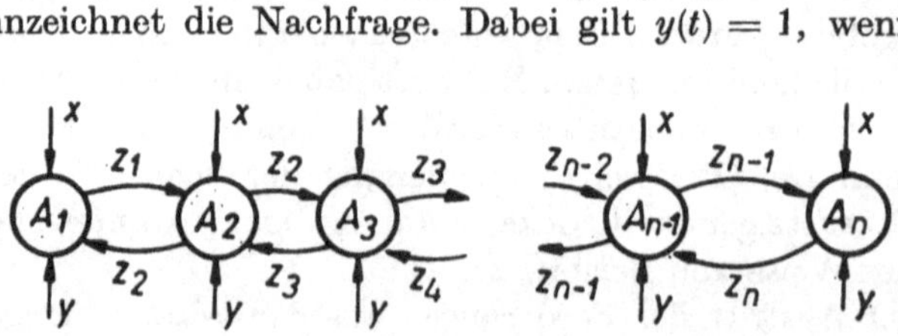

Abb. 19. Strukturgraph einer Gruppe von Automaten zur Simulation einer begrenzten Warteschlange

den Zeitpunkt aus der Schlange eine Forderung austritt, bzw. $y(t) = 0$, wenn keine Forderung austritt. Die Tabelle der bedingten Übergangsfunktionale lautet:

A_1	$y = 0 \wedge a_1 = 0 \vee y = 1 \wedge z_2 = 0 \wedge x > 0$	x
	$y = 1 \wedge z_2 > 0$	a_2
	$y = 1 \wedge z_2 = 0 \wedge x = 0$	0
	$y = 0 \wedge a_1 > 0$	a_1
A_k $(k = \overline{2, n-1})$	$y = 0 \wedge z_{k-1} = 0 \vee y = 1 \wedge z_{k+1} = 0 \wedge a_k = 0$	0
	$y = 0 \wedge z_{k-1} > 0 \wedge a_k = 0 \vee y = 1 \wedge z_{k+1} = 0 \wedge a_k > 0$	x
	$y = 0 \wedge z_{k-1} > 0 \wedge a_k > 0$	a_k
	$y = 1 \wedge z_{k+1} > 0$	a_{k+1}
A_n	$y = 0 \wedge z_{n-1} = 0$	0
	$y = 0 \wedge z_{n-1} > 0 \wedge a_n = 0 \vee y = 1$	x
	$y = 0 \wedge z_{n-1} > 0 \wedge a_n > 0$	a_n

Für das System der Ausgangsfunktionen gilt

$$z_k(t) = \begin{cases} 1 \text{ für } a_k(t) > 0, \\ 0 \text{ für } a_k(t) = 0 \end{cases} \quad \left(k = \overline{1, n}\right).$$

Der entsprechende Strukturgraph ist in Abb. 19 dargestellt.
Die Alphabetmatrix erhält man in der Form:

	A_1	A_2	A_3	$\cdots$	A_{n-1}	A_n
x	R	R	R	$\cdots$	R	R
y	D	D	D	$\cdots$	D	D
A_1	R	D	$\varnothing$	$\cdots$	$\varnothing$	$\varnothing$
A_2	D	R	D	$\cdots$	$\varnothing$	$\varnothing$
A_3	$\varnothing$	D	R	$\cdots$	$\varnothing$	$\varnothing$
$\cdots$	$\cdots$	$\cdots$	$\cdots$	$\cdots$	$\cdots$	$\cdot$
A_{n-1}	$\varnothing$	$\varnothing$	$\varnothing$	$\cdots$	R	D
A_n	$\varnothing$	$\varnothing$	$\varnothing$	$\cdots$	D	R

Als Vektor der Anfangszustände ist jeder n-dimensionale Vektor zulässig, dessen Komponenten rationale Zahlen sind, wobei nur die letzten Komponenten Null sein können. Jedoch kann dieser Vektor auch als Nullvektor angenommen werden.

Abschließend betrachten wir ein Beispiel, bei dem die Eigenschaften der passiven und aktiven Wartezeiten im gleichen Maße eine Rolle spielen. In der Praxis beobachtet man häufig, daß das Objekt seine Zustände periodisch (qualitativ) ändert. Bei Aufrechterhaltung eines dieser Zustände ändern sich jedoch bestimmte (quantitative) Kenngrößen dieses Objekts. Betrachten wir zum Beispiel ein Schiff, das eine bestimmte Ladung zwischen zwei Häfen transportiert. Dieses Schiff wird im Hafen A beladen, transportiert die Ladung von A nach B, wartet im Hafen B in einer Warteschlange.

Nach einer bestimmten Zeit wird es entladen, dann wieder beladen und transportiert die neue Ladung zurück in den Hafen A. Dort wartet es wiederum in der Warteschlange, wird schließlich entladen und aufs neue beladen. Offensichtlich ändern sich die Zustände in jedem Zeitintervall, wie zum Beispiel die Menge der Ladung unter Deck, Transportzeit bis zum Zielhafen, Ordnungsnummer in der Warteschlange u. a.

Eine ähnliche Situation ergibt sich auch in Behältern, in denen Flüssigkeit aufbewahrt wird. Diese Behälter befinden sich periodisch in folgenden Zuständen: Füllen, Stillstand im gefüllten Zustand, Entleerung, Stillstand im entleerten Zustand.

Beispiel 26. Es werde ein Reservoir der Kapazität v betrachtet. Bei der Füllung kann in jeder Zeiteinheit eine konstante Flüssigkeitsmenge $p (p < v)$ eintreffen. Nachdem das Reservoir gefüllt ist, erfolgt entsprechend einem äußeren Signal die Entleerung. Sie erfolgt im allgemeinen genauso zufällig wie die Füllung. Dabei wird im Einheitszeitintervall eine konstante Flüssigkeitsmenge $q (q < v)$ abgegeben.

Der Übergang vom entleerten Zustand in den Zustand der Füllung erfolgt ebenfalls auf Grund eines äußeren Signals. Zur Simulation des Verhaltens dieses Reservoirs wird eine Gruppe aus zwei Automaten B_1 und B_2 benötigt. Der Zustand $b_1(t)$ des ersten Automaten kennzeichnet den qualitativen Zustand des Reservoirs zum Zeitpunkt t. $b_1(t) = 0$ entspricht dem entleerten Zustand, $b_1(t) = 1$ dem Zustand der Füllung, $b_1(t) = 2$ dem gefüllten Zustand und $b_1(t) = 3$ dem Zustand der Entleerung. $b_2(t)$ gibt die quantitative Komponente des Reservoirzustands an, d. h. die im Reservoir zum Zeitpunkt t vorhandene Flüssigkeitsmenge.

Schließlich bezeichnen wir mit $x_1(t)$ das Signal, das den Beginn der Entleerung der Flüssigkeit zum Zeitpunkt $t + 1$ angibt, und mit $y(t)$ ein entsprechendes Signal für die Möglichkeit der Auffüllung.

Zweckmäßigerweise wird die Tabelle der bedingten Übergangsfunktionale so gewählt, daß sich dieselbe logische Aussage auf beide Automaten B_1 und B_2 bezieht. Wir erhalten:

	$b_1 = 0 \wedge y = 0 \vee b_1 = 3 \wedge b_2 \leqq q \wedge y = 0$	$b_1 = 0 \wedge y = 1$	$b_1 = 1 \wedge b_2 < v - p$
B_1	0	1	1
B_2	0	p	$b_2 + p$
	$b_1 = 1 \wedge b_2 > v - p \wedge x = 0 \vee b_1 = 2 \wedge x = 0$	$b_1 = 2 \wedge x = 1$	
B_1	2	3	
B_2	v	$v - q$	
	$b_1 = 3 \wedge b_2 > q$	$b_1 = 3 \wedge b_2 \leqq q \wedge y = 1$	
B_1	3	1	
B_2	$b_2 - q$	0	

4.4. Indikatoren

Eine gewisse Analogie kann man zwischen den Automaten als Modelle ökonomischer Systeme und den elektrischen Schaltkreisen feststellen. Die für die Beschreibung einzelner Elemente des Systems verwendeten Automaten sind in einem gewissen Sinne elektronischen Bauelementen analog, aus denen elektrische Kreise entwickelt werden. Eine derartige Analogie gilt natürlich nur sehr begrenzt, weil die Automaten vor allem in einer einheitlichen diskreten Zeit funktionieren. In jeder Zeiteinheit gelangen die Signale eines Automaten nur zu dem Automaten, mit dem der erste Automat unmittelbar verbunden ist. Ungeachtet dessen besteht die Möglichkeit, die bei der Modellierung ökonomischer Systeme verwendeten Automaten nach bestimmten Gruppen entsprechend ihrer Verwendung bei der Modellierung zu klassifizieren, wie das im vorliegenden Kapitel bislang erfolgte. Das erlaubt uns jedoch, die Automaten wie elektronische Bauelemente zu behandeln (Kondensatoren, Widerstände, Induktivitäten u. a.) und Teile des zu projektierenden Systems zu standardisieren.

Ohne die aufgezeigte Analogie weiter zu analysieren und ihren philosophischen Sinn zu klären, versuchen wir sie für die praktischen Ziele nutzbar zu machen. In elektronischen Schaltungen werden zur Bestimmung verschiedener Kenngrößen dieser Schaltkreise bzw. entsprechender Abschnitte Meßgeräte angewendet, wie zum Beispiel Voltmeter, Amperemeter, Wattmeter, Meßgeräte für Elektroenergie, Impulszähler u. a. Die Modellierung ökonomischer Systeme erfolgt niemals als Selbstzweck. Bei der Modellierung eines solchen Systems wird von einem bestimmten Untersuchungsziel ausgegangen. Es sollen bestimmte nichtzufällige Kenngrößen des Systems ermittelt werden, die ausreichend vollständig sein Verhalten unter den gegebenen Bedingungen kennzeichnen. Aus diesem Grunde ist der Versuch begründet, Automaten zu entwickeln, die eine

Messung der erforderlichen Kenngrößen ermöglichen. Diese Automaten dienen in den Systemen von Automaten als Meßbeiwerk, ähnlich den Meßgeräten in den elektronischen Schaltungen. Automaten oder Gruppen von Automaten, die in das Modell des Systems zusätzlich einbezogen werden und der Ermittlung bestimmter nichtzufälliger Kenngrößen dienen, bezeichnen wir als Indikatoren.

Bekanntlich werden in elektronischen Schaltungen die Meßgeräte so gewählt, daß sie durch ihre Anwesenheit nicht die Arbeitsweise der Schaltung stören. Genauso dürfen die Indikatoren, die in das Automatenmodell einbezogen werden, nicht sein Funktionieren beeinflussen. Folglich sind alle Signale, die die Indikatoren mit dem grundlegenden Modell verbinden, zu den Indikatoren aber nicht umgekehrt gerichtet. Anderenfalls wäre der Indikator ein Eingangspol des Modells. Bei der Simulation des Modellverhaltens auf der elektronischen Datenverarbeitungsanlage werden einige der Automatenzustände der Indikatoren zu bestimmten Zeitpunkten ausgedruckt. Dadurch erhalten wir von der Maschine Information über das Systemverhalten unter den gegebenen Bedingungen.

Ist das zu modellierende System stochastisch, so stellen alle ihre zeitlichen Kenngrößen zu jedem Zeitpunkt Zufallsgrößen dar. Ist das betrachtete System dagegen deterministisch, wobei es jedoch kompliziert ist und sein Verhalten über einen ausreichend großen Zeitabschnitt beobachtet wird, dann werden in Abhängigkeit vom Moment der Ermittlung der zeitlichen Kenngrößen seine Werte in bekanntem Maße durch den Zufall bedingt sein. Daraus folgt, daß es bei der Untersuchung des Systemverhaltens mit Hilfe von Automaten als Modelle praktisch immer darauf ankommt, deterministische Kenngrößen von verschiedenartigen Zufallsgrößen zu bestimmen.

Wir betrachten nur drei deterministische Kenngrößen von Zufallsgrößen: Der Erwartungswert der Zufallsgröße, die Dispersion sowie gemischte Kenngrößen, die die Wechselwirkung einiger Zufallsgrößen angeben.

Eine Kenngröße für die Mittelung ist der Erwartungswert $\mathrm{M}\,\xi$ einer Zufallsgröße ξ. Der Erwartungswert stellt einen gewichteten mittleren arithmetischen Wert dar, wobei die Gewichte mit den Wahrscheinlichkeiten der möglichen Realisierungen oder deren Häufigkeiten übereinstimmen.

Die Realisierungen der Zufallsgröße werden mit $\xi_1, \xi_2, \ldots$ bezeichnet. Ihre möglichen Werte (Elemente des Alphabets der Zufallsgröße) sind $x_1, x_2, \ldots$. Darüber hinaus stellen $p_1, p_2, \ldots$ die diesen Werten entsprechenden Wahrscheinlichkeiten dar. Nach der Definition gilt

$$\mathrm{M}\,\xi = \sum_{k=1}^{\infty} x_k p_k. \tag{11}$$

Ersetzt man in (11) die theoretisch ermittelten Wahrscheinlichkeiten p_k der Realisierungen der Zufallsgröße durch deren statistische Häufigkeiten, so erhält man für den Erwartungswert

$$\mathrm{M}\,\xi = \lim_{n\to\infty} \frac{1}{n} \sum_{k=1}^{n} \xi_k. \tag{12}$$

Offensichtlich ist es bei jedem praktischen Experiment unmöglich, statistisches Material mit einem unendlichen Stichprobenumfang zu erhalten. Aus diesem Grunde wird die Formel (12) näherungsweise durch den Ausdruck

$$\mathrm{M}\xi = \frac{1}{n} \sum_{k=1}^{n} \xi_k \tag{13}$$

ersetzt.

Nach Formel (13) werden wir die Mittelwerte für verschiedene ökonomische Kenngrößen ermitteln: Stillstandszeiten, Kosten, Vorratsniveau u. a.

Oftmals reicht die Kenntnis der Mittelwerte der interessierenden Kenngrößen bei weitem nicht aus. Um ein vollständiges Bild von der vorhandenen Situation zu erhalten, muß bekannt sein, inwieweit die einzelnen Werte des Kennzeichens vom mittleren Niveau in der einen oder anderen Richtung abweichen. Wir benötigen damit Kenngrößen für die Streuung der Zufallsgröße. Eine derartige Kenngröße ist die Dispersion $D\xi$ einer Zufallsgröße. Unter der Dispersion einer Zufallsgröße wird der Erwartungswert der quadratischen Abweichung der Zufallsgröße von ihrem Erwartungswert verstanden, d. h., es gilt

$$\mathrm{D}\xi = \mathrm{M}(\mathrm{M}\xi - \xi)^2. \tag{14}$$

Da der Erwartungswert einer deterministischen Größe gleich dem Wert dieser Größe selbst ist, ergibt sich

$$\mathrm{D}\xi = \mathrm{M}(\mathrm{M}\xi)^2 - \mathrm{M}(2\xi\mathrm{M}\xi) + \mathrm{M}\xi^2 = (\mathrm{M}\xi)^2 - 2(\mathrm{M}\xi)^2 + \mathrm{M}\xi^2$$

bzw.

$$\mathrm{D}\xi = \mathrm{M}\xi^2 - (\mathrm{M}\xi)^2. \tag{15}$$

Auf Grund der Gleichung (15) ergibt sich für die Dispersion eine Darstellung mit Hilfe der statistischen Realisierungen der Zufallsgröße

$$\mathrm{D}\xi = \lim_{n\to\infty} \frac{1}{n} \sum_{k=1}^{n} \xi_k^2 - \left\{\lim_{n\to\infty} \frac{1}{n} \sum_{k=1}^{n} \xi_k\right\}^2.$$

Ohne Grenzübergang gilt angenähert

$$\mathrm{D}\xi = \frac{1}{n}\left\{\sum_{k=1}^{n} \xi_k^2 - \frac{1}{n}\left(\sum_{k=1}^{n} \xi_k\right)^2\right\}. \tag{16}$$

Sind der Erwartungswert und die Dispersion einer Zufallsgröße bekannt, dann kann man angenähert abschätzen, wie häufig die Abweichung der Zufallsgröße von ihrem Mittelwert eine vorgegebene Größe übertrifft. Mit Hilfe der TSCHEBYSCHEWschen Ungleichung ergibt sich zum Beispiel die folgende Abschätzung:

$$P\{|\xi - \mathrm{M}\xi| > \varepsilon\} < \frac{\mathrm{D}\xi}{\varepsilon^2}. \tag{17}$$

Als Beispiel betrachten wir folgende praktische Aufgabe. Der mittlere Verlust bei der Verdampfung von Erdölprodukten in einem Erdölkombinat betrage am Tag 20 Rubel. Die Dispersion dieser Verluste sei 16. Gesucht ist, an wievielen Tagen im Jahr sich die Verluste infolge Verdampfung im Mittel in den Grenzen von 10 bis 30 Rubel pro Tag bewegen. Offensichtlich gilt in diesem Fall $\varepsilon = 10$ sowie $M\xi + \varepsilon = 20 + 10 = 30$; $M\xi - \varepsilon = 20 - 10 = 10$. Mit (17) erhalten wir

$$P\{|\xi - 20| > 10\} < \frac{16}{10^2} = 0{,}16.$$

Folglich werden im Mittel an weniger als $365 \cdot 0{,}16 = 58$ Tagen die Verluste diese angegebenen Grenzen übersteigen, bzw. an mehr als $365-58 = 307$ Tagen werden sie in diesen Grenzen verbleiben.

Ein komplizierteres Beispiel für die Berechnung deterministischer Kenngrößen des Systems ist die Bestimmung der gemischten Kenngrößen. Sie kennzeichnen die Beziehungen zwischen den Elementen des Systems, die sich sowohl in ihrem Charakter als auch in der territorialen Lage wesentlich voneinander unterscheiden.

Ein Beispiel für gemischte Kenngrößen ist der Mittelwert und die Dispersion der am Tag in einer Station eintreffenden leeren Eisenbahnwaggons, wenn sich dort Ladung angesammelt hat, die ein bestimmtes vorgegebenes Niveau übersteigt. Ein ähnliches Beispiel ist das Eintreffen von Bestellungen auf Lieferung von Produkten, nachdem diese Produkte in dem gegebenen Betrieb bereits aus der Produktion genommen wurden.

Wir betrachten die Entwicklung von Automaten als Indikatoren zur Ermittlung des Erwartungswertes, der Dispersion und der gemischten Kenngrößen.

Beispiel 27. $x(t)$ sei ein äußeres Signal, das die Anzahl bestimmter homogener Mechanismen angibt, die im Zeitintervall $(t, t + 1]$ stillstehen. α gibt die Stillstandskosten für einen derartigen Mechanismus in der Zeiteinheit an. Das Ziel besteht in der Entwicklung eines Indikators zur Bestimmung des Erwartungswertes der täglichen Stillstandskosten der Mechanismen.

Wir entwickeln eine Gruppe aus drei Automaten U_1, U_2, U_3. Die Automatenzustände sind in der folgenden Weise bestimmt: $u_1(t)$ gibt die summarischen Stillstandskosten (akkumulierte Kosten) der Mechanismen in einem Zeitintervall an, das vom Anfang der Untersuchung des Modells bis zum Zeitpunkt t reicht; $u_2(t)$ bestimmt den Zeitabschnitt vom Anfang der Untersuchung des Modells bis zum Moment t; $u_3(t)$ bezeichnet schließlich den angenäherten Erwartungswert dieser Kosten, der durch Mittelung über das Zeitintervall $(0, t - 1]$ erhalten wurde. Die Ausgangssignale der Automaten U_1 und U_2 werden den entsprechenden Zuständen der Automaten gleichgesetzt. Für alle drei Automaten wird der Anfangszustand gleich Null gesetzt. Die Tabelle der bedingten Übergangsfunktionale lautet:

U_1	$u_1(t) + \alpha x(t)$
U_2	$u_2(t) + 1$
U_3	$u_1(t) : \max\{1, u_2(t)\}$

Während der Simulation wird im Automaten U_1 eine Summe angesammelt, die bei fortlaufender Erhöhung von n den Summen von Gleichung (13) entspricht. Der Zustand des Automaten U_2 bestimmt die Anzahl der betrachteten Realisierungen n in Gleichung (13). Damit gibt der Zustand des Automaten U_3 den Erwartungswert der Stillstandskosten entsprechend Gleichung (13) an. Das Symbol

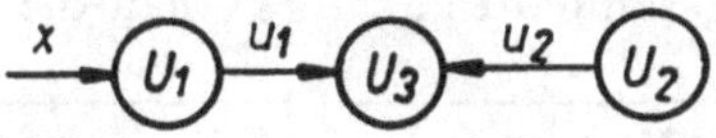

Abb. 20. Strukturgraph eines Indikators zur Berechnung des Erwartungswertes

max wurde nur benötigt, damit bei der Berechnung von u_3 (1) im Rechner kein Stillstand infolge Division durch Null entsteht. Der Strukturgraph ist in Abb. 20 dargestellt. Als Alphabetmatrix ergibt sich:

x	N	$\varnothing$	$\varnothing$
U_1	R	$\varnothing$	R
U_2	$\varnothing$	N	N
U_3	$\varnothing$	$\varnothing$	R

Es muß darauf hingewiesen werden, daß die Zustände der Automaten U_1 und U_2 keine ergodischen Eigenschaften besitzen und mit der Zeit wachsen. Damit während der Simulation des Systemverhaltens die Speicherzellen, in denen die Werte der Zustände dieser Automaten gespeichert sind, nicht überfüllt werden, ist bei einer Modellierung über große Zeitintervalle eine spezielle Normierung notwendig. Das läßt sich bei der großen Stellenzahl, über die die modernen Rechenanlagen verfügen, in der Praxis immer realisieren.

Beispiel 28. Wir wollen einen Indikator für die Berechnung der Dispersion der täglichen Stillstandskosten entsprechend dem vorhergehenden Beispiel entwickeln. Dazu muß der Indikator von Beispiel 27 durch die Automaten U_4, U_5 und U_6 ergänzt werden. Ihre Zustände sind folgendermaßen bestimmt: $u_4(t)$ gibt die angesammelten Werte der quadratischen Kosten im Zeitintervall $(0, t]$ an; $u_5(t)$ stellt den genäherten Wert des Erwartungswertes der quadratischen Kosten dar, die durch Mittelung über das Intervall $(0, t - 1]$ erhalten wurden; $u_6(t)$ bestimmt den genäherten Wert der Dispersion der täglichen Stillstandskosten der Mechanismen, die sich durch Mittelung im Intervall $(0, t - 2]$ ergeben.

Wie in Beispiel 27 setzen wir die Ausgangssignale aller Automaten den entsprechenden Automatenzuständen gleich. Als Vektor der Anfangszustände wählen wir den Nullvektor. Die Tabelle der bedingten Übergangsfunktionale ist durch die folgenden Zeilen zu ergänzen:

U_4	$u_4(t) + \alpha^2 x^2(t)$
U_5	$u_4(t) : \max\{1, u_2(t)\}$
U_6	$u_5(t) - u_3(t)$

Die Alphabetmatrix des gesamten Indikators erhält die Form:

x	N	$\varnothing$	$\varnothing$	N	$\varnothing$	$\varnothing$
U_1	R	$\varnothing$	R	$\varnothing$	$\varnothing$	$\varnothing$
U_2	$\varnothing$	N	N	$\varnothing$	N	$\varnothing$
U_3	$\varnothing$	$\varnothing$	R	$\varnothing$	$\varnothing$	R
U_4	$\varnothing$	$\varnothing$	$\varnothing$	N	N	$\varnothing$
U_5	$\varnothing$	$\varnothing$	$\varnothing$	$\varnothing$	R	R
U_6	$\varnothing$	$\varnothing$	$\varnothing$	$\varnothing$	$\varnothing$	R

Der entsprechende Strukturgraph ist in Abb. 21 dargestellt. Eine Überprüfung des entwickelten Indikators kann entsprechend Gleichung (16) erfolgen.

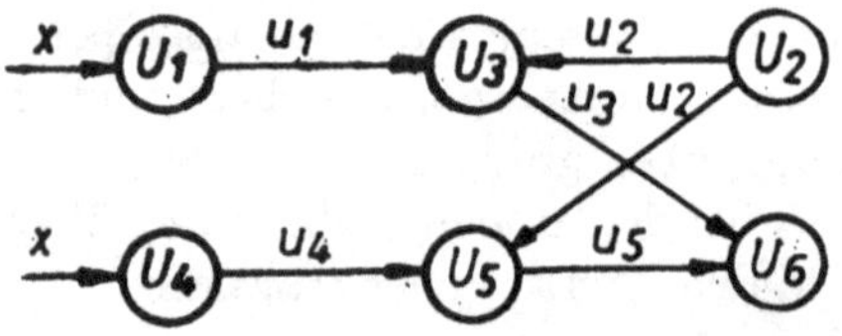

Abb. 21. Strukturgraph eines Indikators zur Berechnung des Erwartungswertes und der Dispersion

Beispiel 29. Wir wollen einen Indikator zur Berechnung einer gemischten Kenngröße entwickeln. Wir betrachten die mittlere Anzahl der täglich in einer Bahnstation eintreffenden leeren Waggons. Die dort angesammelte Ladung soll eine bestimmte konstante Größe M übersteigen.

$x(t)$ und $y(t)$ sind äußere Eingangssignale, wobei $x(t)$ die Anzahl der im Intervall $(t, t + 1]$ eintreffenden Waggons angibt. $y(t)$ signalisiert, daß die Vorräte das Niveau M übersteigen.

Zur Entwicklung des Indikators benötigen wir drei Automaten W_1, W_2 und W_3. Der Zustand $w_1(t)$ des ersten Automaten bestimmt die Anzahl der Waggons, die in der Station bis zum Zeitpunkt t eintrafen, wenn der Vorrat an Ladung die Größe M überstieg; $w_2(t)$ ermittelt die Anzahl der Zeitintervalle, in denen der Vorrat an Ladung in der Station im Verlauf des Intervalls $(0, t]$ M überstieg; $w_3(t)$ stellt den genäherten Wert für die gesuchte mittlere tägliche Ankunft von Waggons dar, die durch Mittelung über das Intervall $(0, t-1]$ erhalten wurde. Die Anfangszustände der Automaten werden mit Null angenommen. Die Tabelle der bedingten Übergangsfunktionale ergibt sich in der Form:

W_1	$w_1(t) + x(t)\, y(t)$
W_2	$w_1(t) : \max\{1, w_2(t)\}$
W_3	$w_2(t) + y(t)$

Als Alphabetmatrix erhalten wir:

x	N	$\varnothing$	$\varnothing$
y	D	D	$\varnothing$
w_1	N	$\varnothing$	N
w_2	$\varnothing$	N	N
w_3	$\varnothing$	$\varnothing$	R

In Abb. 22 wird die Struktur des Modells graphisch dargestellt.

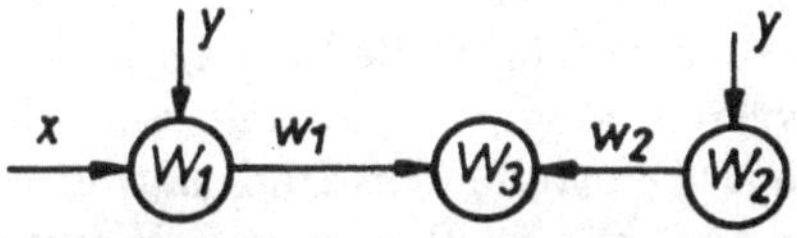

Abb. 22. Strukturgraph eines Indikators zur Berechnung einer gemischten Kenngröße

5. Systeme, in denen Arbeitszeit verbraucht wird

5.1. Einfache Situationen

Wir wissen, daß das Warten der Ressourcen in den einzelnen Etappen des von ihnen durchlaufenen ökonomischen Systems durch verschiedene Ursachen bedingt sein kann. Oftmals ergeben sich produktive und nichtproduktive Verzögerungen, weil die Arbeitsplätze bereits mit Forderungen besetzt sind, wie zum Beispiel Belade-, Entladeanlagen, Mechanisierungsmittel, Bedienungspersonal usw. In anderen Fällen sind Verzögerungen bestimmter Ressourcen dadurch bedingt, daß andere Ressourcen verzögert eintreffen. So werden Verzögerungen der Produktion am Lager durch Verzögerungen in der Ankunft der Bestellungen für diese Produktion verursacht. Die Verzögerungen der Taxis an den Haltestellen sind durch Verzögerungen bedingt, mit denen die Passagiere eintreffen.

Allgemein bestehen die Ursachen für Verzögerungen in komplizierten Systemen in der gleichzeitigen Wirkung mehrerer Faktoren. Nur in den einfachsten Situationen werden die Verzögerungen durch eine einzige Ursache bewirkt, wie zum Beispiel das Warten auf die Bereitschaft der Bedienungsanlagen oder des Bedienungspersonals, mit der Bearbeitung der nächsten Serie der eingetroffenen Ressourcen zu beginnen. Da in derartigen Systemen die Arbeitszeit des Bedienungsmechanismus oder des Spezialisten der wesentlichste Faktor ist, der auf die Verzögerung der eintreffenden Faktoren wirkt, sind diese Systeme mit dem Verbrauch von Arbeitszeit verbunden.

Seine einfachste Form nimmt das System an, wenn die Bearbeitung der eintreffenden Forderungen nur durch eine Bedienungseinrichtung oder einen Spezialisten erfolgt. In diesem Fall ergibt sich eine sehr einfache Beschreibung, und wir erhalten ein Modell eines einkanaligen Bedienungssystems. In der Praxis entspricht derartigen Systemen z. B. die Bedienung von Schiffen an einer einzigen Anlegestelle, die Analyse der eintreffenden Information mit Hilfe einer einzigen elektronischen Rechenanlage, die Lieferung von Waren durch einen einzigen Waagemeister usw.

Beispiel 30. Betrachten wir den elementaren Fall, der allerdings in der Praxis nicht weit verbreitet ist, daß keine passive Verzögerung der eintreffenden Forderungen erfolgt. Die Forderungen gelangen in das Bedienungssystem. Treffen sie das Bedienungselement im freien Zustand an, so werden sie ohne Verzögerung zur Bedienung angenommen. Anderenfallls gehen die Forderungen für die Bedienung verloren, d. h., sie verlassen das Bedienungssystem.

In der Praxis tritt eine solche Situation zum Beispiel ein, wenn einzelne Informationsphasen über einen Nachrichtenkanal zur Rechenanlage gelangen, die kein assoziatives Gedächtnis besitzt. Jede Informationsphase, die in einem Moment eintrifft, in dem die Rechenmaschine mit der Bearbeitung der früher eingetroffenen Information noch beschäftigt ist, geht verloren.

Es wird vorausgesetzt, daß die Zeitintervalle $\xi_1, \xi_2, \ldots$ zwischen den Ankünften der Forderungen unabhängige ganzzahlige Zufallsgrößen sind, die der gleichen Verteilungsfunktion genügen. Ebenfalls sollen die Bedienungszeiten $\eta_1, \eta_2, \ldots$ unabhängige ganzzahlige Zufallsgrößen mit der gleichen Verteilung sein.

Das Modell entwickeln wir mit Hilfe der Automaten A_1 und A_2. Ihre Zustände werden wie folgt bestimmt: $a_1(t)$ gibt das Zeitintervall vom Moment t bis zum Eintrittsmoment der laufenden Forderung an; $a_2(t)$ bestimmt das Zeitintervall vom Zeitpunkt t bis zum Moment der Beendigung der Bedienung der laufenden Forderung, wenn überhaupt im Moment t eine Bedienung erfolgt. Anderenfalls wird $a_2(t) = 0$ angenommen.

Abb. 23. Strukturgraph der Automaten A_1 und A_2 für den Fall, daß keine passive Verzögerung der eintreffenden Forderungen erfolgt

Die Struktur des Automatensystems ist durch den Graph von Abb. 23 bestimmt. Für das Signal $x(t)$ wollen wir voraussetzen, daß es den Wert 1 dann und nur dann annimmt, wenn vom laufenden Zeitpunkt bis zum Eintrittsmoment der laufenden Forderung nur noch eine Zeiteinheit verbleibt. Damit kann für das System der Ausgangsfunktionen die Beziehung

$$x(t) = \begin{cases} 1 & \text{für} \quad a_1(t) = 1, \\ 0 & \text{für} \quad a_1(t) > 1 \end{cases}$$

angegeben werden. Die Alphabetmatrix des Systems hat die Form:

P	D
$\varnothing$	N

Verwendet wurden für die Alphabete die bereits aus Kapitel 3 bekannten Bezeichnungen.

Beide Automaten des Systems wurden bereits in Kapitel 4 betrachtet (Beispiel 5 und 11). Daher ergibt sich die Tabelle der bedingten Übergangsfunktionale des Modells in der Form:

<table>
<tr><td rowspan="2">A_1</td><td colspan="2">$a_1(t) > 1$</td><td>$a_1(t) = 1$</td></tr>
<tr><td colspan="2">$a_1(t) - 1$</td><td>ξ</td></tr>
<tr><td rowspan="2">A_2</td><td>$a_2(t) > 1$</td><td>$a_2(t) \leqq 1 \wedge x(t) = 1$</td><td>$a_2(t) \leqq 1 \wedge x(t) = 0$</td></tr>
<tr><td>$a_2(t) - 1$</td><td>η</td><td>0</td></tr>
</table>

Als Vektor der Anfangszustände kann man jedes beliebige Zahlenpaar verwenden, dessen erste Komponente eine nichtnegative ganze Zahl und dessen zweite Komponente eine natürliche Zahl ist. Unabhängig von der Wahl des Vektors der Anfangszustände ist das Verhalten der Zustände beider Automaten ergodisch, wenn

$$\mathrm{M}\xi < +\infty \quad \text{und} \quad \mathrm{M}\eta < +\infty$$

gilt.

Zur vollständigen Bestimmung des Modells benötigen wir Angaben über die funktionale Form und die Parameter der Verteilungen der Zufallsgrößen ξ und η. Diese Angaben können in den verschiedenen Fällen unterschiedlich erfolgen.

Gleichzeitig wollen wir die Anwendung als Indikator erläutern. Das betrachtete einkanalige Bedienungssystem mit Verlusten wird in Abhängigkeit von den Untersuchungszielen zur Bestimmung verschiedenartiger Kenngrößen verwendet. Als solche können zum Beispiel berechnet werden: Wahrscheinlichkeit der Verluste, Auslastungsgrad, mittlere Zeit der Nichtauslastung u. a.

Unter der Wahrscheinlichkeit der Verluste verstehen wir das Verhältnis der Anzahl der Forderungen, die in das System in einem ausreichend großen Zeitintervall eintrafen und auf Grund des besetzten Bedienungsmechanismus nicht bedient wurden, zur Gesamtzahl der Forderungen, die in diesem Zeitintervall eintrafen. Wenn $n(T)$ Forderungen im Zeitintervall eintrafen, von denen $m(T)$ verlorengingen, so ergibt sich offensichtlich die Wahrscheinlichkeit für den Verlust p als Grenzwert

$$p = \lim_{T\to\infty} \frac{m(T)}{n(T)}. \tag{18}$$

Auf Grund dieser Definition besteht der Indikator aus drei Automaten. In den beiden ersten Automaten werden die Größen $n(T)$ und $m(T)$ ermittelt. Der dritte Automat bestimmt den genäherten Wert der Wahrscheinlichkeit des Verlustes, der sich im Ergebnis der Beobachtung des Systemverhaltens im Verlauf des Zeitintervalles T ergibt.

Beispiel 31. Betrachten wir nun die Modellierung eines einkanaligen Bedienungssystems mit Verlusten, wobei in die Modellierung ein Indikator zur Bestimmung der Wahrscheinlichkeit des Verlustes einbezogen wird. Offensichtlich bleibt das System von Automaten von Beispiel 30 ohne Veränderung und stellt den Hauptteil des neuen Modells dar. Darüber hinaus benötigen wir noch drei Automaten zur Modellierung des Indikators. Wir geben ihren Zuständen folgende Bedeutung: $u_1(t)$ gibt die Anzahl der Forderungen an, die an den Eingang des Bedienungssystems bis zum Zeitpunkt $t - 1$ einschließlich gelangten; $u_2(t)$ stellt die Anzahl der Forderungen dar, die im Intervall $[0, t - 1]$ in das Bedienungssystem eintrafen aber auf Grund des besetzten Bedienungskanals verlorengingen; $w(t)$ gibt den genäherten Wert der Wahrscheinlichkeit für den Verlust an, der auf der Grundlage der Beobachtung des Systemverhaltens im Verlauf des Zeitintervalls $[0, t - 2]$ erhalten wird. Die Alphabetmatrix kann in der Form

A_1	P	D	D	D	$\varnothing$
A_2	$\varnothing$	N	$\varnothing$	D	$\varnothing$
U_1	$\varnothing$	$\varnothing$	N	$\varnothing$	N
U_2	$\varnothing$	$\varnothing$	$\varnothing$	N	N
W	$\varnothing$	$\varnothing$	$\varnothing$	$\varnothing$	R_1

dargestellt werden. Dabei stellt R_1 die Menge der nichtnegativen rationalen Zahlen dar, die 1 nicht übersteigen. Entsprechend der Alphabetmatrix ergibt sich für den Strukturgraph die in Abb. 24 angegebene Form.

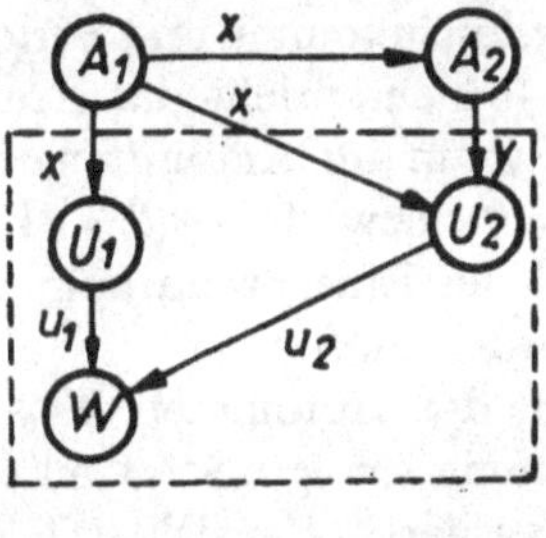

Abb. 24. Strukturgraph einer Gruppe von Automaten zur Simulation eines einkanaligen Bedienungssystems (Verlustsystem) einschließlich des Indikators zur Ermittlung der Verlustwahrscheinlichkeit

Für das Ausgangssignal $x(t)$ bleibt die Bildungsregel unverändert. Betrachten wir nun die Ausgangssignale der Automaten A_2, U_1 und U_2. Das Ausgangssignal $y(t)$ des Automaten A_2 nimmt den Wert 1 an, wenn zum Zeitpunkt $t + 1$ der Bedienungskanal nicht besetzt ist oder frei wird. Anderenfalls wird $y(t) = 0$ gesetzt. Für die Ausgangssignale der Automaten U_1, U_2 wird vorausgesetzt, daß ihre Werte zu jedem Zeitpunkt mit den Zuständen der entsprechenden Automaten übereinstimmen. Aus diesem Grunde ist eine besondere Bezeichnung für diese Signale nicht notwendig. Daher muß das System der Ausgangsfunktionen von Beispiel 30 nur durch den Ausdruck

$$y(t) = \begin{cases} 1 & \text{für} \quad a_2(t) \leqq 1, \\ 0 & \text{für} \quad a_2(t) > 1 \end{cases}$$

ergänzt werden. Für das entwickelte Modell ergibt sich die Tabelle der bedingten Übergangsfunktionale in der Form:

<table>
<tr><td rowspan="2">A_1</td><td colspan="2">$a_1(t) > 1$</td><td colspan="2">$a_1(t) = 1$</td></tr>
<tr><td colspan="2">$a_1(t) - 1$</td><td colspan="2">ξ</td></tr>
<tr><td rowspan="2">A_2</td><td>$a_2(t) > 1$</td><td colspan="2">$a_2(t) \leqq 1 \wedge x(t) = 1$</td><td>$a_2(t) \leqq 1 \wedge x(t) = 0$</td></tr>
<tr><td>$a_2(t) - 1$</td><td colspan="2">η</td><td>0</td></tr>
<tr><td>U_1</td><td colspan="4">$u_1(t) + x(t)$</td></tr>
<tr><td>U_2</td><td colspan="4">$u_2(t) + x(t) [1 - y(t)]$</td></tr>
<tr><td>W</td><td colspan="4">$u_2(t) : \max \{1, u_1(t)\}$</td></tr>
</table>

Offensichtlich brauchen wir nur die letzten zwei Zeilen der Tabelle der bedingten Übergangsfunktionale zu erläutern. Um die Anzahl der Forderungen zu bestimmen, die im Zeitintervall $[0, t]$ verlorengegangen sind, d. h. zur Ermittlung von $u_2(t + 1)$, muß zur Anzahl der Forderungen, die im Zeitintervall $(0, t - 1)$ verlorengegangen sind, d. h. zu $u_2(t)$, dann und nur dann eine 1 hinzugefügt werden, wenn noch zum Zeitpunkt $t + 1$ eine Forderung hinzukommt und verlorengeht. Der Ankunft einer Forderung im Zeitpunkt $t + 1$ entspricht das Ereignis $x(t) = 1$. Diese Forderung geht nur dann verloren, wenn im Ankunftsmoment der Bedienungskanal besetzt ist, d. h., wenn $y(t) = 0$ bzw. $1 - y(t) = 1$ gilt. Folglich ist das Produkt $x(t) \big(1 - y(t)\big)$ nur dann gleich Eins, wenn zum alten Zustand des Automaten U_2 eine Eins hinzugefügt werden muß.

Grundlage für die Bestimmung des Funktionals für den Automaten W ist die Gleichung (18), wobei jedoch keine Grenzwertberechnung erfolgt. Setzt man den Anfangswert des Automaten U_1 gleich Null, so verliert offensichtlich diese Formel für die Berechnung von $w(1)$ ihren Sinn. Zu ihrer Erweiterung auf alle natürlichen Werte von t wird anstelle von $u_1(t)$ im Nenner des Funktionals der letzten Zeile der Tabelle der bedingten Übergangsfunktionale $\max \{1, u_1(t)\}$ gesetzt. Den Vektor der Anfangszustände des Modells erhalten wir durch Erweiterung des Vektors der Anfangszustände von Beispiel 30, indem wir zu seinen Komponenten die Nullwerte der Anfangszustände der Automaten U_1, U_2 und W hinzufügen.

Da die im Vergleich mit Beispiel 30 hinzugefügten Automaten des Indikators determiniert sind, ändert sich das System der Verteilungen der Zufallsgrößen nicht.

Betrachten wir an einem Zahlenbeispiel das zeitliche Verhalten des entwickelten Modells. Wir wollen annehmen, daß für die Zufallsgrößen ξ und η auf Grund der bekannten Verteilungsgesetze und in Übereinstimmung mit Abschnitt 2.2. die folgenden Realisierungen ermittelt wurden:

$$\xi = 3, 1, 1, 2, 1, 1, 1, 3, 2, 1, 2, 3, \ldots,$$

$$\eta = 2, 1, 1, 2, 1, 3, 1, 1, \ldots.$$

Als Vektor der Anfangswerte wählen wir: (1, 2, 0, 0, 0). Das zeitliche Verhalten des Modells wird in einer Tabelle angegeben, in der die Spalten den Automatenzuständen und den Signalwerten entsprechen, während die Zeilen den Zeitpunkten zugeordnet sind:

Automatenzeit	Automatenzustand[1])					Signal	
t	$a_1(t)$	$a_2(t)$	$u_1(t)$	$u_2(t)$	$w(t)$	$x(t)$	$y(t)$
0	1	2	0	0	0	1	0
1	3*	1	1	1	0	0	1
2	2	0	1	1	1	0	1
3	1	0	1	1	1	1	1
4	1*	2*	2	1	1	1	0
5	1*	1	3	2	0,50	1	1
6	2*	1*	4	2	0,66	0	1
7	1	0	4	2	0,50	1	1
8	1*	1*	5*	2	0,50	1	1
9	1*	2*	6	2	0,40	1	0
10	1*	1	7	3	0,33	1	1
11	3*	1*	8	3	0,43	0	1
12	2	0	8	3	0,37	0	1
13	1	0	8	3	0,38	1	1
14	2*	3*	9	3	0,38	0	0

In Abb. 25 ist das Verhalten der einzelnen Automaten des Modells in der Zeit dargestellt, wobei die einzelnen Werte mit denen in der Tabelle übereinstimmen.

Eine wesentliche Besonderheit muß bei der Ausfüllung der Tabelle beachtet werden. Jede folgende Zeile wird aus der vorhergehenden gebildet. Ist eine bestimmte Zeile bekannt, so hängt die folgende Zeile von allen vorhergehenden nicht ab. Diese Besonderheit entspricht der Markowschen Eigenschaft des Modells und ermöglicht uns, bei der Berechnung nur eine Zeile der Tabelle zu

[1]) Mit einem Stern wurden die Werte der Automatenzustände bezeichnet, die sich als Realisierungen der Zufallsgrößen ξ und η ergaben.

speichern. In jeder Zeile sind nicht nur die Automatenzustände, sondern auch die Ausgangssignale enthalten. Dabei wird jedes Ausgangssignal unabhängig von den anderen aus den bekannten Automatenzuständen berechnet.

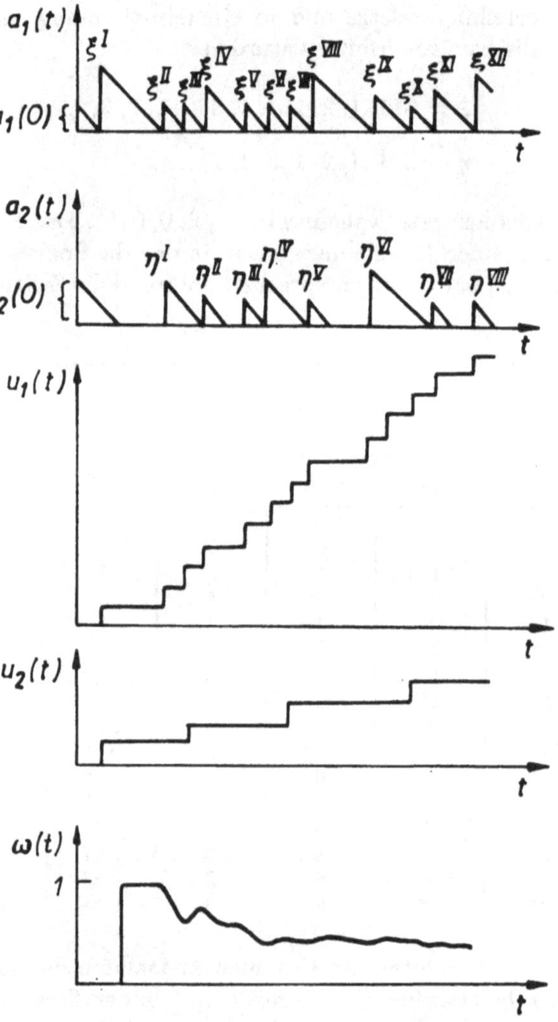

Abb. 25. Gemeinsames Verhalten der Automaten

Diese Vorstellungen ermöglichen es, einen ausreichend allgemeinen Simulationsalgorithmus zu formulieren, der in den weiteren Untersuchungen verwendet wird. Alle später betrachteten Modelle werden mit einem derartigen Algorithmus untersucht. In den operativen Speicher der Maschine führen wir drei Blöcke α_1, α_2, α_3 ein. Die Ermittlung der in der Tabelle angegebenen Werte, die das

Verhalten der Automaten als Modell des betrachteten Systems bzw. den Prozeß der Simulation des Systemverhaltens widerspiegeln, kann man als eine standardisierte Folge von Operationen darstellen:

1. Speicherung des Vektors der Anfangszustände im Block α_1.
2. Berechnung der Werte der Ausgangssignale mit Hilfe des Systems der Ausgangsfunktionen auf Grund der im Block α_1 enthaltenen Informationen und ihre Speicherung im Block α_2.
3. Berechnung der „neuen“ Zustände der Automaten mit Hilfe der Tabelle der bedingten Übergangsfunktionale auf Grund der in den Blöcken α_1 und α_2 enthaltenen Informationen und ihre Speicherung im Block α_3.
4. Übertragung der im Block α_3 enthaltenen Information in den Block α_1.
5. Übergang zur Operation 2 des vorliegenden Algorithmus.

Die aufgezählte Folge von Operationen stellt den betrachteten Simulationsalgorithmus dar. Man kann ihn in folgendem Blockschaltbild veranschaulichen:

→1. Speicherung des Vektors der Anfangszustände in α_1 →2. Berechnung der Ausgangssignale (Block α_2) →3. Berechnung der „neuen“ Zustände der Automaten (Block α_3)

↓

4. Übertragung der Information aus α_3 in α_1.

Die wiederholte Durchführung des aus den Operationen 2, 3, 4, 5 bestehenden Zyklus ermöglicht die Berechnung der Zustände des Systems von Automaten. Diesen Zyklus bezeichnen wir als elementar. Im weiteren wird bei der Betrachtung der Modelle komplizierter Systeme der Algorithmus des elementaren Zyklus wesentlich komplizierter. In den Algorithmus werden Unterprogramme zur Berechnung von Zwischengrößen eingeschaltet.

Die Bezeichnung T gibt die Anzahl der aufeinanderfolgenden elementaren Zyklen an, in deren Verlauf das Systemverhalten simuliert wird. In der Praxis kann das Systemverhalten bei der Modellierung nicht in einem unendlichen Intervall realisiert werden. In jedem Fall werden wir uns auf eine ausreichend große Zahl T von auf der Maschine realisierten elementaren Zyklen beschränken müssen. Dabei werden die Werte der nicht zufälligen Kenngrößen um so genauer (im betrachteten Beispiel die Verlustwahrscheinlichkeiten), je größer T ist.

Den aus einer T-fachen Wiederholung des elementaren Zyklus bestehenden Zyklus bezeichnen wir als den grundlegenden Zyklus. Die Anzahl T der elementaren Zyklen gibt die Länge des grundlegenden Zyklus an. Bezeichnet man mit τ die für einen elementaren Zyklus benötigte Automatenzeit, so gibt das Produkt τT die reale Modellierungszeit an. Wird im betrachteten Beispiel $\tau = 1$ min angenommen und beträgt die Anzahl der Realisierungen des elementaren Zyklus auf dem Rechner 10000, so ergibt sich für die reale Modellierungszeit $\Theta = \tau T = 10000$ min $= 6$ Tage 22 h 4 min.

Beispiel 32. Betrachten wir den Fall, daß die Forderungen, die in das System eintreffen und den Bedienungskanal besetzt vorfinden, nicht das System verlassen, sondern eine Warteschlange bilden, d. h. einer Verzögerung unterliegen. Die Zeitintervalle zwischen den Eintrittsmomenten aufeinanderfolgender Forderungen sind voneinander unabhängige Zufallsgrößen mit der gleichen Verteilung. Man kann sie als Realisierungen einer Zufallsgröße ξ betrachten. Dieselbe Voraussetzung möge auch für die Bedienungsdauer erfüllt sein, die wir als Realisierung der Zufallsgröße η auffassen. Dabei wird die Warteschlange als unbegrenzt angenommen.

Zur vollständigen Bestimmung des Systems müssen drei Zeitkenngrößen angegeben werden. Man kann sie in der folgenden Weise auswählen:

1. Zeitintervall vom Zeitpunkt t bis zu dem Moment, in dem eine weitere Forderung eintrifft.
2. Zeitintervall vom Zeitpunkt t bis zum Moment der Beendigung der Bearbeitung derjenigen Forderung, die bereits im Moment t bedient wurde.
3. Anzahl der Forderungen, die in der Warteschlange zum Zeitpunkt t warten.

Offensichtlich bilden diese drei Kenngrößen ein Markowsches Vektorsystem. Damit können wir das System aus drei Automaten A_1, A_2 und A_3 entwickeln, deren Zustände mit den drei zeitlichen Kenngrößen übereinstimmen. Wir wollen annehmen, daß, falls das Ausgangssignal $x_1(t)$ des Automaten A_1 den Wert 1 annimmt, nach einer Zeiteinheit (zum Zeitpunkt $t + 1$) die nächste Forderung eintrifft. Weiterhin gilt $x_2(t) = 1$ nur für den Fall, daß der Bedienungskanal im Moment t frei ist oder zum Zeitpunkt $t + 1$ frei wird. Das Ausgangssignal $x_3(t)$ ist gleich 1, wenn zum Zeitpunkt t in der Schlange Forderungen enthalten sind.

Bei einer derartigen Auswahl der Automatenzustände und der Werte der Ausgangssignale kann man das System der Ausgangsfunktionen folgendermaßen darstellen:

	1
$x_1(t)$	$a_1(t) \leqq 1$
$x_2(t)$	$a_2(t) \leqq 1$
$x_3(t)$	$a_3(t) > 0$

Der Strukturgraph des Modells ist in Abb. 26 dargestellt.

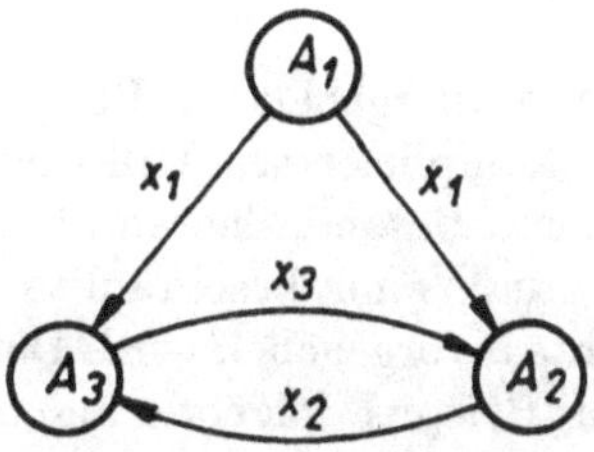

Abb. 26. Strukturgraph des Modells eines Systems mit Warteschlange

Die Alphabetmatrix ergibt sich in der Form:

P	D	D
$\varnothing$	N	D
$\varnothing$	D	N

Die Tabelle der bedingten Übergangsfunktionale kann man folgendermaßen angeben:

A_1	$a_1(t) > 1$	$a_1(t) \leqq 1$	
	$a_1(t) - 1$	ξ	
A_2	$a_2(t) > 1$	$a_2(t) \leqq 1 \wedge x_1(t) + x_3(t) > 0$	$a_2(t) \leqq 1 \wedge x_1(t) + x_2(t) = 0$
	$a_2(t) - 1$	η	0
A_3	$\max\{0, a_3(t) + x_1(t) - x_2(t)\}$		

Als Vektor der Anfangszustände wählen wir drei beliebige Zahlen, von denen die erste eine positive ganze Zahl, die zweite und die dritte eine natürliche Zahl sein müssen. Eine Ausnahme bildet ein Zahlentripel, für das bei beliebiger erster Zahl die zweite gleich Null ist, während die dritte von Null verschieden ist. Der Sinn dieser Ausnahme ist offensichtlich: sind in der Schlange Forderungen enthalten, kann der Bedienungskanal nicht stillstehen.

Das Verhalten des betrachteten Systems wird von zwei unabhängigen Zufallsgrößen ξ und η beeinflußt. Aus diesem Grunde müssen die Verteilungen der Zufallsgrößen angegeben werden.

Beispiel 33. Die in den vorhergehenden Beispielen angeführten einfachen Situationen kann man auf kompliziertere Fälle erweitern. Zu diesem Zweck wollen wir im Modell zwei neue Besonderheiten abbilden, und zwar einen komplizierteren Eingangsstrom und eine beschränkte Warteschlange, wobei die Schranke durch eine Konstante k vorgegeben wird. Den komplizierteren Eingangsstrom kann man in diesem Beispiel folgendermaßen darstellen: In zufälligen gegenseitig unabhängigen Zeitintervallen ξ treten Gruppen von Forderungen ein, in denen die Anzahl der Forderungen ζ zufällig ist. Wenn die Warteschlangenlänge zu einem bestimmten Zeitpunkt die Größe k erreicht, so gehen alle weiterhin eintretenden Forderungen verloren.

Offensichtlich ergeben sich gegenüber dem Modell von Beispiel 32 die folgenden Unterschiede:

1. Für die letzte Zeile der Tabelle der bedingten Übergangsfunktionale gilt

$$a_3(t+1) = \min\left\{k, \max\{0, a_3(t) + \zeta x_1(t) - x_2(t)\}\right\};$$

2. Es werden Informationen über die funktionale Form und die Parameter der Verteilung der ganzzahligen Zufallsgröße ζ hinzugefügt.

5.2. Systeme mit mehreren Kanälen und mehrphasige Systeme

Betrachten wir zwei Beispiele zur Modellierung von Bedienungssystemen mit mehreren Bedienungskanälen. Im Beispiel 34 untersuchen wir ein mehrkanaliges Bedienungssystem (parallele Bedienung), wobei in mehreren Kanälen gleichzeitig homogene Operationen ausgeführt werden können. In Beispiel 35 wird ein mehrphasiges Bedienungssystem (aufeinanderfolgende Bedienung) modelliert. Die unterschiedlichen Bedienungselemente führen dabei unterschiedliche Operationen in der Reihenfolge der technologischen Bearbeitung aus.

Beispiel 34. Es wird angenommen, daß vier Bedienungskanäle gegeben sind, die für die eintreffenden Forderungen vollständig zugänglich sind. Die Zeitintervalle zwischen den aufeinanderfolgenden Ankünften der Forderungen am Eingang des Systems nehmen wir als Realisierungen einer Zufallsgröße ξ_1 mit vorgegebener Verteilung an. Die Bedienungszeiten in den Bedienungskanälen ergeben sich als Realisierungen der folgenden Zufallsgrößen: 1. Kanal ξ_3, 2. Kanal ξ_4, 3. Kanal ξ_5 und 4. Kanal ξ_6. Diese Zufallsgrößen werden als unabhängige ganzzahlige Zufallsgrößen vorausgesetzt. Ihre Verteilungsfunktionen seien bekannt. Ziel der Untersuchung ist die Ermittlung des Erwartungswertes und der Dispersion der Warteschlangenlänge.

Als Modell ergibt sich ein System stochastischer Automaten (γ, Γ), wobei die Menge γ aus 12 Automaten $A_k(k = \overline{1,12})$ besteht, von denen die sechs letzten Automaten $A_k(k = \overline{7,12})$ den Indikator bilden. Wir geben den Zuständen der Automaten die folgende Bedeutung:

$a_1(t)$ — Zeitintervall vom Zeitpunkt t bis zum Moment der Ankunft der nächsten Forderung am Eingang des Systems;

$a_2(t)$ — Anzahl der Forderungen, die zum Zeitpunkt t auf Bedienung warten;

$a_3(t)$ — Zeitintervall vom Zeitpunkt t bis zum Moment der Beendigung der Bedienung im ersten Kanal;

$a_4(t)$ — Zeitintervall vom Zeitpunkt t bis zum Moment der Beendigung der Bedienung im zweiten Kanal;

$a_5(t)$ — Zeitintervall vom Zeitpunkt t bis zum Moment der Beendigung der Bedienung im dritten Kanal;

$a_6(t)$ — Zeitintervall vom Zeitpunkt t bis zum Moment der Beendigung der Bedienung im vierten Kanal;

$a_7(t)$ — Summe der Warteschlangenlängen vom Beginn der Untersuchung des Systems bis zum Zeitpunkt $t - 1$;

$a_8(t)$ — Summe der Quadrate der Warteschlangenlängen für den gleichen Zeitraum;

$a_9(t)$ — genäherter Erwartungswert der Warteschlangenlängen, der durch Mittelung über das Intervall vom Beginn der Untersuchung bis zum Moment $t - 2$ erhalten wurde;

$a_{10}(t)$ — genäherter quadratischer Erwartungswert der Warteschlangenlängen im Intervall $[0, t - 2]$;

$a_{11}(t)$ — genäherter Wert der Dispersion der Warteschlangenlängen, erhalten im Intervall $[0, t - 3]$;

$a_{12}(t)$ — Größe des Zeitintervalls vom Beginn der Untersuchung des Systems.

Bezeichnet man mit dem Symbol $\varnothing$ die aus einem einzigen Element und mit D die aus den zwei Symbolen (0, 1) bestehende Menge sowie mit P die Menge der positiven ganzen Zahlen, mit N die Menge der natürlichen Zahlen und mit R die Menge der nichtnegativen rationalen Zahlen, so ergibt sich die Alphabetmatrix des Systems stochastischer Automaten in der Form:

	1	2	3	4	5	6	7	8	9	10	11	12
1	P	D	D	D	D	D	∅	∅	∅	∅	∅	∅
2	∅	N	D	D	D	D	N	N	∅	∅	∅	∅
3	∅	D	N	D	D	D	∅	∅	∅	∅	∅	∅
4	∅	D	∅	N	D	D	∅	∅	∅	∅	∅	∅
5	∅	D	∅	∅	N	D	∅	∅	∅	∅	∅	∅
6	∅	D	∅	∅	∅	N	∅	∅	∅	∅	∅	∅
7	∅	∅	∅	∅	∅	∅	N	∅	N	∅	∅	∅
8	∅	∅	∅	∅	∅	∅	∅	N	∅	N	∅	∅
9	∅	∅	∅	∅	∅	∅	∅	∅	R	∅	R	∅
10	∅	∅	∅	∅	∅	∅	∅	∅	∅	R	R	∅
11	∅	∅	∅	∅	∅	∅	∅	∅	∅	∅	R	∅
12	∅	∅	∅	∅	∅	∅	∅	∅	N	N	∅	N

Eine anschauliche qualitative Darstellung der Beziehungen zwischen den Automaten des Systems erhält man durch die in Abb. 27 gegebene Darstellung.

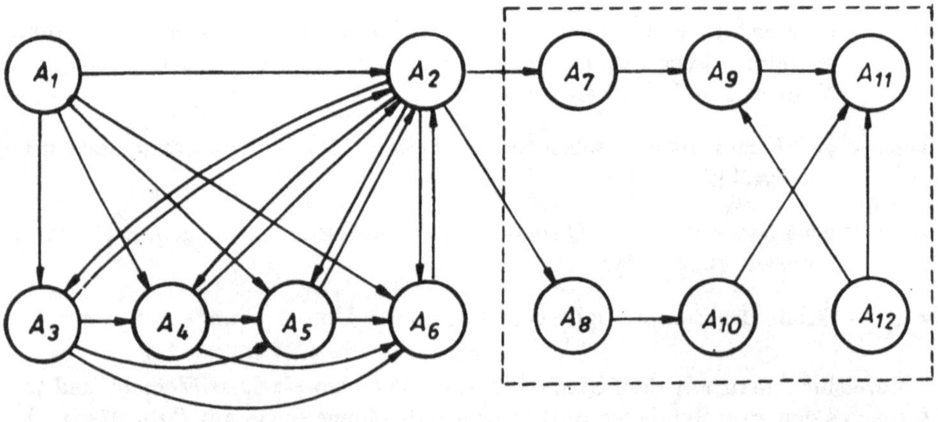

Abb. 27. Strukturgraph des Modells zur Simulation des Verhaltens eines mehrkanaligen Wartesystems

Die Tabelle der bedingten Übergangsfunktionale des Modells besitzt das Aussehen:

A_1	$a_1(t) > 1$	$a_1(t) \leqq 1$	
	$a_1(t) - 1$	ξ_1	
A_2	I		
	$\max\{0, a_2(t) + x_{12}(t) - x_{32}(t) - x_{42}(t) - x_{52}(t) - x_{62}(t)\}$		
A_3	$a_3(t) > 1$	$a_3(t) \leqq 1 \wedge x_{13} + x_{23} \leqq 0$	$a_3(t) \leqq 1 \wedge x_{13} + x_{23} > 0$
	$a_3(t) - 1$	0	ξ_3
A_4	$a_4(t) > 1$	$a_4(t) \leqq 1 \wedge x_{14} + x_{24} - x_{34} \leqq 0$	$a_4(t) \leqq 1 \wedge x_{14} + x_{24} - x_{34} > 0$
	$a_4(t) - 1$	0	ξ_4
A_5	$a_5(t) > 1$	$a_5(t) \leqq 1 \wedge x_{15} + x_{25} - x_{35} - x_{45} \leqq 0$	$a_5(t) \leqq 1 \wedge x_{15} + x_{25} - x_{35} - x_{45} > 0$
	$a_5(t) - 1$	0	ξ_5
A_6	$a_6(t) > 1$	$a_6(t) \leqq 1 \wedge x_{16} + x_{26} - x_{36} - x_{46} - x_{56} \leqq 0$	$a_6 \leqq 1 \wedge x_{16} + x_{26} - x_{36} - x_{46} - x_{56} > 0$
	$a_6(t) - 1$	0	ξ_6
A_7	I		
	$a_7(t) + x_{27}(t)$		
A_8	I		
	$a_8(t) + x_{28}^2(t)$		
A_9	I		
	$x_{7,9}(t) : \max\{1, x_{12,9}(t)\}$		
A_{10}	I		
	$x_{8,10}(t) : \max\{1, x_{12,10}(t)\}$		
A_{11}	I		
	$x_{10,11}(t) - x_{9,11}^2(t)$		
A_{12}	I		
	$a_{12}(t) + 1$		

Als Anfangszustände der Automaten des Systems werden vorgegeben:

a_1	a_2	a_3	a_4	a_5	a_6	a_7	a_8	a_9	a_{10}	a_{11}	a_{12}
1	3	8	3	6	4	0	0	0	0	0	0

Die Ausgangsfunktionen des Systems von Automaten können folgendermaßen angegeben werden:

1	2, 3, 4, 5, 6	$a_1(t) = 1$
2	3, 4, 5, 6,	$a_2(t) > 0$
3	2, 4, 5, 6	$a_3(t) \leqq 1$
4	2, 5, 6	$a_4(t) \leqq 1$
5	2, 6	$a_5(t) \leqq 1$
6	2	$a_6(t) \leqq 1$

Hierbei sind in der ersten Spalte die Nummern der Automaten angegeben, die die Signale realisieren. Die Nummern der Automaten, die diese Signale erhalten, stehen in der zweiten Spalte. In der dritten Spalte sind schließlich die Bedingungen enthalten, für die dieses Signal den Wert 1 annimmt. Für alle übrigen Signale, deren Alphabete aus mehr als einem Element bestehen, wird angenommen, daß sie mit den Zuständen der entsprechenden Automaten übereinstimmen.

Beispiel 35. Es wird vorausgesetzt, daß am Eingang des betrachteten Bedienungssystems Gruppen von Forderungen eintreffen. Die Zeitintervalle zwischen den Eintrittsmomenten der aufeinanderfolgenden Gruppen sind wiederum ganzzahlige unabhängige Zufallsgrößen mit gleicher Verteilung, die als Realisierungen einer Zufallsgröße ξ_1 mit einer Verteilung $\{p_i^{(1)}\}$ $(i = 1, 2, \ldots)$ angenommen werden.

Die Anzahlen der in den Gruppen enthaltenen Forderungen stellen ebenfalls ganzzahlige voneinander unabhängige Zufallsgrößen mit der gleichen Verteilung dar. Sie werden als Realisierungen der Zufallsgröße ξ_2 mit der Verteilung $\{p_i^{(2)}\}$ $(i = 1, 2, \ldots)$ angesehen.

Das Bedienungssystem möge aus drei Phasen bestehen. Jede eintreffende Forderung wird nacheinander in jeder dieser Phasen bedient. Die Bedienungsdauer stellt in jeder Phase eine ganzzahlige unabhängige Zufallsgröße dar. Die Bedienungsdauer sei in der ersten Etappe eine Zufallsgröße ξ_3 mit einer Verteilung $\{p_i^{(3)}\}$ $(i = 1, 2, \ldots)$, in der zweiten Etappe eine Zufallsgröße ξ_5 mit einer Verteilung $\{p_i^{(5)}\}$ $(i = 1, 2, \ldots)$ und in der dritten Etappe eine Zufallsgröße ξ_7 mit einer Verteilung $\{p_i^{(7)}\}$ $(i = 1, 2, \ldots)$. Das System besitzt eine stationäre Verteilung der Zustände, wenn die Bedingung

$$M\xi_2 < M\xi_1 \min \{1/M\xi_3, 1/M\xi_5, 1/M\xi_7\}$$

erfüllt ist.

Die Kosten für die Bedienung einer Forderung im Verlauf eines Einheitsintervalls betragen in der ersten Phase Δ_1, in der zweiten Phase Δ_2 und in der dritten Phase Δ_3. Entsprechend sind die Kosten für den Stillstand eines Abonnenten im Verlauf eines Einheitsintervalls in der ersten Phase δ_1, in der zweiten Phase δ_2 und in der dritten Phase δ_3. Gesucht ist der Erwartungswert der Gesamtkosten pro Zeiteinheit.

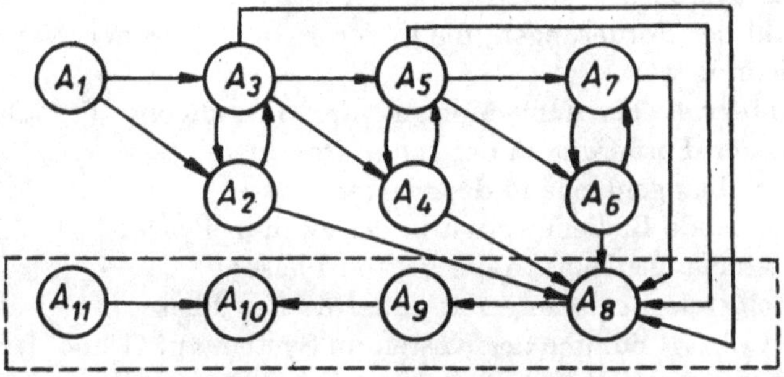

Abb. 28. Strukturgraph des Modells zur Simulation des Verhaltens eines mehrphasigen Systems

Das beschriebene Bedienungssystem ermöglicht eine Darstellung als System stochastischer Automaten. Der Graph ist in Abb. 28 dargestellt. Die Alphabetmatrix ergibt sich in der Form:

	1	2	3	4	5	6	7	8	9	10	11
1	*P*	*D*	*D*	∅	∅	∅	∅	∅	∅	∅	∅
2	∅	*N*	*D*	∅	∅	∅	∅	*N*	∅	∅	∅
3	∅	*D*	*N*	*D*	*D*	∅	∅	*D*	∅	∅	∅
4	∅	∅	∅	*N*	*D*	∅	∅	*N*	∅	∅	∅
5	∅	∅	∅	*D*	*N*	*D*	*D*	*D*	∅	∅	∅
6	∅	∅	∅	∅	∅	*N*	*D*	*N*	∅	∅	∅
7	∅	∅	∅	∅	∅	*D*	*N*	*D*	∅	∅	∅
8	∅	∅	∅	∅	∅	∅	∅	*C*	*C*	∅	∅
9	∅	∅	∅	∅	∅	∅	∅	∅	*C*	*C*	∅
10	∅	∅	∅	∅	∅	∅	∅	∅	∅	*C*	∅
11	∅	∅	∅	∅	∅	∅	∅	∅	∅	*N*	*N*

Dabei wurden folgende Bezeichnungen verwendet:

D — binäres Alphabet; P — Menge der positiven ganzen Zahlen;
N — Menge der natürlichen Zahlen; C — Menge der nichtnegativen Zahlen.

In der Alphabetmatrix wurden die Automaten $A_k(k = \overline{1, 11})$ durch ihre Ordnungsnummern ersetzt.

Zu jedem Zeitpunkt haben die Automatenzustände des Systems folgende Bedeutung:

$a_1(t)$ — Zeitintervall bis zum Eintreffen der nächsten Gruppe von Forderungen in das System;
$a_2(t)$ — Anzahl der Forderungen, die in der ersten Phase der Warteschlange auf Bedienung warten;
$a_3(t)$ — Zeitintervall bis zum Moment der Beendigung der Bedienung der laufenden Forderung in der ersten Phase;
$a_4(t)$ — Warteschlangenlänge in der zweiten Phase;
$a_5(t)$ — verbleibende Bedienungszeit in der zweiten Phase;
$a_6(t)$ — Warteschlangenlänge in der dritten Phase;
$a_7(t)$ — verbleibende Bedienungszeit in der dritten Phase;
$a_8(t)$ — ($t = 1, 2, \ldots$) Summe der Kosten im System auf Grund der Wartezeit in der Schlange und der Bedienung im Zeitintervall vom Moment $t - 1$ bis zum Moment t;
$a_9(t)$ — ($t = 2, 3, \ldots$) Summe der Kosten im System auf Grund der Wartezeit in der Schlange und der Bedienung im Zeitintervall vom Moment 0 bis zum Moment $t - 1$;
$a_{10}(t)$ — ($t = 3, 4, \ldots$) angenäherter Erwartungswert der Summe der Kosten für das System pro Zeiteinheit, erhalten durch Mittelung im Zeitintervall von $t - 1$ bis t;
$a_{11}(t)$ — ($t = 0, 1, 2, \ldots$) Zeitintervall vom Anfang der Untersuchung des Systems.

Die Ausgangsfunktionen können folgendermaßen angegeben werden:

	1	0		1	0
x_{12}	$a_1 = 1$	$a_1 \neq 1$	x_{56}	$a_5 = 1$	$a_5 \neq 1$
x_{13}	$a_1 = 1$	$a_1 \neq 1$	x_{57}	$a_5 = 1$	$a_5 \neq 1$
x_{23}	$a_2 > 0$	$a_2 = 0$	x_{67}	$a_6 > 0$	$a_6 = 0$
x_{32}	$a_3 \leqq 1$	$a_3 > 1$	x_{76}	$a_7 \leqq 1$	$a_7 > 1$
x_{34}	$a_3 = 1$	$a_3 \neq 1$	x_{38}	$a_3 > 0$	$a_3 = 0$
x_{35}	$a_3 = 1$	$a_3 \neq 1$	x_{58}	$a_5 > 0$	$a_5 = 0$
x_{45}	$a_4 > 0$	$a_4 = 0$	x_{78}	$a_7 > 0$	$a_7 = 0$
x_{54}	$a_5 \leqq 1$	$a_5 > 1$			

Die Ausgangsfunktionen der übrigen Signale stimmen mit den Zuständen der entsprechenden Automaten überein. Für die Tabelle der bedingten Übergangsfunktionale ergibt sich:

<table>
<tr><td rowspan="2">A_1</td><td colspan="3">$a_1 > 1$</td><td colspan="3">$a_1 \leqq 1$</td></tr>
<tr><td colspan="3">$a_1 - 1$</td><td colspan="3">ξ_1</td></tr>
<tr><td rowspan="2">A_2</td><td colspan="2">$x_{12} = 0 \wedge a_2 > x_{32}$</td><td colspan="2">$x_{12} = 0 \wedge a_2 \leqq x_{32}$</td><td colspan="2">$x_{12} = 1$</td></tr>
<tr><td colspan="2">$a_2 - x_{32}$</td><td colspan="2">0</td><td colspan="2">$a_2 + \xi_2 - x_{32}$</td></tr>
<tr><td rowspan="2">A_3</td><td colspan="2">$a_3 > 1$</td><td colspan="2">$a_3 \leqq 1 \wedge x_{13} + x_{23} > 0$</td><td colspan="2">$a_3 \leqq 1 \wedge x_{13} + x_{23} = 0$</td></tr>
<tr><td colspan="2">$a_3 - 1$</td><td colspan="2">ξ_3</td><td colspan="2">0</td></tr>
<tr><td rowspan="2">A_4</td><td colspan="2">$x_{34} = 0 \wedge a_4 > x_{54}$</td><td colspan="2">$x_{34} = 0 \wedge a_4 \leqq x_{54}$</td><td colspan="2">$x_{34} = 1$</td></tr>
<tr><td colspan="2">$a_4 - x_{54}$</td><td colspan="2">0</td><td colspan="2">$a_4 + x_{34} - x_{54}$</td></tr>
<tr><td rowspan="2">A_5</td><td colspan="2">$a_5 > 1$</td><td colspan="2">$a_5 \leqq 1 \wedge x_{35} + x_{45} > 0$</td><td colspan="2">$a_5 \leqq 1 \wedge x_{35} + x_{45} = 0$</td></tr>
<tr><td colspan="2">$a_5 - 1$</td><td colspan="2">ξ_5</td><td colspan="2">0</td></tr>
<tr><td rowspan="2">A_6</td><td colspan="2">$x_{56} = 0 \wedge a_6 > x_{76}$</td><td colspan="2">$x_{56} = 0 \wedge a_6 \leqq x_{76}$</td><td colspan="2">$x_{56} = 1$</td></tr>
<tr><td colspan="2">$a_6 - x_{76}$</td><td colspan="2">0</td><td colspan="2">$a_6 + x_{56} - x_{76}$</td></tr>
<tr><td rowspan="2">A_7</td><td colspan="2">$a_7 > 1$</td><td colspan="2">$a_7 \leqq 1 \wedge x_{57} + x_{67} > 0$</td><td colspan="2">$a_7 \leqq 1 \wedge x_{57} + x_{67} = 0$</td></tr>
<tr><td colspan="2">$a_7 - 1$</td><td colspan="2">ξ_7</td><td colspan="2">0</td></tr>
<tr><td rowspan="2">A_8</td><td colspan="6">I</td></tr>
<tr><td colspan="6">$\delta_1 x_{28} + \Delta_1 x_{38} + \delta_2 x_{48} + \Delta_2 x_{58} + \delta_3 x_{68} + \Delta_3 x_{78}$</td></tr>
<tr><td rowspan="2">A_9</td><td colspan="6">I</td></tr>
<tr><td colspan="6">$a_9 + x_{89}$</td></tr>
<tr><td rowspan="2">A_{10}</td><td colspan="3">$x_{11,10} \leqq 1$</td><td colspan="3">$x_{11,10} > 1$</td></tr>
<tr><td colspan="3">0</td><td colspan="3">$x_{9,10} : (x_{11,10} - 1)$</td></tr>
<tr><td rowspan="2">A_{11}</td><td colspan="6">I</td></tr>
<tr><td colspan="6">$a_{11} + 1$</td></tr>
</table>

Offensichtlich sind die Automaten 1 bis 7, die ein Modell des Bedienungssystems (ohne Indikator) darstellen, Automaten mit homogenem Zuwachs der Zustände [6]. Die Automaten 4, 6 und 8 bis 11 sind determiniert. Das endgültige Ergebnis, d. h. der Zustand des Automaten A_{10}, wird ausgedruckt.

5.3. Modelle mit Blockierung

In der Praxis sind die aktiven und passiven Verzögerungen der Forderungen innerhalb ökonomischer Systeme sowie im Prozeß ihres Funktionierens in der Regel mit dem Einfluß verschiedenartiger spezifischer Besonderheiten begleitet: Blockierung, Reservierung und andere. Betrachten wir die Beschreibung von Modellen mit derartigen Besonderheiten. Dabei wollen wir auch auf die Entwicklung der Indikatoren eingehen, die zur Bestimmung verschiedenartiger Modellkenngrößen dienen.

Beispiel 36. Wir wollen zwei Besonderheiten des Systems abbilden: Blockierung im Bedienungskanal und Blockierung der eintreffenden Forderungen. Das Modell eines derartigen Systems kann man als eine Verallgemeinerung des in Beispiel 32 betrachteten einkanaligen Bedienungssystems mit Warteschlange ansehen. Von allen möglichen Verfahren zur Blockierung wählen wir die folgenden aus.

Blockierung des Eingangsstroms der Forderungen

Zu jedem Zeitpunkt t, in dem auf den Eingangsstrom keine Blockierung einwirkt, kann im Verlauf eines Zeitintervalles der zufälligen Länge γ mit der Wahrscheinlichkeit p $(0 < p < 1)$ dieser Strom blockiert oder mit der Wahrscheinlichkeit des komplementären Ereignisses nicht blockiert werden. Wir bezeichnen mit τ eine binäre Zufallsgröße mit der Verteilung $\{1 - p, p\}$. Wenn die Blockierung aufhört, auf den Eingangsstrom zu wirken, tritt die laufende Forderung ein, und das System funktioniert wieder normal.

Blockierung des Bedienungskanals

Die Blockierung (Ausfall) erfolgt nach einer zufälligen Anzahl β von Arbeitszeiteinheiten durch den Bedienungskanal. Die Stillstandszeit geht in diese Größe nicht mit ein. Nach dem Ausfall des Kanals wird im Verlauf des zufälligen Zeitintervalles α eine Erneuerung (Reparatur) durchgeführt. Danach kann die Bedienung der Forderung fortgesetzt werden, die im Moment des Ausfalls des Kanals unterbrochen wurde.

Wir wollen den Erwartungswert des Stillstandsintervalles des Bedienungskanals bei fehlender Blockierung (im arbeitsfähigen Zustand) ermitteln. Es ist zu bemerken, daß infolge der Möglichkeit des Ausfalls des Kanals im Arbeitszustand jedes dieser Zeitintervalle entweder mit dem Eintritt einer neuen Forderung in das System oder mit dem Beginn der Blockierung des Bedienungskanals enden kann.

Der grundlegende Bestandteil des Modells sind sechs Automaten $A_1, A_2, \ldots, A_6$. Die drei Automaten des Indikators bezeichnen wir mit U_1, U_2 und U_3. Wie immer beginnen wir bei der Modellbildung mit der Festlegung der Bedeutung der Automatenzustände:

$a_1(t)$ — Zeitintervall, das bis zum Moment des Eintretens der nächsten Forderung verbleibt;

$a_2(t)$ — Zeitintervall, das vom Moment t bis zum Moment der Beendigung der Bedienung der laufenden Forderung verbleibt. Dabei wird vorausgesetzt, daß im Moment t eine bestimmte Forderung vorhanden war, die zur Bedienung gelangte, unabhängig davon, ob der Bedienungskanal im gegebenen Moment arbeitsfähig ist. Anderenfalls gilt $a_2(t) = 0$;

$a_3(t)$ — Anzahl der Forderungen, die zum Zeitpunkt t auf Bedienung warten;

$a_4(t)$ — Zeitintervall, das vom Moment t bis zum Moment der Beendigung der Blockierung des Eingangsstroms verbleibt, wenn überhaupt in diesem Moment eine Blockierung wirkt. Im anderen Fall gilt $a_4(t) = 0$;

$a_5(t)$ — Wert der quantitativen Komponenten der Blockierung des Bedienungskanals zum Zeitpunkt t. Wirkt zu diesem Zeitpunkt die Blockierung, so gilt $a_5(t) = 1$, sonst $a_5(t) = 0$;

$a_6(t)$ — Wert der quantitativen Komponente der Blockierung des Bedienungskanals zum Zeitpunkt t, d. h. Zeitintervall vom Moment t bis zum Moment der nächsten Änderung des qualitativen Zustands der Blockierung des Kanals;

$u_1(t)$ — summarische Stillstandszeit des Bedienungssystems im arbeitsfähigen Zustand für ein Zeitintervall vom Beginn des Funktionierens des Modells bis zum Moment t;

$u_2(t)$ — die für das gleiche Zeitintervall angesammelte Anzahl der Stillstandsintervalle des Bedienungskanals;

$u_3(t)$ — angenäherter Erwartungswert der Stillstandsdauer des Bedienungskanals im arbeitsfähigen Zustand. Dieser Wert wird durch Mittelung im Zeitintervall $(0, t - 1)$ erhalten.

Eine derartige Festlegung des Automaten wollen wir mit den nachstehenden Bemerkungen erläutern:

1. Entsprechend der für die Aufgabe getroffenen Annahme tritt in dem Moment, in dem die Blockierung des Eingangsstroms aufhört zu wirken, in das System eine laufende Forderung ein. Damit wird bei vorhandener Blockierung das Zeitintervall bis zum Eintreten der nächsten Forderung durch den Zustand des Automaten A_4 und nicht durch den Zustand von A_1 bestimmt. Offensichtlich hat im betrachteten Fall der Zustand des Automaten A_1 keine Bedeutung und kann beliebig gewählt werden.

2. Es wurde weiterhin angenommen, daß eine Blockierung zu jedem Zeitpunkt, in dem der Eingangsstrom nicht blockiert ist, mit der gleichen Wahrscheinlich-

keit eintreten kann. Zur Beschreibung der Blockierung wählen wir eine Zeitkenngröße. Diese Kenngröße kann folgendermaßen vorgegeben werden: Zum Zeitpunkt, in dem die Blockierung beginnt, stimmt die Kenngröße mit der Länge des Zeitintervalls bis zur Beendigung der Blockierung überein. Im anderen Fall ist die Kenngröße gleich Null. Zu diesem Zweck wird im Modell der Zustand des Automaten A_4 verwendet. Anders verhält es sich jedoch mit der Blockierung des Bedienungskanals. In diesem Fall ist die Wirkung der Blockierung davon abhängig, wieviel Zeit seit dem Beginn der Blockierung bzw. dem Moment der Beendigung der Blockierung vergangen ist. Für eine vollständige Beschreibung der Blockierung des Bedienungskanals benötigen wir zwei Zeitkenngrößen: Eine qualitative und eine quantitative Kenngröße, die im betrachteten Modell durch die Automaten A_5 und A_6 realisiert werden.

3. Zu jedem Zeitpunkt befindet sich der Bedienungskanal, falls er arbeitsfähig ist, entweder im Arbeitszustand oder im Zustand des Stillstands. Im anderen Fall ist er ausgefallen (Blockierung). Uns interessieren im weiteren nur die Zeitintervalle des Stillstands des Bedienungskanals im arbeitsfähigen Zustand. Diese Intervalle sind ganzzahlig. Während der Zeit, in der das Modell funktioniert, hat der Automat U_1 die Aufgabe, die Anzahl der Zeiteinheiten zu summieren, in denen sich der Bedienungskanal im arbeitsfähigen Zustand befindet. Im Unterschied dazu summiert der Automat U_2 die Zahl der Zeitintervalle, in denen sich der Kanal kontinuierlich in diesem Zustand befindet.

Aus den Bedingungen der Aufgabe ist bislang nicht klar, was mit einer Forderung geschieht, die in dem Moment der Blockierung des Bedienungskanals eintraf, wobei sich im System keine Forderung (insbesondere auch keine in der Bedienung) befindet. Es ist zu entscheiden, ob in diesem Fall die Forderung in der Warteschlange bis zum Aufhören der Blockierung wartet oder ob die Forderung in den Bedienungskanal eintritt und dort wartet. Werden diese Fälle unter einheitlichen Gesichtspunkten untersucht, so kann man sie nicht unterscheiden, weil es im Prinzip gleichgültig ist, ob die Verzögerung am Arbeitsplatz oder in seiner unmittelbaren Umgebung erfolgt. Hinsichtlich der algorithmischen Beschreibung des Modells besteht jedoch zwischen beiden Fällen, zum Beispiel bei der Bestimmung der Zustände der Automaten A_2 und A_3, ein wesentlicher Unterschied. Aus diesem Grunde müssen wir uns für eine Variante bei der Modellbildung entscheiden. Wir wählen die zweite Variante und nehmen folglich an, daß die Forderungen unmittelbar am Arbeitsplatz und nicht in der Warteschlange warten.

Damit können wir zur Bestimmung der Ausgangssignale der Automaten des Modells übergehen. Die Ausgangssignale der Automaten $A_1, A_2, \ldots, A_6$ bezeichnen wir mit $x_1, x_2, \ldots, x_6$. Darüber hinaus wird die Kennzeichnung des entsprechenden Zeitpunktes notwendig. Die Ausgangssignale der Automaten des Indikators sind den Zuständen der entsprechenden Automaten gleich. Aus diesem Grunde erhalten sie die gleiche Bezeichnung.

Das Signal $x_1(t)$ nimmt den Wert 1 zu dem Zeitpunkt an, in dem entsprechend dem Eingangsstrom eine Forderung am Eingang des Systems eintrifft (und nicht infolge der Beendigung der Blockierung des Eingangsstroms). Der Wert 0 wird im entgegengesetzten Fall erhalten. $x_2(t)$ ist ein Signal, das den Wert 0 annimmt, wenn im Moment t der Bedienungskanal frei ist. Der Wert 1 ergibt sich, wenn der Bedienungskanal besetzt ist, aber nach einer Zeiteinheit frei wird. In allen übrigen Fällen nimmt das Signal den Wert 2 an. Das Signal $x_3(t)$ ist gleich 1, wenn die Warteschlange mindestens eine Forderung enthält, sonst gleich Null. Der Wert von $x_4(t)$ ist gleich Null, wenn der Eingangsstrom nicht blockiert ist. Hört die Blockierung nach einer Zeiteinheit auf, so ist das Signal gleich 1. In allen anderen Fällen gilt $x_4(t) = 2$. Das Signal $x_5(t)$ stimmt zu jedem Zeitpunkt mit der qualitativen Komponente der Blockierung des Bedienungskanals überein, d. h. mit dem Zustand des Automaten A_5. $x_6(t)$ nimmt den Wert 1 an, wenn bis zur nächsten Veränderung der qualitativen Komponente der Blockierung genau eine Zeiteinheit verbleibt. Anderenfalls ist der Wert 0.

In Übereinstimmung mit diesen Festlegungen können wir ein System von Ausgangsfunktionen entwickeln, wobei wir das System einzeln für die binären Signale und für die Signale, deren Alphabet aus drei Symbolen besteht, angeben. Für die binären Signale erhalten wir:

	1
$x_1(t)$	$a_1(t) = 1$
$x_3(t)$	$a_3(t) > 0$
$x_5(t)$	$a_5(t) = 1$
$x_6(t)$	$a_6(t) = 1$

Analog gilt für die Signale, deren Alphabet drei Symbole enthält:

	0	1
$x_2(t)$	$a_2(t) = 0$	$a_2(t) = 1$
$x_4(t)$	$a_4(t) = 0$	$a_4(t) = 1$

Für die Automaten des Indikators sind die Ausgangsfunktionen bereits durch die Voraussetzung bestimmt, daß die Ausgangssignale mit den Zuständen der entsprechenden Automaten übereinstimmen.

Zur Vereinfachung der Tabelle der bedingten Übergangsfunktionale führen wir folgende Zwischengrößen ein: $y_1(t)$ — dieses Signal nimmt den Wert 1 an, wenn zum Zeitpunkt $t + 1$ eine Forderung auf Grund des Aufhörens der Blockierung eintritt. Anderenfalls nimmt das Signal $y_1(t)$ den Wert 0 an. $y_2(t)$ — das Signal ist gleich 1, wenn der Bedienungskanal zum Zeitpunkt $t + 1$ eine Forderung aufnehmen kann. Dabei ist der Fall der Blockierung des Kanals mit enthalten.

Der Wert Null wird in den übrigen Fällen angenommen. $z(t)$ — Summe der Forderungen, die zum Zeitpunkt t in der Warteschlange enthalten sind bzw. in das System zu diesem Zeitpunkt entsprechend dem Eingangsstrom oder durch Beendigung der Wirkung der Blockierung eintreffen.

Zur Berechnung der Zwischengrößen benötigen wir somit die folgenden Gleichungen

$$y_1(t) = \begin{cases} 1 \text{ für } x_4(t) = 1, \\ 0 \text{ für } x_4(t) \neq 1, \end{cases}$$

$$y_2(t) = \begin{cases} 1 \text{ für } x_2(t) = 0 \quad \text{oder} \quad x_2(t) = 1 \text{ und } x_5(t) = 0, \\ 0 \text{ für } x_2(t) = 2 \quad \text{oder} \quad x_2(t) = 1 \text{ und } x_5(t) = 1, \end{cases}$$

$$z(t) = x_3(t) + x_1(t) + y_1(t).$$

Den Ausdruck für $y_2(t)$ kann man offensichtlich vereinfachen:

$$y_2(t) = \begin{cases} 1 \text{ für } x_2(t) + x_5(t) \leqq 1, \\ 0 \text{ für } x_2(t) + x_5(t) \geqq 2 \end{cases}$$

bzw.

$$y_2(t) = 1 - \max \left\{0, \min \{1, x_2(t) + x_5(t) - 1\}\right\}.$$

Damit ergibt sich die Tabelle der bedingten Übergangsfunktionale:

A_1	$a_1 > 1 \wedge x_4 = 0$	$a_1 = 1 \wedge x_4 = 0 \vee x_4 = 1$	$x_4 = 2$	
	$a_1 - 1$	ξ	0	
A_2	$a_2 > 1 \vee a_2 = 1 \wedge x_5 = 1$	$z > 0 \wedge (a_2 \leqq 1 \wedge x_5 = 0 \vee a_2 = 0 \wedge x_5 = 1)$	$z = 0 \wedge (a_2 \leqq 1 \wedge x_5 = 0 \vee a_2 = 0 \wedge x_5 = 1)$	
	$a_2 + x_5 - 1$	η	0	
A_3	$\max \{0, a_3 + x_1 + y_1 - y_2\}$			
A_4	$a_4 > 0$	$a_4 = 0$		
	$a_4 - 1$	$\tau\gamma$		
A_5	$a_5 = 0 \wedge x_2 = 0$	$a_5 = 0 \wedge x_2 > 0$	$a_5 = 1$	
	0	x_6	$1 - x_6$	
A_6	$a_6 > 1 \wedge x_5 = 1 \vee a_6 > 1 \wedge x_5 = 0 \wedge x_2 > 0$	$a_6 \geqq 1 \wedge x_5 = 0 \wedge x_2 = 0$	$a_6 = 1 \wedge x_5 = 1$	$a_6 = 1 \wedge x_5 = 0 \wedge x_2 > 0$
	$a_6 - 1$	a_6	β	α

Fortsetzung der Tabelle

U_1	$u_1 + (1 - x_5) \max \{0{,}1 - x_2\}$	
U_2	$z > 0$	$z = 0$
	$u_2 + (1 - x_5) \max \{0{,}1 - x_2\}$	u_2
U_3	$u_1 : \max \{1, u_2\}$	

Im Unterschied zu den vorher betrachteten Beispielen sind hierzu ausführlichere Erläuterungen notwendig.

Automat A_1

Wenn zum Zeitpunkt t der Eingangsstrom nicht blockiert ist und bis zum Eintreffen der nächsten Forderung ein Zeitintervall verbleibt, das das Einheitsintervall übersteigt, so verringert sich diese Größe um eine Zeiteinheit, d. h., es gilt

$$a_1(t + 1) = a_1(t) - 1 \quad \text{für} \quad x_4(t) = 0 \quad \text{und} \quad a_1(t) > 1.$$

Wirkt zum Zeitpunkt t keine Blockierung, beträgt aber das Zeitintervall bis zum Eintreffen der nächsten Forderung Eins, dann trifft zum nächsten Zeitpunkt eine Forderung ein. Bis zum Eintreffen der darauffolgenden Forderung verbleibt ein zufälliges Zeitintervall, dessen Länge sich als Realisierung einer Zufallsgröße ξ ergibt. Das gleiche kann man beobachten, wenn der Eingangsstrom zum Zeitpunkt t blockiert ist und am Ende des Einheitszeitintervalls die Blockierung unabhängig vom Zustand des Automaten A_1 aufhört zu wirken $(x_4(t) = 1)$. Ist der Eingangsstrom zum Zeitpunkt t blockiert und verbleibt bis zur Beendigung der Blockierung ein Intervall, das die Zeiteinheit übersteigt, so kann auf Grund der früheren Bemerkung der Zustand des Automaten A_1 beliebig gewählt werden. Offensichtlich entsteht eine derartige Situation dann und nur dann, wenn $x_4(t) = 2$ gilt. Dementsprechend wird $a_1(t) = 0$ angenommen.

Automat A_2

Für die Zustandsänderung dieses Automaten ergeben sich drei Möglichkeiten:

1. Der Automatenzustand verringert sich um Eins, wenn der Wert des Signals $x_5(t)$ gleich Null ist, d. h., es gilt

$$a_2(t + 1) = a_2(t) - \big(1 - x_5(t)\big) = a_2(t) + x_5(t) - 1.$$

2. Im Moment $t + 1$ stimmt der Zustand des Automaten mit einer Realisierung der Zufallsgröße η überein.
3. Zum Zeitpunkt $t + 1$ geht der Bedienungskanal in den Zustand des Stillstands über (ob er arbeitsfähig ist oder nicht), d. h. $a_2(t + 1) = 0$.

Die erste Möglichkeit ergibt sich in zwei Fällen: 1. Bis zur Beendigung der Bedienung der Forderung verbleibt ein Zeitintervall größer als eine Zeiteinheit (bei vorhandener oder fehlender Blockierung); 2. Es wirkt eine Blockierung, und dieses Zeitintervall ist gleich Eins. Die zweite Möglichkeit gilt ebenfalls in zwei Fällen: 1. wenn zu einem Zeitpunkt, in dem keine Blockierung wirkt und die Restzeit der Bedienung den Wert Eins nicht übersteigt, eine Forderung eintrifft; 2. wenn Forderungen in der Warteschlange $\big(z(t) > 0\big)$ enthalten sind oder wenn die Bedingung $z(t) > 0$ (sie gibt an, daß bei nicht besetztem Bedienungskanal $\big(a_2(t) = 0\big)$ Forderungen vorhanden sind bzw. eintreffen) von der Information begleitet wird, daß zum Zeitmoment t $\big(x_5(t) = 1\big)$ eine Blockierung auf den Bedienungskanal einwirkt. Die dritte Möglichkeit entsteht in zwei Fällen: 1. wenn eine Blockierung $\big(x_5(t) = 0\big)$ fehlt und der Bedienungskanal frei ist $\big(a_2(t) = 0\big)$ bzw. frei wird $\big(a_2(t) = 1\big)$ und keine Forderungen auf Bedienung warten $\big(z(t) = 0\big)$, 2. wenn der freie Bedienungskanal und die fehlenden Forderungen von einer Blockierung des Kanals im Zeitpunkt t begleitet werden.

Automat A_3

Wir gehen vom Grundprinzip der Warteschlangenbildung aus, das bereits im Abschnitt 4.3 dargelegt wurde. In diesem Fall stimmt die Anzahl der eintreffenden Forderungen (0 oder 1) mit dem Wert der Summe $x_1(t) + y_1(t)$ überein. Im Zeitpunkt t kann eine Forderung die Schlange (zur Bedienung) verlassen oder nicht. Dieses Signal bezeichnen wir mit $y_2(t)$.

Damit erhalten wir die Beziehung

$$a_3(t + 1) = \max \{0, a_3(t) + x_1(t) + y_1(t) - y_2(t)\}$$

für den Fall des Eintreffens des Ereignisses.

Automat A_4

Wirkt im Moment t auf den Eingangsstrom eine Blockierung $\big(a_4(t) > 0\big)$, dann verringert sich die Restzeit zur Beendigung der Bedienung im nachfolgenden Zeitpunkt $t + 1$ um Eins. Wirkt im Moment $t + 1$ mit der Wahrscheinlichkeit $(1 - p)$ keine Blockierung bzw. beginnt mit der Wahrscheinlichkeit p eine neue Blockierungsperiode, so stimmt die bis zur Beendigung der Blockierung verbleibende Zeit mit einer Realisierung der Zufallsgröße γ überein. Folglich kann man für $a_4(t) = 0$ den neuen Zustand des Automaten A_4 als Produkt $\tau\gamma$ der Zufallsgrößen τ und γ darstellen.

Automat A_5

Wirkt zum Zeitpunkt t auf den Bedienungskanal keine Blockierung $\big(a_5(t) = 0\big)$ und ist dieser Kanal gleichzeitig unbesetzt $(x_2(t) = 0)$, so ist zum Zeitpunkt $t + 1$ keine Blockierung vorhanden. Falls eine Blockierung im Moment t nicht wirkt und die Restzeit der nicht blockierten Periode bei besetztem Bedienungskanal eine

Zeiteinheit beträgt $\left(x_6(t) = 1\right)$, beginnt zum Zeitpunkt $t + 1$ eine neue Blockierungsperiode. Ist jedoch die Zeit bis zur Beendigung der Blockierung größer als Eins $\left(x_6(t) = 0\right)$, kann man den neuen Zustand des Automaten A_5 durch die Gleichung

$$a_5(t + 1) = x_6(t)$$

angeben.

Wird die Bedienung zum Zeitpunkt t blockiert $\left(a_5(t) = 1\right)$, so nimmt offensichtlich der Zustand des Automaten A_5 zum Zeitpunkt $t + 1$ den Wert Null an, d. h., es gilt $a_5(t + 1) = 1 - x_6(t)$.

Automat A_6

Betrachten wir den Fall, daß sich der Automatenzustand nicht ändert. Eine derartige Situation tritt offensichtlich nur ein, wenn zum Zeitpunkt t die Bedienung nicht blockiert ist $\left(x_5(t) = 0\right)$, der Bedienungskanal stillsteht $\left(x_2(t) = 0\right)$ und die Zeit bis zum Ende der nicht blockierten Periode $\geqq 1$ ist. Dann gilt $a_6(t + 1) = a_6$.

In zwei anderen Fällen kann sich der Automatenzustand um eine Einheit verringern:

1. Die Bedienung ist blockiert $\left(x_5(t) = 1\right)$, und die bis zur Beendigung der Blockierungsperiode verbleibende Zeit ist größer als eine Zeiteinheit.
2. Eine Blockierung wirkt nicht $\left(x_5(t) = 0\right)$, der Bedienungskanal ist besetzt $\left(x_2(t) > 0\right)$, und die Zeit bis zum Ende der nicht blockierten Periode ist größer als eine Zeiteinheit.

Falls zum Zeitpunkt t der Bedienungskanal blockiert und die verbleibende Zeit gleich Eins ist, beginnt im folgenden Zeitpunkt $t + 1$ eine nicht blockierte Periode. Die bis zum Ende dieser Periode verbleibende Restzeit stimmt mit einer Realisierung der Zufallsgröße β überein.

Bei fehlender Blockierung $\left(x_5(t) = 0\right)$, besetztem Bedienungskanal $\left(x_2(t) > 0\right)$ und einer Restzeit für die blockierungsfreie Periode gleich Eins beginnt im Moment $t + 1$ eine Blockierung zu wirken, deren Dauer mit einer Realisierung der Zufallsgröße α übereinstimmt.

Automat U_1

Nach den getroffenen Festlegungen soll sich der Zustand dieses Automaten nur dann um eine Einheit vergrößern, wenn der Bedienungskanal stillsteht, ohne daß eine Blockierung erfolgte. Folglich wird zu $u_1(t)$ keine Eins hinzugefügt, wenn eine Blockierung wirkt $\left(x_5(t) = 1\right)$ oder der Bedienungskanal besetzt ist $\left(x_2(t) > 0\right)$. Das wird offensichtlich beachtet, wenn man zum „alten" Zustand des Automaten den Ausdruck

$$\left(1 - x_5(t)\right) \max \{0, 1 - x_2(t)\}$$

hinzugefügt, der außer in den angegebenen Fällen gleich Eins ist.

Automat U_2

Der Zustand dieses Automaten stimmt entsprechend den obigen Festlegungen zum Zeitpunkt t mit der Anzahl der Intervalle überein, in denen der Bedienungskanal bei fehlender Blockierung frei ist. Eine Berechnung dieser Anzahl kann entweder zu Beginn oder am Ende des betrachteten Intervalls erfolgen. Wir wollen uns für das letztere entscheiden. Folglich wird das Funktional zur Bestimmung von $u_2(t)$ so gewählt, daß es die Anzahl der Übergänge des Bedienungskanals aus dem Zustand des Stillstands bei Arbeitsfähigkeit dieses Kanals in einen beliebigen anderen Zustand addiert. Offensichtlich erfolgt der uns interessierende Übergang nicht, wenn zum Zeitpunkt t entweder in der Warteschlange Forderungen auf Bedienung warten oder in das System von außen Forderungen eintreten. Dann gilt $z(t) = 0$, und zum Automatenzustand $u_2(t)$ wird keine Eins hinzugefügt. Anderenfalls $(z(t) > 0)$ wird zu $u_2(t)$ dann und nur dann eine Eins hinzugefügt, wenn der Kanal stillsteht $(x_2(t) = 0)$ und nicht blockiert ist $(x_5(t) = 0)$. Wir erhalten damit

$$u_2(t + 1) = u_2(t) + \max \{0, 1 - x_2(t)\} \left(1 - x_5(t)\right).$$

Automat U_3

Man kann immer den angenäherten Erwartungswert für die Stillstandszeit des Kanals im arbeitsfähigen Zustand (keine Blockierung) berechnen. Zu diesem Zweck muß die Gesamtzeit, in der sich der Bedienungskanal in diesem Zustand im Verlauf eines ausreichend großen Zeitintervalls T befand, durch die Anzahl der Intervalle, in denen sich dieser Kanal kontinuierlich in dem uns interessierenden Zustand in der gleichen Zeitperiode T befand, dividiert werden. Damit zu Beginn bei der rechentechnischen Realisierung dieses Modells, wenn $u_2(t) = 0$ gilt, keine Probleme infolge einer Division durch Null entstehen, verwenden wir das Symbol „max“.

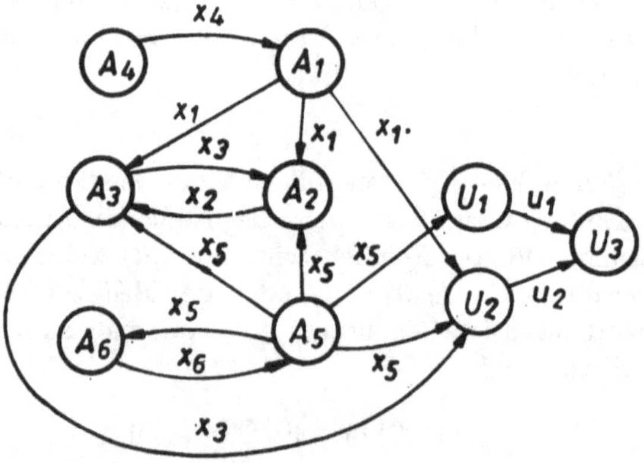

Abb. 29. Modell mit Blockierung

Der Graph des Systems von Automaten ist in Abb. 29 dargestellt. Die Alphabetmatrix lautet:

	A_1	A_2	A_3	A_4	A_5	A_6	U_1	U_2	U_3
A_1	N	D	D	$\varnothing$	$\varnothing$	$\varnothing$	$\varnothing$	D	$\varnothing$
A_2	$\varnothing$	N	T	$\varnothing$	T	T	T	T	$\varnothing$
A_3	$\varnothing$	D	N	$\varnothing$	$\varnothing$	$\varnothing$	$\varnothing$	D	$\varnothing$
A_4	T	T	T	N	$\varnothing$	$\varnothing$	$\varnothing$	T	$\varnothing$
A_5	$\varnothing$	D	D	$\varnothing$	D	D	D	D	$\varnothing$
A_6	$\varnothing$	$\varnothing$	$\varnothing$	$\varnothing$	D	P	$\varnothing$	$\varnothing$	$\varnothing$
U_1	$\varnothing$	$\varnothing$	$\varnothing$	$\varnothing$	$\varnothing$	$\varnothing$	N	$\varnothing$	N
U_2	$\varnothing$	$\varnothing$	$\varnothing$	$\varnothing$	$\varnothing$	$\varnothing$	$\varnothing$	N	N
U_3	$\varnothing$	$\varnothing$	$\varnothing$	$\varnothing$	$\varnothing$	$\varnothing$	$\varnothing$	$\varnothing$	R

Die Anfangszustände der Automaten des Indikators sind Null. Für alle übrigen Automaten kann man einen beliebigen Anfangszustand auswählen, der den realen Möglichkeiten entspricht.

5.4. Modelle bei Reservehaltung

Wir betrachten ein weiteres spezielles Beispiel aus der Bedienungstheorie, in dem ein System der Reservehaltung mit Hilfe von Automaten zu modellieren ist.

Wir wollen die Untersuchungen für ein einkanaliges Bedienungssystem mit Warteschlange durchführen (gegebenenfalls können alle Eigenschaften des erhaltenen Modells auf den mehrkanaligen und mehrphasigen Fall erweitert werden).

Beispiel 37. Es wird vorausgesetzt, daß von mehreren Kanälen nur ein einziger Kanal die Forderungen bedient, während sich die übrigen Kanäle entweder im arbeitsfähigen Zustand befinden und damit die Reserve darstellen oder ausgefallen sind und deshalb entweder repariert werden oder auf Reparatur warten. Dabei besitzt das System nur eine einzige Anlage (bzw. nur einen Meister, eine Brigade), die die Reparatur durchführen kann. Nach Beendigung der Reparatur werden die Mechanismen sofort als arbeitsfähig angenommen, und sie beginnen entweder mit der Bedienung von Forderungen, oder sie gehen in die Reserve über. Fällt zu einem bestimmten Zeitpunkt der Bedienungskanal aus, so ersetzt man ihn sofort durch einen Reservekanal, wenn zu diesem Zeitpunkt ein solcher vorhanden ist. Anderenfalls wird die Bedienung unterbrochen, bis mindestens für einen der ausgefallenen Kanäle die Reparatur beendet ist. Wir wollen hier annehmen, daß nur der Kanal ausfallen kann, der sich zum gegebenen Zeitpunkt im Arbeitszustand befand (und nicht in der Reserve). Allerdings könnte ein Ausfall auch dann erfolgen, wenn ein Kanal infolge fehlender Forderungen stillsteht.

Wir führen für die Zufallsgrößen die folgenden Bezeichnungen ein:

ξ — Zeitintervall zwischen dem Eintreffen der aufeinanderfolgenden Forderungen in das System;

η — Bedienungsdauer für eine Forderung;

ζ — Zeit, in der sich der Bedienungskanal im arbeitsfähigen Zustand befindet, angefangen vom Zeitpunkt, in dem der Übergang des Mechanismus in den Arbeitszustand erfolgte;

γ — Reparaturzeit eines ausgefallenen Kanals.

Alle diese Zufallsgrößen werden als ganzzahlig und unabhängig vorausgesetzt. Den Indikator wählen wir so, daß mit seiner Hilfe der Erwartungswert der Zeit ermittelt werden kann, in der alle im System vorhandenen Kanäle ausgefallen sind. Dieser Erwartungswert stimmt offensichtlich mit der Wahrscheinlichkeit überein, mit der man alle Mechanismen zu einem beliebigen zufälligen Zeitpunkt, der ausreichend weit vom Beginn des Funktionierens des Systems entfernt ist, im ausgefallenen Zustand antreffen kann.

Das Modell besteht aus 10 Automaten. Davon bilden 7 das Verhalten des Systems nach (d. h., sie stellen den grundlegenden Teil des Modells dar) und 3 bilden den Indikator. Die Automatenzustände werden folgendermaßen bestimmt:

$a_1(t)$ — Zeitintervall, das zum Zeitpunkt t bis zum Eintreffen der nächsten Forderungen verbleibt;

$a_2(t)$ — Bedienungszeitintervall, in dessen Verlauf die zum Zeitpunkt t bearbeitete Forderung noch bedient werden soll (Restzeit der Bedienung);

$a_3(t)$ — Anzahl der Forderungen, die sich zum Zeitpunkt t in der Warteschlange befinden (Forderungsschlange);

$a_4(t)$ — Zeit vom Moment t bis zum Ausfall des Bedienungskanals, der sich zum Zeitpunkt t im arbeitsfähigen Zustand befindet (Restzeit der Arbeitsfähigkeit);

$a_5(t)$ — Anzahl der arbeitsfähigen Kanäle, die sich zum Zeitpunkt t in der Reserve befinden (Warteschlange der arbeitsfähigen Kanäle);

$a_6(t)$ — Zeitintervall vom Zeitpunkt t bis zur Beendigung der Reparatur des Kanals, der zum Zeitpunkt t repariert wird (Restzeit der Reparatur);

$a_7(t)$ — Anzahl der ausgefallenen Kanäle, die auf Reparatur zum Zeitpunkt t warten (Warteschlange der ausgefallenen Kanäle);

$u_1(t)$ — Gesamtzeit, in der alle Kanäle im Zeitintervall $(0, t]$ ausgefallen sind;

$u_2(t)$ — genäherter Erwartungswert der Ausfallzeiten aller Mechanismen, erhalten durch Mittelung im Intervall $(0, t - 1]$;

$u_3(t)$ — Zeitintervall vom Beginn der Beobachtung des Modells bis zum Zeitpunkt t (Zähler der Automatenzeit).

Entsprechend der Klassifikation von Kapitel 4 simulieren die Automaten A_1, A_2, A_4 und A_6 die aktive Verzögerung und die Automaten A_3, A_5 und A_7 die passive Verzögerung.

Betrachten wir nun die Ausgangssignale der Automaten des Modells:

$x_1(t)$ — Falls im nächsten Moment $t + 1$ eine Forderung eintritt, nimmt das Signal den Wert 1 an. Ansonsten ist das Signal gleich Null.

$x_2(t)$ — Dieses Signal ist dann und nur dann gleich 1, wenn die Restzeit der Bedienung der zum Zeitpunkt t bedienten Forderung eine Zeiteinheit beträgt;

$x_3(t)$ — Existiert zum Zeitpunkt t eine Warteschlange von Forderungen, so ist das Signal gleich 1, ansonsten wird der Wert Null angenommen;

$x_4(t)$ — Das Signal nimmt den Wert 1 an, wenn der Bedienungskanal, der sich im Arbeitszustand befindet, arbeitsfähig ist. Anderenfalls gilt $x_4(t) = 0$.

$x_4'(t)$ — Nach einer Zeiteinheit erfolgt ein Ausfall des Bedienungskanals, der sich zum Zeitpunkt t im Arbeitszustand befand.

$x_5(t)$ — Wenn zum Zeitpunkt t Reservekanäle vorhanden sind, erhält dieses Signal den Wert 1, ansonsten den Wert Null;

$x_6(t)$ — Dieses Signal gibt an, daß nach einer Zeiteinheit (im Moment $t + 1$) die Reparatur des Kanals beendet ist und dieser somit wieder einsatzfähig ist;

$x_7(t)$ — Es gibt an, ob im System im Moment t ausgefallene Kanäle vorhanden sind.

Für die Automaten des Indikators U_1, U_2 und U_3 wird wie bisher angenommen, daß ihre Ausgangssignale mit den Automatenzuständen übereinstimmen. Als System der Ausgangsfunktionen ergibt sich:

	1		1
x_1	$a_1(t) = 1$	x_4'	$a_4(t) = 1$
x_2	$a_2(t) = 1$	x_5	$a_5(t) > 0$
x_3	$a_3(t) > 0$	x_6	$a_6(t) = 1$
x_4	$a_4(t) > 0$	x_7	$a_7(t) > 0$

Die Alphabetmatrix erhält das Aussehen:

P	*D*	*D*	∅	∅	∅	∅	∅	∅	∅
∅	*N*	*D*	∅	∅	∅	∅	∅	∅	∅
∅	*D*	*N*	∅	∅	∅	∅	∅	∅	∅
∅	*D*	*D*	*N*	*D*	*D*	*D*	*D*	∅	∅
∅	*D*	*D*	*D*	*N*	∅	∅	*D*	∅	∅
∅	∅	∅	*D*	*D*	*N*	*D*	∅	∅	∅
∅	∅	∅	∅	∅	*D*	*N*	∅	∅	∅
∅	∅	∅	∅	∅	∅	∅	*N*	*N*	∅
∅	∅	∅	∅	∅	∅	∅	∅	*R*	∅
∅	∅	∅	∅	∅	∅	∅	∅	*N*	*N*

Die Tabelle der bedingten Übergangsfunktionale lautet:

<table>
<tr><td rowspan="2">A_1</td><td colspan="2">$a_1 > 1$</td><td>$a_1 = 1$</td></tr>
<tr><td colspan="2">$a_1 - 1$</td><td>ξ</td></tr>
<tr><td rowspan="2">A_2</td><td>$a_2 > 1$</td><td>$a_2 \leqq 1 \wedge x_1 + x_3 > 0$</td><td>$a_2 \leqq 1 \wedge x_1 + x_3 = 0$</td></tr>
<tr><td>$a_2 - \min\{1, x_4 + x_5\}$</td><td>$\eta$</td><td>$0$</td></tr>
<tr><td>A_3</td><td colspan="3">$\max\{0, a_3 + x_1 - x_2 \min\{1, x_4 + x_5\}\}$</td></tr>
<tr><td rowspan="2">A_4</td><td>$a_4 > 1$</td><td>$a_4 \leqq 1 \wedge x_5 + x_6 > 0$</td><td>$a_4 \leqq 1 \wedge x_5 + x_6 = 0$</td></tr>
<tr><td>$a_4 - 1$</td><td>ζ</td><td>0</td></tr>
<tr><td>A_5</td><td colspan="3">$\max\{0, a_5 + x_6 - x_4'\}$</td></tr>
<tr><td rowspan="2">A_6</td><td>$a_6 > 1$</td><td>$a_6 \leqq 1 \wedge x_7 + x_4' > 0$</td><td>$a_6 \leqq 1 \wedge x_7 + x_4' = 0$</td></tr>
<tr><td>$a_6 - 1$</td><td>γ</td><td>0</td></tr>
<tr><td>A_7</td><td colspan="3">$\max\{0, a_7 + x_4' - x_6\}$</td></tr>
<tr><td>U_1</td><td colspan="3">$u_1 + (1 - x_5)(1 - x_4)$</td></tr>
<tr><td>U_2</td><td colspan="3">$u_1 : \max\{1, u_3\}$</td></tr>
<tr><td>U_3</td><td colspan="3">$u_3 + 1$</td></tr>
</table>

In Abb. 30 ist der Strukturgraph des Modells dargestellt.

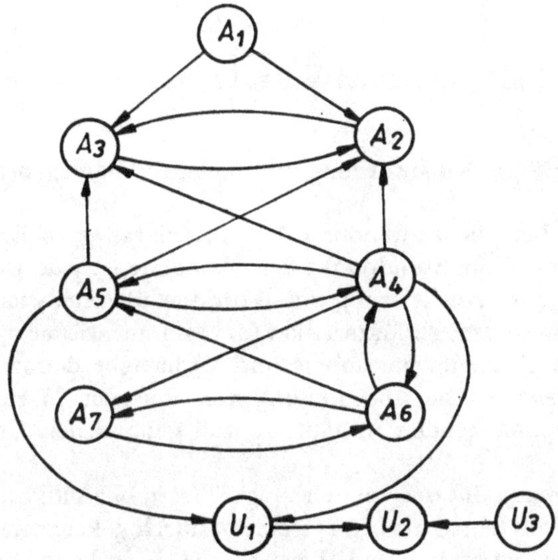

Abb. 30. Modell bei Reservehaltung

Die Anzahl aller Bedienungskanäle des Systems (die sich im Arbeitszustand, in der Reserve, in Reparatur befinden bzw. auf Reparatur warten) wird durch den Vektor der Anfangswerte bestimmt. Der Vektor der Anfangswerte

$$(5, 0, 0, 3, 5, 4, 8, 0, 0, 0)$$

gibt zum Beispiel an, daß das System 15 Kanäle besitzt (davon 5 in der Reserve, 8 warten auf Reparatur, einer befindet sich im Arbeitszustand und einer in der Reparatur). Wird der Vektor der Anfangszustände in der Form

$$(5, 3, 2, 14, 1, 0, 0, 0, 0, 0)$$

angegeben, sind im System 2 Kanäle enthalten (einer im Arbeitszustand und einer in der Reserve). Somit bilden die Automaten A_4, A_5, A_6, A_7 einen Eingangspol des Systems. Der Indikator ist nur mit diesen Automaten verbunden. Das Verhalten der Automaten A_1, A_2 und A_3 hat auf den Indikator keinen Einfluß, so daß die Automaten A_1, A_2 und A_3 aus dem Modell ausgeschaltet werden können. Ursache dafür ist unsere Voraussetzung, daß ein „Altern" der Bedienungskanäle und ihr Ausfall unabhängig von der Zeit sind, in der sich dieser Kanal im Arbeitszustand befindet bzw. in der er auf Forderungen wartet. Bei anderer Zielstellung für den Indikator könnten die Automaten A_1, A_2 und A_3 von Bedeutung sein. Ein entsprechendes Problem ergibt sich, wenn die Bedienungskanäle nur während per Bedienung der Forderungen verschleißen.

6. Systeme, in denen Vorräte verbraucht werden

6.1. Ansammlung, Aufbewahrung und Lieferung homogener Produktion

Ein Gebiet, in dem die Anwendung der Automaten gute Ergebnisse lieferte, ist die Lagerhaltung. Vom Standpunkt der Ökonomie ist jede Entscheidung über die Bereitstellung oder Auslieferung von Vorräten überaus wichtig. Der Mangel an Waren, an Ersatzteilen, an Materialien führt immer wieder zum Stillstand der Anlagen bzw. des Bedienungspersonals und verursacht dadurch entsprechende Kosten. Andererseits ist die Ansammlung von Vorräten in zu großen Mengen infolge der dabei entstehenden Anhäufung von gebundenen Umlaufmitteln unzweckmäßig.

In Übereinstimmung mit der von uns eingeführten Klassifikation ökonomischer Aufgaben werden die Lagerhaltungssysteme dadurch gekennzeichnet, daß gleichzeitig mehrere Eingangsströme und Warteschlangen vorhanden sein können. Dabei ist es möglich, daß sich die unterschiedlichen Ressourcen gegenseitig auslöschen.

Beispiel 38. Betrachten wir das System der Ansammlung, Aufbewahrung und Lieferung homogener Produktion. Dabei stellen die Zeitintervalle zwischen dem Eintreffen von Forderungen eine ganzzahlige Zufallsgröße η dar, die entsprechend einer beliebigen Verteilungsfunktion verteilt ist. Die Ansammlung von Forderungen ist jedoch durch die Größe M begrenzt. Ist die Anzahl der eintreffenden Forderungen größer als M, so gehen die neu eintreffenden Forderungen verloren. Jede Forderung beinhaltet nur die Anforderung einer Einheit der Produktion.

Die Auffüllung des Lagers wird durch die Kenngröße ζ beschrieben. Sie kennzeichnet das Zeitintervall zwischen zwei aufeinanderfolgenden Momenten der Lagerauffüllung. Es wird vorausgesetzt, daß bei jeder Auffüllung nur eine Einheit der Produktion eintrifft. Die Kapazität des Lagers ist durch die Größe $N > 0$ begrenzt.

Wir wollen ein Modell entwickeln, das aus vier Automaten A_1, A_2, A_3 und A_4 besteht. Die Zustände dieser Automaten werden folgendermaßen bestimmt:

$a_1(t)$ – Zeitintervall, das vom Zeitpunkt t bis zum Moment der laufenden Lagerauffüllung verbleibt;

$a_2(t)$ – Zeitintervall, das vom Zeitpunkt t bis zum Moment des Eintreffens der laufenden Forderung verbleibt;

$a_3(t)$ — Anzahl der Einheiten der Produktion, die im System zum Zeitpunkt t enthalten sind und N nicht übersteigen;

$a_4(t)$ — Anzahl der Forderungen in der Warteschlange zum Zeitpunkt t.

Das System der Ausgangsfunktionen ergibt sich für die Automaten A_1 und A_2 folgendermaßen:

	1
$x_1(t)$	$a_1(t) = 1$
$x_2(t)$	$a_2(t) = 1$

Für die Automaten A_3 und A_4 stimmen die Ausgangssignale mit den Zustandswerten überein. Die Tabelle der bedingten Übergangsfunktionale kann folgendermaßen angegeben werden:

A_1	$a_1(t) > 1$	$a_1(t) = 1$
	$a_1(t) - 1$	ζ
A_2	$a_2(t) > 1$	$a_2(t) \leqq 1$
	$a_2(t) - 1$	η
A_3	$\min\{N, \max\{0, a_3(t) + x_1(t) - a_4(t) - x_2(t)\}\}$	
A_4	$\min\{M, \max\{0, a_4(t) + x_2(t) - a_3(t) - x_1(t)\}\}$	

Offensichtlich gilt für die Alphabetmatrix:

	1	2	3	4
1	P	∅	D	D
2	∅	P	D	D
3	∅	∅	N_N	N_N
4	∅	∅	N_M	N_M

Dabei sind N_N und N_M die Mengen aller natürlichen Zahlen, die N bzw. M nicht übersteigen. Die übrigen Bezeichnungen entsprechen den bekannten Festlegungen.

Bei der Wahl des Vektors der Anfangszustände muß beachtet werden, daß entweder die Anzahl der Vorräte oder die Anzahl der Forderungen, die sich zu jedem Zeitpunkt in der Warteschlange befinden (Zustände der Automaten A_3 und A_4), gleich Null sein müssen.

Beispiel 39. Wir betrachten ein System, das sich vom vorhergehenden dadurch unterscheidet, daß eine zusätzliche Quelle zur Auffüllung der Vorräte vorhanden ist. Solange das Vorratsniveau am Lager eine bestimmte Größe $L (0 < L < N)$ nicht übersteigt, wird in jeder Zeiteinheit eine zusätzliche Produktionseinheit geliefert. Ist das Vorratsniveau jedoch größer als L, so werden die Vorräte nicht weiter aufgefüllt. Dazu führen wir eine Zwischengröße $y(t)$ ein, die folgendermaßen bestimmt werden kann:

$$y(t) = \begin{cases} 1 & \text{für} \quad a_4 \leqq L, \\ 0 & \text{für} \quad a_4 > L. \end{cases}$$

Offensichtlich bedeutet $y(t)$ die Auffüllung oder Nichtauffüllung der Vorräte im Moment t aus der zusätzlichen Quelle. Ändert man die den Automaten A_3 und A_4 entsprechenden Zeilen der Tabelle der bedingten Übergangsfunktionale etwas ab, so erhält man:

A_3	$\min\{N, \max\{0, a_3 + x_1 + y - a_4 - x_2\}\}$
A_4	$\min\{M, \max\{0, a_4 + x_2 - a_3 - x_1 - y\}\}$

Ansonsten stimmt das Modell mit dem in Beispiel 38 entwickelten Modell überein.

Beispiel 40. Das obige Modell kann man dahingehend erweitern, daß der Umfang der Forderungen nach Auslieferung der Produktion sowie der Umfang der Losgrößen bei der Lagerauffüllung ganzzahlige Zufallsgrößen γ und β darstellen. Dann muß das Modell um zwei weitere Automaten A_5 und A_6 ergänzt werden, deren Zustände in jedem Moment mit den Realisierungen der Zufallsgrößen γ und β übereinstimmen. Dabei ändern sich die Automaten A_1 und A_2 nicht, während sich die Automaten A_3 und A_4 teilweise ändern.

Die Tabelle der bedingten Übergangsfunktionale lautet:

<table>
<tr><td rowspan="2">A_1</td><td>$a_1(t) > 1$</td><td>$a_1(t) = 1$</td></tr>
<tr><td>$a_1(t) - 1$</td><td>ζ</td></tr>
<tr><td rowspan="2">A_2</td><td>$a_2(t) > 1$</td><td>$a_2(t) \leqq 1$</td></tr>
<tr><td>$a_2(t) - 1$</td><td>η</td></tr>
<tr><td>A_3</td><td colspan="2">$\min\{N, \max\{0, a_3 + a_5x_1 - a_4 - a_6x_2\}\}$</td></tr>
<tr><td>A_4</td><td colspan="2">$\min\{M, \max\{0, a_4 + a_6x_2 - a_5 - a_5x_1\}\}$</td></tr>
<tr><td>A_5</td><td colspan="2">β</td></tr>
<tr><td>A_6</td><td colspan="2">γ</td></tr>
</table>

Daraus ist ersichtlich, daß die Zustände der Automaten A_5 und A_6 bei weitem nicht in jedem elementaren Zyklus verwendet werden. Erfolgt die maschinelle Realisierung des Modellverhaltens nach einem gewöhnlichen Standardalgorithmus, so führt das dazu, daß überflüssige Maschinenzeit bei der Anwendung des Unterprogramms zur Ermittlung der Realisierungen der Zufallsgrößen β und γ verbraucht wird. Man kann jedoch eine derartige nichtproduktive Nutzung der Maschinenzeit umgehen. Zu diesem Zweck verwendet man ein Programmverfahren, das von dem früher erläuterten Standardalgorithmus etwas abweicht und sich nur dann an das Unterprogramm wendet, wenn es erforderlich ist. Eine solche Möglichkeit ergibt sich zum Beispiel, wenn wir keine zusätzlichen Automaten A_5 und A_6 einführen, sondern die Ausgangsalphabete der Automaten A_1 und A_2 erweitern. Die Erweiterung der Ausgangsfunktionen dieser Automaten erfolgt so, daß, falls der Automatenzustand gleich Eins ist, ihre Ausgangssignale die zufälligen Werte β und γ annehmen. Anderenfalls sind sie Null. Das ergibt die sinnvollste und ökonomischste Lösung des Problems. Allerdings werden dadurch in das System der Ausgangsfunktionen der Automaten A_1 und A_2 Zufallsgrößen eingeführt und bei der Modellbildung Automaten mit nicht determinierten Ausgängen verwendet.

In der Praxis ist die zur Auffüllung der Vorräte notwendige Zeit und Menge selten von der konkreten Situation des Lagers unabhängig. Wir wollen im weiteren die Steuerung der Vorratsauffüllung betrachten. Die Bestellung zur Auffüllung des Lagers möge in Abhängigkeit von den vorhandenen Lagervorräten erfolgen. Dabei werden die Bestellungen mit einer bestimmten Zeitverzögerung erfüllt. Wir entwickeln für diesen Fall das Modell.

Beispiel 41. Es treffen die Gruppen von Forderungen auf Auslieferung von Vorräten (Nachfrage) wie bisher in ganzzahligen zufälligen Zeitabständen α mit gleicher Verteilung ein. Der Umfang der Bestellungen sei eine konstante Größe h. Sinkt das Vorratsniveau unter eine bestimmte konstante Größe M (Bestellpunkt), so erfolgt eine Bestellung zur Lagerauffüllung. Diese Bestellung wird mit einer zufälligen ganzzahligen Verzögerung γ realisiert. Wenn zum Zeitpunkt des Eintreffens einer Forderung der vorhandene Lagervorrat nicht ausreicht, um die eingetretene Nachfrage vollständig zu befriedigen, wird diese Forderung teilweise befriedigt. Sie reiht sich in die Warteschlange ein und wird bei der nachfolgenden Auffüllung des Lagers vollständig befriedigt. Es wird angenommen, daß der Umfang einer einmaligen Auffüllung der Vorräte eine konstante Größe H sei.

Derartige Systeme, jedoch ohne Warteschlange der Forderungen sowie mit bestimmten vereinfachten Voraussetzungen, können analytisch untersucht werden. Entsprechende Ausführungen sind zum Beispiel in den Arbeiten [34–36] nachzulesen.

Zur Untersuchung des gegebenen Systems führen wir die folgenden Zustände der Automaten des Modells ein:

$a_1(t)$ — Vorratsniveau im Lager zum Zeitpunkt t;

$a_2(t)$ — Zeitintervall, das im Zeitpunkt t bis zum Eintreffen der laufenden Nachfrage verbleibt;

$a_3(t)$ — Zeitintervall, das zum Zeitpunkt t bis zur laufenden Lagerauffüllung verbleibt, wobei zum Zeitpunkt t eine Bestellung auf Auffüllung des Lagers abgegeben wurde. $a_3(t) = 0$ kennzeichnet die übrigen Fälle;
$a_4(t)$ — vorhandene nicht befriedigte Nachfrage im Moment t.

Es wird angenommen, daß die Ausgangssignale der Automaten A_1 und A_4 mit den entsprechenden Automatenzuständen übereinstimmen. Für die Ausgangssignale der Automaten A_2 und A_3 setzen wir voraus, daß sie dann und nur dann gleich 1 sind, wenn eine Zeiteinheit verbleibt, d. h., es gilt

$$x_k(t) = \begin{cases} 1 & \text{für} \quad a_k(t) = 1, \\ 0 & \text{für} \quad a_k(t) \neq 1 \end{cases} \qquad (k = 2, 3).$$

Die Tabelle der bedingten Übergangsfunktionale ergibt sich in der Form:

<table>
<tr><td>A_1</td><td colspan="3">$\max\{0, a_1 + Hx_3 - a_4 - hx_2\}$</td></tr>
<tr><td rowspan="2">A_2</td><td colspan="2">$a_2 > 1$</td><td>$a_2 = 1$</td></tr>
<tr><td colspan="2">$a_2 - 1$</td><td>α</td></tr>
<tr><td rowspan="2">A_3</td><td>$a_3 > 0$</td><td>$a_3 = 0 \wedge a_1 - a_4 - hx_2 < M - H$</td><td>$a_3 = 0 \wedge a_1 - a_4 - hx_2 \geqq M - H$</td></tr>
<tr><td>$a_3 - 1$</td><td>γ</td><td>0</td></tr>
<tr><td>A_4</td><td colspan="3">$\max\{0, a_4 + hx_2 - a_1 - Hx_3\}$</td></tr>
</table>

Die Alphabetmatrix lautet:

N_{M+H}	$\emptyset$	N_{M+H}	N_{M+H}
D	N	D	D
D	$\emptyset$	N	D
N	$\emptyset$	N	N

Die Größe N_{M+H} gibt die Menge aller natürlichen Zahlen an, die $M + H$ nicht übersteigen.

Das betrachtete Beispiel kann relativ einfach auf den Fall erweitert werden, daß die Nachfrage und die Vorratsauffüllung stochastische Größen sind. Zu diesem Zweck wird eine Annahme notwendig, die der in Beispiel 40 entspricht.

6.2. In Wechselbeziehung stehende Vorratsauffüllung

Der Fall, daß im Lager nur Produkte einer Nomenklatur gelagert werden, tritt praktisch selten auf. Wesentlich häufiger werden in einem Lager Materialvorräte unterschiedlicher Art gelagert. Erfolgt die Auffüllung und die Auslieferung der Vorräte der unterschiedlichen Sorten unabhängig voneinander (für jedes Material werden unterschiedliche Lieferanten und Kunden festgelegt, die Zulieferung erfolgt mit unterschiedlichen Transportmitteln), dann führt die Betrachtung des allgemeinen Systems auf die Untersuchung einer Gesamtheit unabhängiger Systeme der Vorratssteuerung. Jedes dieser Systeme wird durch ein Modell beschrieben, das im vorhergehenden Paragraphen entwickelt wurde. Komplizierter wird die Darstellung, wenn die Auffüllung der Vorräte und deren Auslieferung untereinander in Wechselwirkung stehen. Dieser Fall tritt zum Beispiel ein, wenn die Vorräte an unterschiedlichen Nomenklaturen von denselben Lieferanten aufgefüllt werden, wobei sogar dieselben Transportmittel zum Einsatz kommen. In diesem Fall kann man das System als einen Komplex von in Wechselwirkung stehenden Modellen betrachten.

Beispiel 42. Wir betrachten ein Lager, das für die Sammlung und Lagerung von Vorräten von n Produktionssorten eingerichtet ist. Es wird angenommen, daß die Nachfrage nach den unterschiedlichen Materialsorten durch unabhängige Zufallsgrößen beschrieben wird. Nach ganzzahligen zufälligen Zeitintervallen α_k $\left(k = \overline{1, n}\right)$ treffen Nachfragen nach einer zufälligen Anzahl β_k $\left(k = \overline{1, n}\right)$ von Materialen mit den Nummern k ein. Wir führen die Größe $K(t) = \sum_{k=1}^{n} \varepsilon_k a_{1k}(t)$ ein, wobei $a_{1k}(t)$ $\left(k = \overline{1, n}\right)$ den Vorrat an Material der Sorte k im Lager zum Zeitpunkt t angibt. ε_k $\left(k = \overline{1, n}\right)$ sind bestimmte Koeffizienten, die die Verluste der Produktion auf Grund der im Lager fehlenden Materialien mit der Nummer k bewerten. Wenn die Größe $K(t)$ einen Wert annimmt, der unterhalb eines bestimmten konstanten Niveaus M liegt, so erfolgt eine Bestellung auf eine gleichzeitige Vorratsauffüllung aller Materialien. Die Bestellung wird mit einer zufälligen ganzzahligen Zeitverzögerung γ realisiert. Dabei ist die Auffüllung der Materialvorräte mit der Nummer k eine Zufallsgröße δ_k $\left(k = \overline{1, n}\right)$. Die nicht befriedigte Nachfrage wird nicht aufgehoben.

Wir führen die Bezeichnungen für die Zustände der Automaten ein:

$a_{1k}(t)$ – $\left(k = \overline{1, n}\right)$ Vorratsniveau des Materials mit der Nummer k im Lager zum Zeitpunkt t;

$a_{2k}(t)$ – $\left(k = \overline{1, n}\right)$ Zeitintervall, das im Moment t bis zum Moment des Eintreffens der laufenden Nachfrage nach Material mit der Nummer k verbleibt;

$a_3(t)$ – Zeitintervall, das zum Zeitpunkt t bis zum Moment der laufenden Vorratsauffüllung verbleibt (Material aller Sorten), wobei im Moment t eine Bestellung abgegeben wurde. $a_3(t) = 0$ gilt sonst;

$a_{4k}(t)$ — $(k = \overline{1, n})$ Realisierung der Zufallsgröße, die die Vorratsauffüllung an Material mit der Nummer k angibt;

$a_{5k}(t)$ — $(k = \overline{1, n})$ Realisierung der Zufallsgröße, die die Nachfrage an Material mit der Nummer k bestimmt.

Es wird angenommen, daß die Ausgangssignale der Automaten A_{2k} $(k = \overline{1, n})$ und A_3 binär sind. Sie nehmen den Wert 1 dann und nur dann an, wenn der Zustand der entsprechenden Automaten ebenfalls gleich 1 ist. Für alle übrigen Automaten sind die Ausgangssignale den Zuständen gleich.

Die Tabelle der bedingten Übergangsfunktionale lautet:

$A_{1k}(k = \overline{1, n})$	$\max\{0, a_1(t) + a_4(t)x_3(t) + a_5(t)x_{2k}(t)\}$		
$A_{2k}(k = \overline{1, n})$	$a_{2k}(t) > 1$		$a_{2k}(t) = 1$
	$a_{2k}(t) - 1$		α_k
A_3	$a_3(t) > 0$	$a_3(t) = 0 \wedge K(t) < M$	$a_3(t) = 0 \wedge K(t) \geqq M$
	$a_3(t) - 1$	γ	0
$A_{4k}(k = \overline{1, n})$	δ_k		
$A_{5k}(k = \overline{1, n})$	β_k		

Hierbei stellt $K(t)$ eine Zwischengröße dar, die entsprechend der Beziehung

$$K(t) = \sum_{k=1}^{n} \varepsilon_k a_{1k}(t)$$

berechnet werden kann. Bezüglich der Automaten A_{4k} und A_{5k} $(k = \overline{1, n})$ gilt die Bemerkung von Beispiel 40.

7. Modelle grundlegender Elemente ökonomischer Systeme

7.1. Einfachstes Modell eines Systems zur Befriedigung von Forderungen

Eine charakteristische Besonderheit der Beispiele von Kapitel 5 war die aktive Zeitverzögerung der Forderungen sowie die Möglichkeit, die Forderungen unabhängig von ihrem Eintreffen in der jeweiligen Gruppe von Eingangsforderungen einzeln zu bedienen. In Kapitel 6 wurden dagegen Modelle ohne aktive Verzögerung untersucht, für die jedoch eine enge Wechselwirkung zwischen den Eingangsströmen kennzeichnend war. So konnten zum Beispiel die Waren das System nur dann verlassen, wenn eine bestimmte Nachfrage nach dieser Warenmenge vorhanden war.

In diesem Kapitel versuchen wir, die Systemeigenschaften zu vereinigen, die in den letzten zwei Kapiteln getrennt untersucht wurden. Wir betrachten Systeme, in denen eine aktive Verzögerung mit gegenseitig abhängigen Eingangsströmen verknüpft ist. Solche Modelle treten sehr häufig in ökonomischen Aufgaben auf und können deshalb als die grundlegenden Elemente ökonomischer Systeme angesehen werden.

Betrachtet man ein ökonomisches System formal unter dem Gesichtspunkt der Informationstheorie und sieht man von seinem ökonomischen und produktionstechnischen Inhalt ab, so kann man fast immer erkennen, daß ein solches System aus einzelnen miteinander verbundenen Elementen besteht, die in ihrem logischen Aufbau ähnlich sind. Dieser Aufbau besteht in folgendem: Das Element besitzt einige Eingangs- und Ausgangsströme. Sind die Forderungen, die im gegebenen Element ankommen, in einer bestimmten Proportion vorhanden, so beginnt ihre aktive Bearbeitung. Für die aktive Bearbeitung wird ein bestimmtes Zeitintervall (aktive Verzögerung der Forderungen) benötigt. Nach Beendigung des Bearbeitungsprozesses verlassen die Forderungen allein oder in bestimmter aggregierter oder verkleinerter Form das Element über den Ausgangskanal. Forderungen, die im betrachteten Element über die notwendige Proportion hinaus vorhanden sind, werden solange einer passiven Verzögerung unterzogen, bis mit Hilfe der neu eintretenden Forderungen die geforderte Proportion erreicht wird.

Als erstes Beispiel betrachten wir einen Produktionsbetrieb. Die Nomenklatur und Anzahl der vom Betrieb erzeugten Produkte wird durch den Produktionsplan bestimmt. Die Herstellungstechnologie ist durch die technischen Vorgaben festgelegt. Dabei werden ausführlich alle erforderlichen Rohstoffe und energetischen Reserven, die zur Herstellung der gegebenen Anzahl von Erzeugnissen jeder Sorte notwendig sind, erfaßt. In der Produktionstechnologie ist die Zeit für die Herstellung jedes Erzeugnisses vorgesehen. Auf diese Weise kann man den Produktionsbetrieb formal als ein grundlegendes Element des ökonomischen Systems ansehen. Ganz entsprechend kann man als ein solches grundlegendes Element auch jede einzelne Betriebsabteilung, jede einzelne Werkzeugmaschine oder eine bestimmte Leitungsinstanz betrachten.

Die Entscheidung darüber, was als grundlegendes Element eines ökonomischen Systems angesehen werden sollte — ein Betrieb, eine Abteilung oder eine Werkzeugmaschine — hängt von der Detailliertheit ab, mit der ein mathematisches Modell entwickelt werden soll. Im weiteren werden wir Systeme, die im ökonomischen Sinne grundlegende Elemente ökonomischer Systeme darstellen, als Systeme zur Befriedigung von Forderungen bezeichnen. Wir betrachten ein Beispiel für die Entwicklung eines Systems von Automaten als Modell für ein derartiges einfaches System.

Beispiel 43. Wir nehmen an, daß zur Herstellung einer Einheit der Ausgangsproduktion insgesamt nur zwei Einheiten eines ersten Materials und eine Einheit eines zweiten Materials erforderlich sind. Die Zeit zur Herstellung einer Erzeugniseinheit stellt eine Zufallsgröße η dar, wobei vorausgesetzt wird, daß das notwendige Material vorhanden ist. Zur Aufbewahrung des Materials sind spezielle Lager mit endlichem Speichervermögen V_1 und V_2 vorgesehen, wobei die Lagerung des Materials der ersten und zweiten Sorte getrennt erfolgt. Die Materialvorräte werden in konstanten Losgrößen zu n_1 Einheiten für das erste Material und n_2 Einheiten für das zweite Material aufgefüllt. Die Zeitintervalle zwischen den Zeitpunkten der Lagerauffüllung sind unabhängige Zufallsgrößen ξ_1 und ξ_2. Kann das neu eintreffende Material im Lager nicht mehr untergebracht werden, so wird der Überschuß nicht angenommen. Die existierende Produktionskapazität ermöglicht nicht eine gleichzeitige Herstellung mehrerer Erzeugnisse. Bei der Modellbildung besteht das Untersuchungsziel darin, die mittlere Anzahl von Erzeugnissen, die in der Zeiteinheit produziert werden, zu bestimmen.

Die Automatenzustände werden folgendermaßen festgelegt:

$a_1(t)$, $a_2(t)$ — Zeitintervalle, die zum Zeitpunkt t bis zu dem Moment verbleiben, in dem die nächsten Materiallosgrößen der ersten bzw. zweiten Sorte eintreffen;

$a_3(t)$, $a_4(t)$ — Vorrat an Material der ersten bzw. zweiten Sorte im Lager;

$a_5(t)$ — Zeitintervall, das zum Zeitpunkt t bis zur Beendigung der Herstellung des laufenden Erzeugnisses verbleibt;

$u_1(t)$ — gesamte Erzeugnismenge, die im Intervall $(0, t]$ hergestellt wurde;

$u_2(t)$ — genäherter Wert der mittleren Erzeugnismenge, die in der Zeiteinheit hergestellt wurde. Dieser Wert wird durch Mittelung im Intervall $(0, t - 1]$ erhalten;

$u_3(t)$ — Zähler der Automatenzeit.

Die Ausgangssignale wählen wir folgendermaßen:

$x_1(t), x_2(t)$ — Signale (binär), die Information darüber geben, ob zum folgenden Zeitpunkt der Vorrat an Material der ersten oder zweiten Sorte aufgefüllt wird oder nicht;

$x_3(t), x_4(t)$ — Signale (binär), die Auskunft darüber geben, ob zum Zeitpunkt t die benötigte Materialmenge für die Herstellung eines Erzeugnisses ausreicht (zwei Einheiten des ersten Materials und eine Einheit des zweiten Materials);

$x_5(t)$ — binäres Signal. Es gibt die Möglichkeit an, zum folgenden Zeitpunkt $(t + 1)$ mit der Herstellung des nächsten Erzeugnisses zu beginnen;

$x_5'(t)$ — binäres Signal über die Beendigung der Herstellung des laufenden Erzeugnisses zum folgenden Zeitpunkt.

Die Ausgangssignale der Automaten, die den Indikator darstellen, stimmen mit ihren Zuständen überein. Für die Automaten des grundlegenden Teils des Modells ist das System der Ausgangsfunktionen folgendermaßen bestimmt:

	1		1
$x_1(t)$	$a_1 = 1$	$x_4(t)$	$a_4 \geqq 1$
$x_2(t)$	$a_2 = 1$	$x_5(t)$	$a_5 \leqq 1$
$x_3(t)$	$a_3 \geqq 2$	$x_5'(t)$	$a_5 = 1$

Zur Vereinfachung führen wir die Zwischengrößen $z_1(t)$ und $z_2(t)$ ein. Diese Größen sind binär. Sie nehmen dann und nur dann den Wert 1 an, wenn zum Zeitpunkt t die vorhandenen Materialmengen der entsprechenden Sorten (das im Lager vorhandene bzw. eintreffende Material) die Herstellung des nächsten Erzeugnisses ermöglichen. Offensichtlich können diese Zwischengrößen mit Hilfe der folgenden Beziehungen berechnet werden:

$$z_1 = \max \left\{0, \min \{1, a_3(t) + n_1 x_1(t) - 1\}\right\},$$

$$z_2 = \min \{1, a_4(t) + n_2 x_2(t)\}.$$

Für die Tabelle der bedingten Übergangsfunktionale ergibt sich die einfache Form: s. S. 136

7.2. Untersuchung eines Systems zur Auslieferung von Waren, die von mehreren nicht gleichberechtigten Lieferanten geliefert werden

Die Systeme zur Befriedigung von Forderungen, die in der Technik und Ökonomie auftreten, sind in ihrer Struktur und Kompliziertheit äußerst verschieden. Als Beispiel betrachten wir ein System zur Auslieferung von Waren, die von mehreren nicht gleichberechtigten Lieferanten geliefert werden.

Das System stellt ein Lager dar, in das die Nachfrage nach Waren und die Waren selbst eintreffen, die von drei Lieferanten geliefert werden (die weiteren

<table>
<tr><td rowspan="2">$A_k(k = 1,2)$</td><td colspan="3">$a_k > 1$</td><td colspan="3">$a_k = 1$</td></tr>
<tr><td colspan="3">$a_k - 1$</td><td colspan="3">ξ_k</td></tr>
<tr><td>A_3</td><td colspan="6">$\min \{V_1, a_3 + n_1 x_1 - 2 x_4 x_5 z_1\}$</td></tr>
<tr><td>A_4</td><td colspan="6">$\min \{V_2, a_4 + n_2 x_2 - x_3 x_5 z_2\}$</td></tr>
<tr><td rowspan="2">A_5</td><td colspan="2">$a_5 > 1$</td><td colspan="2">$a_5 \leqq 1 \wedge z_1 z_2 = 1$</td><td colspan="2">$a_5 \leqq 1 \wedge z_1 z_2 = 0$</td></tr>
<tr><td colspan="2">$a_5 - 1$</td><td colspan="2">η</td><td colspan="2">0</td></tr>
<tr><td>U_1</td><td colspan="6">$u_1 + x_5'$</td></tr>
<tr><td>U_2</td><td colspan="6">$u_1 : \max \{1, u_3\}$</td></tr>
<tr><td>U_0</td><td colspan="6">$u_3 + 1$</td></tr>
</table>

Darlegungen können ohne Schwierigkeiten auf eine beliebige endliche Zahl von Lieferanten erweitert werden). Die im Lager eintreffenden Forderungen müssen bei Warenmangel warten und werden im weiteren in der Reihenfolge ihres Eintreffens bedient. Die Ankunft der Forderungen wird als zufällig angenommen und mit Hilfe der Zufallsgröße ξ_1 vorgegeben. Diese Zufallsgröße gibt die Anzahl der in der Zeiteinheit eintreffenden Forderungen an.

Wir wollen annehmen, daß die Lagerkapazität α endlich ist. Die Ankunft der Waren erfolgt ebenfalls zufällig. Die Zufallsgrößen ξ_2, ξ_3, ξ_4 sind in ihrer Gesamtheit unabhängig. Sie beschreiben die Ankunft von Waren vom ersten, zweiten bzw. dritten Lieferanten. Treffen die Waren bei fehlender Nachfrage ein, so werden sie, falls im Lager freie Plätze vorhanden sind, gelagert und warten auf die Ankunft von Forderungen.

Falls keine freien Plätze im Lager vorhanden sind, erfolgt keine Warenannahme, d. h., die Waren müssen außerhalb des Lagers warten. Dabei kann die Wartezeit unbegrenzt sein.

Wir wollen annehmen, daß die Warenmenge und die Nachfragemenge in den gleichen Einheiten gemessen werden. Die Befriedigung der Forderungen erfolgt nicht augenblicklich, sondern mit einer gewissen Zeitverzögerung. In der Praxis sind die Verzögerungen durch die begrenzte Anzahl von Lade- und Entladeanlagen sowie Ladeplätzen u. a. bedingt. Dabei wird angenommen, daß das System in der Zeiteinheit eine konstante Menge von n Wareneinheiten ausliefern kann.

Die Lieferanten sind nicht gleichberechtigt. Das bedeutet, daß bei mangelndem Lagerplatz an erster Stelle Waren von den Lieferanten angenommen werden, denen die kleinere Ordnungszahl zugeordnet wurde.

Bei praktischen Problemen entstehen Situationen, in denen zum Beispiel bei der Lieferung von Erdölprodukten unterschiedliche Transportmittel verwendet werden. Offensichtlich wird man dann in erster Linie Waren von dem Lieferanten annehmen, dessen Stillstandszeiten der Transportmittel am teuersten sind. Zur Ermittlung ökonomischer Kenngrößen für das Funktionieren des Systems benötigen wir die Kosten, die durch das Warten der Waren und der Forderungen entstehen. Wir führen die folgenden Bezeichnungen ein:

δ_5 — Stillstandskosten einer Forderung während einer Zeiteinheit;

δ_6 — Kosten für die Aufbewahrung einer Wareneinheit am Lager in der Zeiteinheit;

$\delta_7, \delta_8, \delta_9$ — Kosten für die Aufbewahrung einer Wareneinheit, die vom ersten, zweiten bzw. dritten Lieferanten geliefert wurde, außerhalb des Lagers in der Zeiteinheit.

Wenn man bei der Modellbildung diskrete Zeit annehmen kann, wobei die Ankunft der Forderungen bzw. Waren während einer Zeiteinheit auf den Anfangszeitpunkt bezogen wird, so kann entsprechend der inhaltlichen Beschreibung des realen Systems ein diskretes Modell Anwendung finden. Bei entsprechender Wahl des Zustandsvektors ergibt sich das Modell in Form eines Systems von stochastischen Automaten.

Das Modell enthält 15 Automaten. Von ihnen dienen neun Automaten der Simulation des Systems selbst, während die übrigen sechs Automaten den Indikator bilden. Der Indikator ermöglicht die automatische Berechnung des Erwartungswertes und der Dispersion der Kosten des Systems im Ergebnis der Modellexperimente. Den Eingangspol bilden vier stochastische Automaten, die übrigen elf sind determinierte Automaten. Die Automatenzustände $a_k(t)$ $\left(k = \overline{1, 15}\right)$ haben dabei folgende Bedeutung:

$a_1(t)$ — Anzahl der Forderungen, die zum Zeitpunkt t bezüglich der Waren eintreffen;

$a_2(t)$ — Warenmenge, die zum Zeitpunkt t vom ersten Lieferanten geliefert wird;

$a_3(t)$ — Warenmenge, die zum Zeitpunkt t vom zweiten Lieferanten geliefert wird;

$a_4(t)$ — Warenmenge, die zum Zeitpunkt t vom dritten Lieferanten geliefert wird;

$a_5(t)$ — Warteschlange der Forderungen (Nachfrage), die zum Zeitpunkt t auf Waren warten;

$a_6(t)$ — Vorhandensein von Waren im Lager zum Zeitpunkt t;

$a_7(t)$ — Warenmenge, die von dem ersten Lieferanten eintraf und außerhalb des Lagers zum Zeitpunkt t wartet;

$a_8(t)$ — Warenmenge, die vom zweiten Lieferanten eintraf und außerhalb des Lagers zum Zeitpunkt t wartet;

$a_9(t)$ — Warenmenge, die von dem dritten Lieferanten eintraf und außerhalb des Lagers zum Zeitpunkt t wartet;

$a_{10}(t)$ — gesamte Kosten des Systems im Zeitintervall von Beginn der Untersuchung bis zum Zeitpunkt $t - 1$;

$a_{11}(t)$ – genäherter Erwartungswert der gesamten Kosten des Systems, durch Mittelung im Zeitintervall von 0 bis $t - 2$ erhalten;

$a_{12}(t)$ – gesamte quadratische Kosten des Systems im Verlauf des Zeitintervalls vom Beginn der Untersuchung bis zum Zeitpunkt $t - 1$;

$a_{13}(t)$ – angenäherter Erwartungswert des Quadrats der gesamten Kosten des Systems, durch Mittelung im Zeitintervall von 0 bis $t - 2$ erhalten;

$a_{14}(t)$ – genäherter Wert der Dispersion, durch Mittelung im Intervall von 0 bis $t - 3$ erhalten;

$a_{15}(t)$ – Automatenzeit.

Die Alphabetmatrix des entwickelten Modells lautet:

	1	2	3	4	5	6	7	8	9	10	11	12	13	14	15
1	N	∅	∅	∅	N	N	N	N	N	N	∅	N	∅	∅	∅
2	∅	N	∅	∅	N	N	N	N	N	N	∅	N	∅	∅	∅
3	∅	∅	N	∅	N	N	N	N	N	N	∅	N	∅	∅	∅
4	∅	∅	∅	N	N	N	N	N	N	N	∅	N	∅	∅	∅
5	∅	∅	∅	∅	N	N	N	N	N	N	∅	N	∅	∅	∅
6	∅	∅	∅	∅	M	M	M	M	M	M	∅	M	∅	∅	∅
7	∅	∅	∅	∅	N	N	N	N	N	N	∅	N	∅	∅	∅
8	∅	∅	∅	∅	N	N	N	N	N	N	∅	N	∅	∅	∅
9	∅	∅	∅	∅	N	N	N	N	N	N	∅	N	∅	∅	∅
10	∅	∅	∅	∅	∅	∅	∅	∅	∅	C	∅	∅	∅	∅	∅
11	∅	∅	∅	∅	∅	∅	∅	∅	∅	∅	C	∅	∅	C	∅
12	∅	∅	∅	∅	∅	∅	∅	∅	∅	∅	∅	C	C	∅	∅
13	∅	∅	∅	∅	∅	∅	∅	∅	∅	∅	∅	∅	C	C	∅
14	∅	∅	∅	∅	∅	∅	∅	∅	∅	∅	∅	∅	∅	C	∅
15	∅	∅	∅	∅	∅	∅	∅	∅	∅	∅	∅	∅	N	N	N

Dabei wurden die folgenden Bezeichnungen verwendet:

N – Menge der natürlichen Zahlen,

M – Menge der natürlichen Zahlen, die die Kapazität α des Lagers nicht übersteigen,

C — Menge der nichtnegativen rationalen Zahlen,
$\varnothing$ — Menge, die aus einem einzigen Signal besteht.

Aus der Alphabetmatrix ist zum Beispiel ersichtlich, daß den Automatenzustand A_{10} die Zustände der folgenden Automaten beeinflussen: A_1, A_2, A_3, A_4, A_5, A_6, A_7, A_8 und A_9. Als Zustandsalphabet des Automaten A_{10} dient die Menge C, als Alphabet der Signale, die zum Beispiel vom Automaten A_6 zum Automaten A_{10} übertragen werden, die Menge M. Als Alphabet der Signale, die von jedem der Automaten A_1, A_2, A_3, A_4, A_5, A_6, A_7, A_8 und A_9 zum Automaten A_{10} übertragen werden, dient die Menge aller natürlichen Zahlen N.

Im gegebenen Fall wird vorausgesetzt, daß jedes Ausgangssignal mit dem Wert des Zustands des entsprechenden Automaten übereinstimmt, von dem das Signal kommt. Damit entfällt die Vorgabe eines Systems von Ausgangsfunktionen. Die Tabelle der bedingten Übergangsfunktionale wird somit:

A_1	ξ_1	
A_2	ξ_2	
A_3	ξ_3	
A_4	ξ_4	
A_5	$\max\{0, a_1 + a_5 - \min[a_2 + a_3 + a_4 + a_6 + a_7 + a_8 + a_9, n]\}$	
A_6	$\min\{\alpha, a_2 + a_3 + a_4 + a_6 + a_7 + a_8 + a_9 - a_1 - a_5 + \max\{0, a_1 + a_5 - \min[a_2 + a_3 + a_4 + a_6 + a_7 + a_8 + a_9, n]\}$	
A_7	$\max\{0, a_2 + a_6 + a_7 - \alpha - a_1 - a_5 + \max\{0, a_1 + a_5 - \min[a_2 + a_3 + a_4 + a_6 + a_7 + a_8 + a_9, n]\}$	
A_8	$a_2 + a_6 + a_7 < \alpha + a_1 + a_5 - \max\{0, a_1 + a_5 - \min[a_2 + a_3 + a_4 + a_6 + a_7 + a_8 + a_9, n]\}$	$a_2 + a_6 + a_7 \geqq \alpha + a_1 + a_5 - \max\{0, a_1 + a_5 - \min[a_2 + a_3 + a_4 + a_6 + a_7 + a_8 + a_9, n]\}$
	$\max\{0, a_2 + a_3 + a_6 + a_7 + a_8 - \alpha - a_1 - a_5 + \max\{0, a_1 + a_5 - \min[a_2 + a_3 + a_4 + a_6 + a_7 + a_8 + a_9, n]\}$	$a_3 + a_8$
A_9	$a_2 + a_3 + a_6 + a_7 + a_8 < \alpha + a_1 + a_5 - \max\{0, a_1 + a_5 - \min[a_2 + a_3 + a_4 + a_6 + a_7 + a_8 + a_9, n]\}$	$a_2 + a_3 + a_6 + a_7 + a_8 \geqq \alpha + a_1 + a_5 - \max\{0, a_1 + a_5 - \min[a_2 + a_3 + a_4 + a_6 + a_7 + a_8 + a_9, n]\}$
	$\max\{0, a_2 + a_3 + a_4 + a_6 + a_7 + a_8 + a_9 - \alpha - a_1 - a_5 + \max\{0, a_1 + a_5 - \min[a_2 + a_3 + a_4 + a_6 + a_7 + a_8 + a_9, n]\}$	$a_4 + a_9$

A_{10}	$a_{10} + \sum_{k=5}^{9} \delta_k a_k$
A_{11}	$a_{10} : \max \{1, a_{15}\}$
A_{12}	$a_{12} + \left(\sum_{k=5}^{9} \delta_k a_k\right)^2$
A_{13}	$a_{12} : \max \{1, a_{15}\}$
A_{14}	$a_{13} - a_{11}{}^2$
A_{15}	$a_{15} + 1$

Zur Vereinfachung wurden hierbei Bezeichnungen für die identisch wahren Aussagen weggelassen. Daher erfolgt im betrachteten Fall keine Teilung in zwei Unterzeilen und eine Zeile enthält nur ein Funktional.

Erläutern wir kurz die Tabelle der bedingten Übergangsfunktionale. Die ersten vier Zeilen werden von selbst verständlich sein. Offensichtlich stellt die Summe

$$a_2(t) + a_3(t) + a_4(t) + a_6(t) + a_7(t) + a_8(t) + a_9(t)$$

die Anzahl der Waren dar, die im System zum Zeitpunkt t enthalten sind. Da in der Zeiteinheit nicht mehr als n Wareneinheiten ausgeliefert werden können, stellt der Ausdruck

$$\min [a_2(t) + a_3(t) + a_4(t) + a_6(t) + a_7(t) + a_8(t) + a_9(t), n]$$

die Anzahl dar, die dem Kunden auf Grund der vorhandenen Waren und der Intensität der Bedienungseinrichtung ausgeliefert werden kann.

Ist die Differenz

$$a_1(t) + a_5(t) - \min [a_2(t) + a_3(t) + a_4(t) + a_6(t) + a_7(t) + a_8(t) + a_9(t), n]$$

nichtnegativ, so stimmt sie mit der Anzahl der Forderungen überein, die im System enthalten sind und unbefriedigt bleiben. Anderenfalls ist diese Anzahl gleich Null. Damit kann man die Anzahl der unbefriedigten Forderungen in folgender Form angeben:

$$\max \{0, a_5(t) + a_1(t) - \min [a_2(t) + a_3(t) + a_4(t) + a_6(t) + a_7(t) + a_8(t) + a_9(t), n]\}.$$

Diese Beziehung stellt das Funktional zur Berechnung der Zustände $a_5(t+1)$ dar. Die Anzahl der befriedigten Forderungen ist somit

$$S(t) \equiv a_1(t) + a_5(t) - \max \{0, a_5(t) + a_1(t) - \min [a_2(t) + a_3(t) + a_4(t) + a_6(t) + a_7(t) + a_8(t) + a_9(t), n]\}.$$

Offensichtlich ergibt sich die Anzahl der im System enthaltenen und nicht ausgelieferten Waren entsprechend der Beziehung

$$a_2(t) + a_3(t) + a_4(t) + a_6(t) + a_7(t) + a_8(t) + a_9(t) - S(t).$$

Dabei stimmt die Größe

$$\min \{\alpha, a_2(t) + a_3(t) + a_4(t) + a_6(t) + a_7(t) + a_8(t) + a_9(t) - S(t)\}$$

mit der Menge, um die das Lager aufgefüllt wurde, überein, d. h. mit dem Zustand $a_6(t+1)$ des Automaten A_6.

Beachtet man, daß die Waren, die vom ersten Lieferanten geliefert werden, im Lager an erster Stelle angenommen und gemeinsam mit den im Lager befindlichen Waren zur Befriedigung der vorhandenen Forderungen verwendet werden, ergibt sich die Anzahl der vom ersten Lieferanten gelieferten und im Lager nicht angenommenen Waren folgendermaßen:

$$\max \{0, a_2(t) + a_6(t) + a_7(t) - \alpha - S(t)\}.$$

Dieser Ausdruck stellt gerade den neuen Zustand $a_7(t+1)$ des Automaten A_7 dar.

Reicht die Ware, die sich am Lager befindet und die Ware, die vom ersten Lieferanten geliefert wurde, zur Befriedigung aller Forderungen in der gegebenen Zeitenheit aus, dann gilt die Ungleichung

$$a_2(t) + a_6(t) + a_7(t) - \alpha - S(t) \geqq 0.$$

In diesem Fall werden die Forderungen nicht durch Waren befriedigt, die von dem zweiten Lieferanten eintreffen. Der neue Zustand $a_8(t+1)$ des Automaten A_8 wird durch die Summe $a_3(t) + a_8(t)$ bestimmt. Im anderen Fall berechnet sich der Zustand nach der Formel

$$a_8(t+1) = \max \{0, a_2(t) + a_3(t) + a_6(t) + a_7(t) + a_8(t) - \alpha - S(t)\}.$$

Analog erfolgt die Berechnung des neuen Zustands des Automaten A_9.

Wie aus den Zeilen der Tabelle der bedingten Übergangsfunktionale, die den Automaten des Indikators entsprechen, folgt, stellt der Zustand des Automaten A_{11} eine Größe

$$a_{11}(t+1) = \frac{1}{t-1} \sum_{\tau=0}^{t-1} \sum_{k=5}^{9} \delta_k a_k(\tau) \qquad (t = 1, 2, \ldots)$$

dar, die mit dem angenäherten Erwartungswert der gesamten Kosten des Systems übereinstimmt. Ebenso entspricht der Ausdruck

$$a_{14}(t+1) = \frac{1}{t-2} \sum_{\tau=0}^{t-2} \left[\sum_{k=5}^{9} \delta_k a_k(\tau)\right]^2 - \left[\frac{1}{t-2} \sum_{\tau=0}^{t-2} \sum_{k=5}^{9} \delta_k a_k(\tau)\right]^2 \qquad (t = 2, 3, \ldots)$$

per empirischen Dispersion der gesamten Kosten.

Die Verteilungen der Zufallsgrößen $\xi_1, \xi_2, \xi_3, \xi_4$ ergeben sich dabei im Ergebnis der statistischen Untersuchungen des Verhaltens des realen Systems.

Zur endgültigen Festlegung kann man die Anfangszustände aller Automaten gleich Null setzen.

Ein stationäres Regime erreicht das Systemverhalten nur, wenn gleichzeitig die Bedingungen

$$M\xi_1 = M\xi_2 + M\xi_3 + M\xi_4, \ M\xi_1 < n$$

erfüllt sind.

Die erste Beziehung bezeichnet die genaue Übereinstimmung der mittleren Ankünfte der Waren und Forderungen in der Zeiteinheit. Die zweite Bedingung zeigt, daß die mittlere Anzahl der Waren, die das System in der Zeiteinheit durchlaufen, die Durchlaßfähigkeit der Verlademittel nicht übersteigen darf. Ist die erste Bedingung nicht erfüllt, entsteht im System eine unbegrenzte Ansammlung von Forderungen oder Waren in der Warteschlange. Dabei ergibt sich eine Warenansammlung nur, wenn die rechte Seite der Gleichung größer als die linke ist. Das bedeutet einen Mangel an Forderungen. Übersteigt jedoch die linke Seite der Gleichung die rechte, dann erfolgt die Ansammlung der Forderungen auf Grund eines Warenmangels. Falls die zweite Bedingung gestört ist, erfolgt eine Ansammlung von Forderungen und Waren auf Grund unzureichender Verladeanlagen.

Im Prozeß der Simulation werden mit Hilfe der elektronischen Datenverarbeitungsanlage die Automatenzustände des Systems für alle Zeitwerte aus dem Modellierungsintervall berechnet. Zur Ermittlung der Werte der Zufallsgrößen werden Unterprogramme zur Berechnung von Pseudozufallszahlen benötigt.

7.3. Modell eines Systems zur Befriedigung von Forderungen nach inhomogenen Waren

Als ein weiteres System zur Befriedigung von Forderungen betrachten wir ein solches, in das bestimmte Warenarten und entsprechende Ströme von Forderungen nach diesen Waren eintreffen. Bei der Modellbildung muß die Warteschlange der Forderungen sowohl hinsichtlich der Warenart als auch bezüglich des „Alters" der wartenden Forderungen differenziert betrachtet werden. Durch die Einführung des Begriffs der Restzeit der Bedienung und eines Automaten mit einem entsprechenden Zustand entsteht die Möglichkeit, die ausgewählte Einheit der Automatenzeit zu vergrößern. Dadurch ergibt sich ein Gewinn an Rechenzeit für den Simulationsprozeß. Im Modell wird darüberhinaus der Einfluß des sogenannten „Verbotsfaktors" erfaßt.

Es wird angenommen, daß an den Systemeingang zwei unabhängige Warenströme sowie die entsprechenden Forderungen nach diesen Waren gelangen. Die Größe der Nachfrage nach Waren der ersten Art bezeichnen wir mit η_1, die nach Waren der zweiten Art mit η_2. Der Losgrößenumfang der Waren der ersten

Art betrage η_9, der der zweiten Art η_{10}. Alle Zufallsgrößen nehmen dabei nur ganzzahlige Werte an, und ihre Verteilungen werden beliebig, aber als bekannt vorausgesetzt. Das System besitzt entsprechend den Warensorten zwei Lagerräume. Dabei beträgt die Kapazität des ersten Lagers α_1, die des zweiten α_2 (α_1 und α_2 sind ganze Zahlen). Finden die Waren das ihnen entsprechende Lager gefüllt vor, so warten sie so lange außerhalb der Lagerräume, bis diese frei werden. Eine Nachfrage nach Waren, die in das System eintritt und aus unterschiedlichen Gründen nicht befriedigt wird, kann unbegrenzte Zeit warten.

Das System besitzt eine bestimmte Anzahl τ von Arbeitsplätzen zur Bedienung der Forderungen. Eine Auslieferung einer Wareneinheit dauert eine konstante Zeit γ, die nicht von der Warenart abhängt. Vorrangig wird die Nachfrage nach der ersten Warensorte bedient, die zwei oder mehr Zeiteinheiten wartet. An zweiter Stelle steht die gleiche Nachfrage nach der zweiten Warensorte, an dritter Stelle die Nachfrage nach der ersten Warensorte, die ein bis zwei Zeiteinheiten wartet und schließlich an vierter Stelle die Nachfrage gleichen „Alters" nach der zweiten Warenart. Den fünften und sechsten Platz nimmt entsprechend die Nachfrage nach der ersten und zweiten Warensorte ein, die weniger als eine Zeiteinheit warten.

Offensichtlich steht das gegebene System unter dem Einfluß eines zufälligen „Verbotsfaktors", der sich zu jedem Zeitpunkt entweder im aktiven (1) oder im passiven (0) Zustand befinden kann. Das System funktioniert normal, wenn sich der „Verbotsfaktor" im passiven Zustand befindet. Im anderen Fall werden die Forderungen nicht befriedigt, obwohl die Ankunft von Forderungen und Waren nicht unterbrochen wird. Der Zustand des „Verbotsfaktors" ist eine Zufallsgröße η_0, deren Realisierungen eine homogene Markowsche Kette ergeben. Sie wird durch die Übergangsmatrix

$$p = \{p_{ij}\} \qquad (i, j = \overline{0, 1})$$

bestimmt.

Wir bezeichnen mit $\eta_0^{(0)}$ (entsprechend mit $\eta_0^{(1)}$) die Zufallsgröße, die den Wert 0 mit der Wahrscheinlichkeit p_{00} (entsprechend p_{10}) und den Wert 1 mit der Wahrscheinlichkeit p_{01} (entsprechend p_{11}) annimmt.

Ziel der Untersuchung sind die ökonomischen Kosten des Funktionierens des Systems. Für das Warten der Forderungen auf eine Wareneinheit im Verlauf der ersten Zeiteinheit wird eine Strafe verlangt, die für die erste Warensorte Δ_3 und für die zweite Warensorte Δ_4 beträgt. Für das Warten der Forderungen auf eine Wareneinheit im Verlauf jeder folgenden Zeiteinheit beträgt die Strafe Δ_5 für die erste Warensorte und Δ_6 für die zweite Warensorte. Die Kosten für die Aufbewahrung einer Wareneinheit im Lager im Verlauf einer Zeiteinheit sind Δ_7 für die erste Warensorte und Δ_8 für die zweite Warensorte. Bei der Aufbewahrung einer Wareneinheit außerhalb der Lagerräume entstehen im Verlauf einer Zeiteinheit Kosten Δ_9 für die erste Warensorte und Δ_{10} für die zweite Warenart. Zur Ermittlung des Erwartungswertes der gesamten Kosten in der Zeiteinheit entwickeln wir ein Modell des beschriebenen Systems.

Wir führen die folgenden Bezeichnungen ein:

$a_0(t)$ – Zustand des „Verbotsfaktors“ zum Zeitpunkt t;
$a_1(t)$ – Umfang der Nachfrage nach der ersten Warenart, die im Moment t eintrifft;
$a_2(t)$ – Umfang der Nachfrage nach der zweiten Warenart, die im Moment t eintrifft;
$a_3(t)$ – Anzahl der Forderungen, die in der Warteschlange auf die erste Warensorte ein bis zwei Zeiteinheiten warten;
$a_4(t)$ – Anzahl der Forderungen, die in der Warteschlange auf die zweite Warensorte ein bis zwei Zeiteinheiten warten;
$a_5(t)$ – Anzahl der Forderungen, die in der Warteschlange auf die erste Warenart zwei oder mehr Zeiteinheiten warten;
$a_6(t)$ – Anzahl der Forderungen, die in der Warteschlange auf die zweite Warenart zwei oder mehr Zeiteinheiten warten;
$a_7(t)$ – Größe, die angibt, ob Waren im ersten Lager im Moment t vorhanden sind;
$a_8(t)$ – Größe, die angibt, ob Waren im zweiten Lager im Moment t vorhanden sind;
$a_9(t)$ – Anzahl der Waren der ersten Art, die in das System eintrafen und sich im Moment t außerhalb der Lagerräume befinden,
$a_{10}(t)$ – Anzahl der Waren der zweiten Art, die in das System eintrafen und sich im Moment t außerhalb der Lagerräume befinden;
$a_{11}(t)$ – gesamte Restzeit, in deren Verlauf alle Forderungen, die im Moment t bedient werden, vollständig befriedigt sind;
$a_{12}(t)$ – gesamte Kosten in der laufenden Zeiteinheit;
$a_{13}(t)$ – gesamte Kosten im Zeitintervall von Beginn der Untersuchung bis zum Moment $t - 1$;
$a_{14}(t)$ – Erwartungswert der gesamten Kosten in der Zeiteinheit, durch Mittelung im Intervall vom Anfang der Untersuchung bis zum Moment $t - 2$ erhalten;
$a_{15}(t)$ – Größe des Zeitintervalles vom Beginn der Untersuchung des Systems bis zum Moment $t - 1$ für $t > 1$. Anderenfalls ist diese Größe gleich 1.

Offensichtlich stellt der Vektor $\bar{a}(t) = \{a_0(t), a_1(t), \ldots, a_{15}(t)\}$ mit den Komponenten $a_0(t), a_1(t), \ldots, a_{15}(t)$ einen MARKOWschen Vektor dar:

$$P\{\bar{a}(t+1)|\bar{a}(0), \bar{a}(1), \ldots, \bar{a}(t)\} = P\{\bar{a}(t+1)|\bar{a}(t)\}.$$

Da das System diskret ist, kann es als System stochastischer Automaten dargestellt werden.

Das Modell des betrachteten Systems besteht aus 16 Automaten A_k $\left(k = \overline{0, 15}\right)$. Wir wollen annehmen, daß die Zustände dieser Automaten mit den vorher eingeführten Größen $a_k(t)$ $\left(k = \overline{0, 15}\right)$ übereinstimmen. 12 dieser Automaten

$A_k(k = \overline{0, 11})$ bilden den grundlegenden Teil des Systems, die übrigen 4 Automaten $A_k(k = \overline{12, 15})$ ergeben den Indikator. Dabei sind fünf stochastische Automaten ($A_0, A_1, A_2, A_9, A_{10}$) und elf determinierte Automaten enthalten.

Die Alphabetmatrix nimmt für dieses Beispiel die Form

	0	1	2	3	4	5	6	7	8	9	10	11	12	13	14	15
0	D	∅	∅	D	D	D	D	D	D	D	D	D	∅	∅	∅	∅
1	∅	N	∅	N	N	∅	∅	N	N	N	N	N	∅	∅	∅	∅
2	∅	∅	N	∅	N	∅	∅	∅	N	∅	N	N	∅	∅	∅	∅
3	∅	∅	∅	N	N	N	N	N	N	N	N	N	N	∅	∅	∅
4	∅	∅	∅	N	N	∅	N	N	N	N	N	N	N	∅	∅	∅
5	∅	∅	∅	N	N	N	N	N	N	N	N	N	N	∅	∅	∅
6	∅	∅	∅	N	N	N	N	N	N	N	N	N	N	∅	∅	∅
7	∅	∅	∅	K	K	K	K	K	K	K	K	K	K	∅	∅	∅
8	∅	∅	∅	M	M	M	M	M	M	M	M	M	M	∅	∅	∅
9	∅	∅	∅	N	N	N	N	N	N	N	N	N	N	∅	∅	∅
10	∅	∅	∅	N	N	N	N	N	N	N	N	N	N	∅	∅	∅
11	∅	∅	∅	N	N	N	N	N	N	N	N	N	N	∅	∅	∅
12	∅	∅	∅	∅	∅	∅	∅	∅	∅	∅	∅	∅	C	C	∅	∅
13	∅	∅	∅	∅	∅	∅	∅	∅	∅	∅	∅	∅	C	C	∅	∅
14	∅	∅	∅	∅	∅	∅	∅	∅	∅	∅	∅	∅	∅	∅	C	∅
15	∅	∅	∅	∅	∅	∅	∅	∅	∅	∅	∅	∅	∅	∅	N	N

an.

Anstelle eines Systems von Ausgangsfunktionen wird angenommen, daß die Alphabete der Ausgangssignale mit den Zustandsalphabeten der entsprechenden Automaten übereinstimmen.

Mit $b_k(t)$ bezeichnen wir den Teil der Forderungen $(k = \overline{1, 6})$, die in das System zum Zeitpunkt t eintreffen oder in der Schlange in der entsprechenden Etappe warten. Diese Größe geht als Summand in die entsprechende Größe $a_k(t)$ $(k = \overline{1, 6})$ ein und wird im Verlauf des Zeitintervalls von t bis $t + 1$ nicht befriedigt. Für $b_k(t)$ ergeben sich für $\tau > a_{11}$ folgende Beziehungen (im Interesse einer kurzen

Schreibweise lassen wir die Bezeichnung der Argumente in den Ausdrücken $a_k(t)$ und $b_k(t)$ weg):

$$b_5 = \max\left\{0, a_5 - \min\left\{a_7 + a_9, \left[\frac{\tau - a_{11}}{\gamma}\right] + 1\right\}\right\},$$

$$b_6 = \max\left\{0, a_6 - \min\left\{a_8 + a_{10}, \left[\frac{\tau - a_{11}}{\gamma}\right] + 1 - a_5 + b_5\right\}\right\},$$

$$b_3 = \max\left\{0, a_3 - \min\left\{a_7 + a_9 - a_5 + b_5, \left[\frac{\tau - a_{11}}{\gamma}\right] + 1 - a_5 - a_6 + b_5 + b_6\right\}\right\},$$

$$b_4 = \max\left\{0, a_4 - \min\left\{a_8 + a_{10} - a_6 + b_6, \left[\frac{\tau - a_{11}}{\gamma}\right] + 1 - a_3 - a_5 - a_6 + b_3 + b_5 + b_6\right\}\right\},$$

$$b_1 = \max\left\{0, a_1 - \min\left\{a_7 + a_9 - a_3 - a_5 + b_3 + b_5, \left[\frac{\tau - a_{11}}{\gamma}\right] + 1 - a_3 - a_4 - a_5 - a_6 + b_3 + b_4 + b_5 + b_6\right\}\right\},$$

$$b_2 = \max\left\{0, a_2 - \min\left\{a_8 + a_{10} - a_4 - a_6 + b_4 + b_6, \left[\frac{\tau - a_{11}}{\gamma}\right] + 1 - a_1 - a_3 - a_4 - a_5 - a_6 + b_1 + b_3 + b_4 + b_5 + b_6\right\}\right\}.$$

Für $\tau \leqq a_{11}$ gilt:

$$b_1 = a_1;\ b_2 = a_2;\ b_3 = a_3;\ b_4 = a_4;\ b_5 = a_5;\ b_6 = a_6.$$

Die Tabelle der bedingten Übergangsfunktionale kann folgendermaßen dargestellt werden:

	$a_0 \neq 0$	$a_0 = 0$
A_0	$\eta_0^{(1)}$	$\eta_0^{(0)}$
A_1	η_1	η_1
A_2	η_2	η_2
A_3	a_1	b_1
A_4	a_2	b_2
A_5	$a_3 + a_5$	$b_3 + b_5$
A_6	$a_5 + a_4$	$b_6 + b_4$
A_7	$\min\{\alpha_1, a_7 + a_9\}$	$\min\{\alpha_1, a_7 + a_9 - a_3 - a_5 + b_3 + b_5\}$
A_8	$\min\{\alpha_2, a_8 + a_{10}\}$	$\min\{\alpha_2, a_8 + a_{10} - a_4 - a_6 + b_4 + b_6\}$
A_9	$\max\{0, a_7 + a_9 + \eta_9 - \alpha_1\}$	$\max\{0, a_7 + a_9 + \eta_9 - a_3 - a_5 + b_3 + b_5 - \alpha_1\}$
A_{10}	$\max\{0, a_8 + a_{10} + \eta_{10} - \alpha_2\}$	$\max\{0, a_8 + a_{10} + \eta_{10} - a_4 - a_6 + b_4 + b_6 - \alpha_2\}$
A_{11}	$a_0 \neq 0$	$a_0 = 0 \wedge \gamma \sum_{i=1}^{6} (a_i - b_i) > \tau - a_{11} \wedge \tau - a_{11} > 0$
	a_{11}	$v\left\{\left[\frac{\tau - a_{11}}{\gamma}\right] + 1\right\} - \tau + a_{11}$
	$a_0 = 0 \wedge \tau - a_{11} < 0$	$a_0 = 0 \wedge \gamma \sum_{i=1}^{6} (a_i - b_i) \leqq \tau - a_{11} \wedge \tau - a_{11} > 0$
	$a_{11} - \tau$	0
A_{12}	$\sum_{k=3}^{10} \Delta_k a_k$	
A_{13}	$a_{12} + a_{13}$	
A_{14}	$a_{13} : \max\{1, a_{15} - 1\}$	
A_{15}	$a_{15} + 1$	

η_k $(k = 0, 1, 2, 9, 10)$ sind Zufallsgrößen, deren Bedeutung bereits vorher erläutert wurde. Die Verteilungen dieser Zufallsgrößen, die als bekannt vorausgesetzt werden, erfassen wir in der Beschreibung des Systems mit. Der grundlegende Modellteil besitzt eine stationäre Verteilung der Zustände, wenn die folgenden Bedingungen erfüllt sind:

$$\mathrm{M}\eta_1 = \mathrm{M}\eta_9, \; \mathrm{M}\eta_2 = \mathrm{M}\eta_{10},$$

$$\gamma(\mathrm{M}\eta_1 + \mathrm{M}\eta_2) < \tau(1 - \mathrm{M}\eta_0).$$

Dabei ist M das Symbol für den Erwartungswert.

Die Anfangszustände der Automaten $A_k\left(k = \overline{0, 11}\right)$ des Systems können beliebig gewählt werden. Zur Konvergenzbeschleunigung der zu berechnenden Größen werden jedoch die Anfangszustände nach Möglichkeit in der Nähe der zu erwartenden mittleren Werte der entsprechenden Parameter gewählt. Für die Automaten $A_k\left(k = \overline{12, 15}\right)$ des Indikators ergeben sich die Anfangszustände folgendermaßen:

$$a_{12}(0) = a_{13}(0) = a_{14}(0) = 0; \quad a_{15}(0) = 1.$$

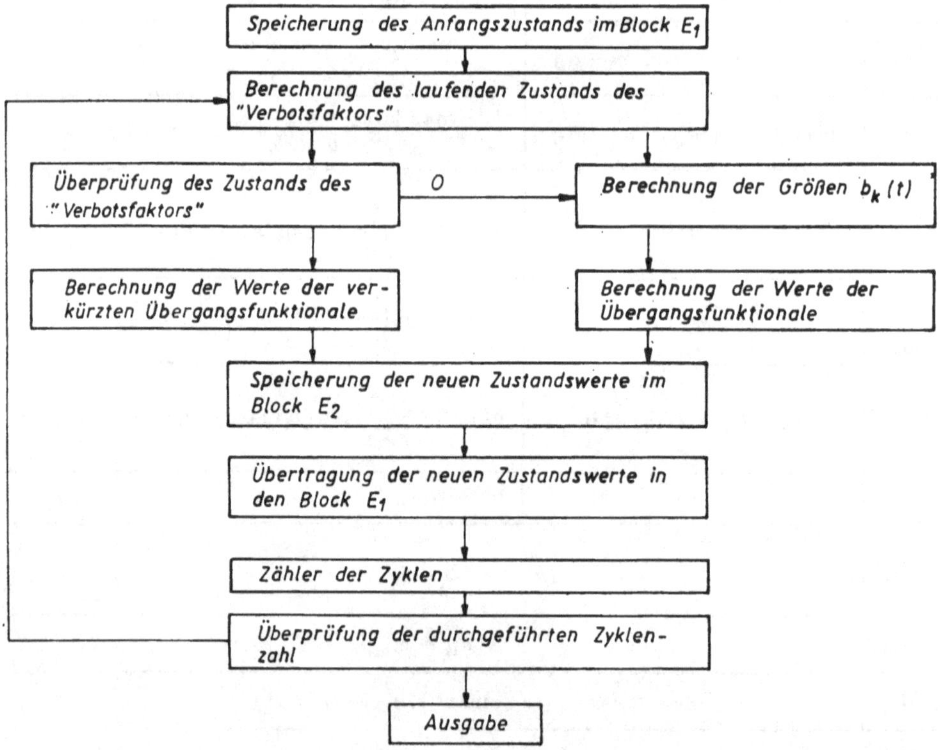

Abb. 31. Blockschema des Simulationsalgorithmus

Zur Modellierung des Systemverhaltens werden im Speicher zwei Blöcke von Arbeitsspeichern E_1 und E_2 ausgewählt. Das Blockschema für den Algorithmus ist in Abb. 31 dargestellt. Anfangs sind im Block E_1 die Anfangszustände der Automaten enthalten. Jeder Zyklus beginnt mit der Ermittlung der laufenden Realisierung der Zufallsgröße η_0 („Verbotsfaktor"). In Abhängigkeit von dieser Realisierung sind die neuen Zustandswerte der Automaten entweder mit Hilfe der verkürzten Übergangsfunktionale oder mit Hilfe der vollständigen Übergangsfunktionale (siehe oben) zu ermitteln. Im letzten Fall geht der Berechnung der neuen Zustandswerte die Berechnung der Werte $b_k(t)$ $\left(k = \overline{1, 6}\right)$ voraus. Die neuen Zustandswerte werden im Block E_2 gespeichert und nach Beendigung der Berechnung in den Block E_1 übertragen. Nach Beendigung der notwendigen Anzahl von Rechenzyklen ergibt sich ein Ergebnis mit ausreichender Genauigkeit. Als Endergebnis werden die Zustandswerte des Automaten A_{14} ausgedruckt.

8. Untersuchung und Optimierung des Verhaltens eines großen Erdölumschlaghafens

8.1. Inhaltliche Beschreibung des realen Systems

Die Anwendung stochastischer Automaten bei der Untersuchung eines Systems zur Befriedigung von Forderungen führt nicht nur in den bisher betrachteten verhältnismäßig einfachen Fällen zu guten Ergebnissen. Auch für wesentlich kompliziertere Systeme, bei denen die Zahl der benötigten Automaten des Modells zwanzig übersteigt, ist die Modellbildung mittels stochastischer Automaten sinnvoll.

Im vorliegenden Kapitel wird die Untersuchung eines solchen Systems ausführlich am Beispiel des Systems „Erdölumschlaghafen" dargelegt. Hauptaufgabe eines solchen Systems ist der Umschlag der Erdölprodukte vom Festland auf das Meer. Das ganze System kann man als die Vereinigung einiger miteinander verbundener Teilsysteme betrachten. Derartige Teilsysteme sind:

1. die Erdölumschlagbasis,
2. der Hafen (richtiger der Erdölbereich des Hafens),
3. das Erdöldestillationswerk,
4. der Eisenbahnknotenpunkt,
5. die Erdölleitung zur Überführung von Erdöl in das System,
6. die meteorologischen Faktoren, die auf die Arbeit des Hafens Einfluß haben.

Die Erdölumschlagbasis besitzt Lagerkapazität zur Aufbewahrung der Erdölprodukte, die über das System der inneren Erdölleitungen mit den Eisenbahnestakaden, dem Erdöldestillationswerk und dem Meereshafen verbunden sind. Die Erdölleitung endet in der Basis. Über diese Leitung gelangt nur eine Erdölproduktart in die Basis, das entsalzene Erdöl. Über die Eisenbahn gelangen in den Umschlaghafen die folgenden Erdölproduktarten: Dieseltreibstoff, Leuchtpetroleum, Benzin unterschiedlicher Marken. Das Erdöldestillationswerk liefert der Umschlagbasis folgende Erdölproduktarten: Dieseltreibstoff, Leuchtpetroleum, Heizöl, Benzin unterschiedlicher Marken, Pyrolyserohstoffe. Über das Meer gelangt in die Erdölbasis salzhaltiges Erdöl.

Da ein Stillstand der Eisenbahnzisternen mit bedeutenden Kosten verbunden ist, werden in der Regel die Erdölprodukte vorrangig von der Eisenbahn und erst in zweiter Linie von dem Erdöldestillationswerk angenommen.

Über den Erdölpier des Hafens erfolgt die Auslieferung des entsalzenen Erdöls, des Dieseltreibstoffs, des Leuchtpetroleums, der unterschiedlichen Benzinsorten sowie des Heizöls über das Meer. Über die Eisenbahn sendet die Umschlagbasis in das Landesinnere Benzine unterschiedlicher Sorten, Heizöl und Pyrolyserohstoffe.

Von der Basis werden des weiteren die im Hafen liegenden Schiffe mit Dieseltreibstoff und mit Heizöl getankt. Zu diesem Zweck werden diese Erdölproduktarten in schwimmende Tankkähne getankt, aus denen dann die Schiffe mit Treibstoff versorgt werden können. Das gesamte rohe salzhaltige Erdöl, das in die Basis eintrifft, wird an das Erdöldestillationswerk weitergeleitet. Da die Kosten für den Stillstand der Tankschiffe die Kosten des Stillstands der Eisenbahnleerwagen übersteigen, sendet die Basis an erster Stelle Erdölprodukte über das Meer, an zweiter Stelle dann über die Eisenbahn, und erst an dritter Stelle werden die schwimmenden Tankkähne beliefert.

Die Beziehungen der Umschlagbasis mit den anderen Teilsystemen sind in Abb. 32 schematisch dargestellt.

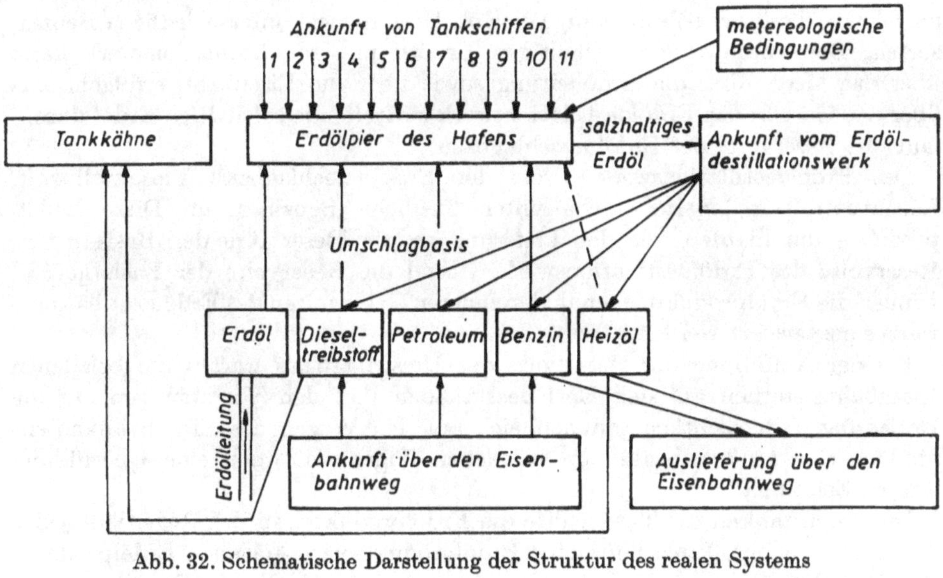

Abb. 32. Schematische Darstellung der Struktur des realen Systems

Die Erdölbasis besitzt einzelne Reservoire für die unterschiedlichen Erdölprodukte. Die Verteilung auf die Reservoire ist ungefähr dem jährlichen Umschlag der einzelnen Erdölproduktarten proportional. Es muß beachtet werden, daß sowohl beim Eintreffen der Erdölprodukte in der Basis als auch bei ihrer Auslieferung und Aufbewahrung Verluste nicht zu vermeiden sind.

Aufgabe der Erdölleitung ist es, in die Umschlagbasis das entsalzene Erdöl zu leiten. Dabei ist die tägliche Ankunft von Erdöl am Anfangspunkt der Erdölleitung nicht konstant. Die Liefergeschwindigkeit des Erdöls über die Leitung hängt wesentlich von der Ankunft des Erdöls über die Eisenbahn am Ausgangspunkt der Erdölleitung ab. Sie wird von Zeit zu Zeit in Abhängigkeit vom vorhandenen Erdöl in diesem Punkt sowie von der vorhandenen Kapazität in der

Umschlagbasis geregelt. Bei längerem Unwetter füllen sich die Reservoire der Erdölleitung unaufhörlich. In diesem Fall wird die Geschwindigkeit der Erdölpumpen verringert. Darüber hinaus füllen sich am Ausgangspunkt die Eisenbahnzisternen. Sind schließlich alle Reservoire der Basis gefüllt, wird die Erdölleitung geschlossen. Dadurch entstehen erhebliche Verluste, so daß in derartigen Fällen alle möglichen Maßnahmen ergriffen werden müssen, um einen Stillstand der Erdölleitung zu vermeiden. In der Praxis treten auch derartige Stillstände der Erdölleitung äußerst selten auf, gewöhnlich nur in den Wintermonaten, in denen häufiger Unwetter herrscht. Da sich auf die Ankunft des Erdöls am Anfangspunkt der Erdölleitung die Schwankungen der Pumpengeschwindigkeit überlagern, ist die tägliche Ankunft von Erdöl in der Umschlagbasis ebenfalls nicht konstant. Sie wird im weiteren als Zufallsgröße betrachtet.

Im Erdöldestillationswerk erfolgt die Bearbeitung des salzhaltigen Erdöls, wodurch folgende Erdölprodukte erhalten werden: Dieseltreibstoff, Leuchtpetroleum, Traktoren-Petroleum, Dieselöl, Heizöl sowie unterschiedliche Benzinsorten. Die Ankunft des salzhaltigen Erdöls im Erdöldestillationswerk kann über das Meer, über die Erdölleitung sowie über die Eisenbahn erfolgen. Das über das Meer in das Erdöldestillationswerk eintreffende salzhaltige Erdöl durchläuft die Reservoire der Erdölumschlagbasis.

Das Erdöldestillationswerk liefert der Erdölumschlagbasis Dieseltreibstoff, Leuchtpetroleum, Heizöl sowie unterschiedliche Benzinsorten. Diese Erdölprodukte durchlaufen vor der Lieferung in die Reservoire der Basis innere Reservoire des Erdöldestillationswerkes. Sind die Reservoire der Basis gefüllt, können die Erdölprodukte noch in den inneren Reservoiren des Erdöldestillationswerkes gespeichert werden.

Bei der Auffüllung der Reservoire der Umschlagbasis warten die beladenen Eisenbahnzisternen auf den Entladeestakaden und den Vorratswegen auf die Entladung. Offensichtlich sammelt sich auf den Wegen des Eisenbahnknotenpunktes eine große Anzahl von beladenen Zügen an, wenn eine Überfüllung längere Zeit anhält.

Im Hafen tanken die Tankschiffe die Erdölprodukte. In der Regel lädt jedes der ankommenden Tankschiffe eine Erdölproduktsorte. Folgende Erdölproduktarten werden über das Meer transportiert: entsalzenes Erdöl, Dieseltreibstoff, Leuchtpetroleum, unterschiedliche Benzinsorten, Heizöl. Da die Ankunft der Tankschiffe im Hafen von einer Reihe von Ursachen abhängt (Zeit des Auslaufs aus dem Ausgangshafen, Verzögerungen unterwegs in den Zwischenhäfen, meteorologischen Bedingungen usw.), ist sie in hohem Maße zufällig.

Die Tankschiffe tanken die Erdölprodukte nur während ihres Aufenthaltes an dem Erdölumschlagpier. Sie besitzt vier Anlegestellen, die nicht für bestimmte Erdölprodukte bestimmt sind, d. h., an jeder Anlegestelle können beliebige Erdölproduktsorten getankt werden. Bei ungünstigen meteorologischen Bedingungen ist es nicht möglich, daß die Tankschiffe an den Anlegestellen anlegen. Dabei ist sowohl das Eintreffen als auch die Dauer eines Sturmes zufällig.

Trifft das ankommende Tankschiff alle Anlegestellen besetzt an oder fehlen die erforderlichen Erdölprodukte, so reiht sich das Schiff in einer Außenreede des Hafens ein. Die Schiffe warten auch bei Unwetter. An den Anlegestellen erfolgt die Bedienung der Tankschiffe streng in der Reihenfolge ihrer Ankunft (falls die erforderlichen Erdölprodukte vorhanden sind). Selbstverständlich entstehen bei Stillstand der Tankschiffe erhebliche Verluste. Auf der Grundlage spezieller Vorschriften, die man in der internationalen Handelspraxis mit „Charter party" bezeichnet, werden die Verluste infolge Stillstand der ausländischen Tankschiffe ersetzt. Sie besitzen den Charakter von Strafen, die dem ausländischen Schiffseigentümer gezahlt werden müssen.

Die gesamten Kosten im System setzen sich aus den Strafen für den Stillstand ausländischer und inländischer Tankschiffe, der Eisenbahnzisternen und aus den Kosten für den Verlust bei der Destillation der Erdölprodukte, die in den Reservoiren der Basis gelagert werden, zusammen. Der Arbeitsprozeß des Umschlagknotens in den letzten Jahren zeigt, daß diese Gesamtkosten äußerst groß werden können. Besonderes Gewicht besitzen die Kosten für den Stillstand inländischer und ausländischer Tankschiffe. Aus diesem Grunde entstand die Frage, inwieweit die Gesamtkosten im Umschlagknoten verringert werden können. Dabei existierte keine einheitliche Meinung über die hauptsächlichen Ursachen für eine derartige Vergrößerung der Kosten. Im Interesse einer rationalen Organisation des Betriebs des Umschlaghafens wurden viele Untersuchungen notwendig, insbesondere die komplexe Untersuchung des Verhaltens seiner Bestandteile, die Ermittlung der Ursachen für die wachsenden Gesamtkosten des Systems, die Bestimmung von Möglichkeiten ihrer Optimierung, eine wissenschaftlich begründete Ermittlung der rationellen Größe der Erdölreservoire der Umschlagbasis und der Anlegestellen des Hafens sowie notwendige Erweiterungen.

In der Nähe des existierenden Erdölpiers befinden sich zwei Anlegestellen für Trockengut. Darüber hinaus sind weitere Anlegestellen für Trockengut im Hafen vorhanden. Ihre Auslastung ist wesentlich niedriger als die der Erdölanlegestellen. Aus speziellen Untersuchungen ergab sich, daß eine Erweiterung der Erdölanlegestellen des Hafens auf Kosten der erwähnten zwei Anlegestellen für Trockengut keine beachtenswerten Auswirkungen auf den Trockengutumschlag hat. Auf Grund der technischen Bedingungen ist eine Umrüstung von nur einer dieser zwei Anlegestellen zum Erdölumschlag ausgeschlossen. Andererseits ist die Vergrößerung um mehr als zwei Anlegestellen nicht möglich, da dann ein unvergleichlich größerer materieller Aufwand notwendig wäre, der durch die eintretenden Einsparungen nicht gerechtfertigt wird. Bei der Untersuchung entsteht somit die folgende Alternative: Ist es gewinnbringender, die Anlagestellenfront für Erdöl unverändert zu lassen, oder sollte sie durch Umrüstung von zwei Anlegestellen für Trockengut auf Erdölumschlag vergrößert werden.

Aus einer gründlichen Untersuchung der Arbeit des Erdölumschlaghafens ergab sich als Schlußfolgerung, daß es prinzipiell möglich ist, ein System von stochastischen Automaten als Modell des Systems zur Befriedigung von Forderungen zu entwickeln, wie es im vorhergehenden Kapitel betrachtet wurde. Nach

Aufstellung des Modells und Untersuchung seines Verhaltens mit Hilfe der Monte-Carlo-Methode wurde es möglich, eine Reihe von Fragen begründet zu beantworten. Im Ergebnis wurden konkrete Empfehlungen für die Organisation eines optimalen Betriebes des Umschlaghafens erhalten. Die folgenden Paragraphen des vorliegenden Kapitels legen die Lösung dieser Aufgabe dar.

8.2. Statistische Untersuchung des Systems

Grundlage für die Entwicklung eines Systems stochastischer Automaten als Modell des Erdölumschlaghafens sind statistische Daten über die Erdölumschlagbasis und den Hafen für die Jahre 1964 und 1965.

Für die statistische Untersuchung wurden folgende Stichprobengesamtheiten verwendet:

Ankunftszeiten inländischer und ausländischer Tankschiffe für jede Erdölproduktart im Hafen (in der Außenreede);

Lademengen, die von diesen Schiffen an Bord genommen wurden;

Aufenthaltszeit der eintreffenden Tankschiffe an den Anlegestellen (im oben erläuterten Sinne);

tägliche Ankunft von entsalzenem Erdöl über die Erdölleitung;

tägliche Ankunft der einzelnen Erdölprodukte über den Eisenbahnweg;

tägliche Ankunft von leeren Eisenbahnwaggons für den Transport von Erdölprodukten von der Erdölbasis an Kunden außerhalb des Systems;

tägliche Auslieferung der entsprechenden Erdölprodukte an die Tankkähne zum Tanken der Schiffe mit Treibstoff;

Ankunft der Erdölprodukte im Erdölumschlaghafen vom Erdöldestillationsbetrieb;

Ankunftszeiten der Tankschiffe im Hafen, die rohes salzhaltiges Erdöl für das Erdöldestillationswerk liefern;

Beginn und Ende von Unwetterperioden, die einen normalen Hafenbetrieb stören.

Außer diesen Stichprobenwerten wurden folgende numerische Informationen über das System ermittelt: Jährlicher Umschlag der unterschiedlichen Erdölprodukte, Kapazitäten der Reservoire des Umschlaghafens, Strafen für den Stillstand ausländischer Tankschiffe, Kosten für den Stillstand von inländischen Tankschiffen und Eisenbahnwaggons, Verluste der Erdölprodukte bei der Destillation.

Die durchgeführte statistische Analyse hatte folgende Ziele:

Überprüfung der Hypothese über die Unabhängigkeit der einzelnen Zufallsgrößen, die das Verhalten des realen Systems beeinflussen;

Überprüfung der Hypothese über die Möglichkeit der Beschreibung einzelner Zufallsgrößen mit Hilfe homogener Markowscher Ketten;

Bestimmung empirischer Werte für die Parameter der Verteilungen der Zufallsgrößen;
Überprüfung der Hypothese über die Übereinstimmung der vorhandenen Stichproben unabhängiger Zufallsgrößen mit derselben theoretischen Verteilung;
Überprüfung der Hypothese über die Zugehörigkeit eines Stichprobenpaares zu derselben Grundgesamtheit;

Bei der Untersuchung wurden die üblichen Methoden der mathematischen Statistik angewendet, wie zum Beispiel das χ^2-Kriterium und das Kriterium von Kolmogoroff-Smirnow sowie die Korrelations- und Autokorrelationsmethoden. Die erhaltenen Ergebnisse lassen sich folgendermaßen zusammenfassen:

1. Eine grundlegende Aufgabe bei der statistischen Untersuchung des gegebenen Systems war die Untersuchung der Ankunftsströme der Tankschiffe für jede Sorte von Erdölprodukten. In die Betrachtung wurde die Untersuchung von zehn Tankschiffströmen (Ankunft inländischer und ausländischer Tankschiffe für jede der fünf Erdölproduktsorten: Roherdöl, Dieseltreibstoff, Leuchtpetroleum, verschiedene Benzinsorten) sowie die gegenseitige Wechselwirkung dieser Ströme einbezogen.

Die durchgeführten Untersuchungen sahen die Überprüfung der statistischen Unabhängigkeit der täglichen Ankünfte der Tankschiffe für jeden Strom vor. Diese Überprüfung kann mit Hilfe der Korrelationsmethoden durchgeführt werden. Die erhaltenen Werte der Korrelationskoeffizienten waren für alle Ströme von Tankschiffen weit von Eins entfernt. Folglich kann die Hypothese über die Unabhängigkeit der täglichen Ankünfte der Tankschiffe für jeden Strom angenommen werden. Jeder Strom wird mit Hilfe einer diskreten Verteilung

$$p_i^{(k)} = P\{\xi_i = k\} \qquad \left(i = \overline{1, 10};\ k = 0, 1, 2, \ldots\right)$$

vorgegeben, wobei ξ_i eine Zufallsgröße bezeichnet, die die tägliche Ankunft von Tankschiffen des i-ten Stroms angibt.

Der Umfang der Stichprobe betrage für den i-ten Strom von Tankschiffen T_i Tage $\left(i = \overline{1, 10}\right)$. Dabei erfolgt in $T_i^{(k)}$ von diesen T_i Tagen die Ankunft von k Tankschiffen $\left(k = 0, 1, 2, \ldots, \sum\limits_{k=0}^{\infty} T_i^{(k)} = T_i\right)$ des betrachteten Stroms. Dann können die Wahrscheinlichkeiten $p_i^{(k)}$ nach den Beziehungen

$$p_i^{(k)} = T_i^{(k)}/T_i \qquad \left(i = \overline{1, 10};\ k = 0, 1, 2, \ldots\right)$$

bestimmt werden. Diese Beziehungen sind Grundlage für die Bestimmung der Parameter der diskreten Verteilungen, die die Eingangsströme der Tankschiffe beschreiben. Zur Simulation des Stroms wurde die im Abschnitt 2.2 beschriebene Methode zur Modellierung von Zufallsgrößen mit vorgegebener diskreter Verteilung verwendet.

2. Es wurde die Hypothese über die paarweise Unabhängigkeit der verschiedenartigen Ankunftsströme von Tankschiffen für die unterschiedlichen Erdölprodukte überprüft. Zu diesem Zweck erfolgte die Berechnung der Korrelationskoeffizienten für alle möglichen Paare von Stichproben. Da die Anzahl der Stichproben 10 beträgt, ergaben sich $C_{10}^2 = 45$ Korrelationskoeffizienten.

Analog wurde die Hypothese über die paarweise Unabhängigkeit der täglichen Ankünfte der Erdölprodukte von dem Erdöldestillationswerk überprüft.

Ebenso mußten die Hypothesen über die Unabhängigkeit der täglichen Ankünfte der Erdölprodukte über den Eisenbahnweg überprüft werden. Die erhaltenen Daten zeigen, daß sich die berechneten Werte der Korrelationskoeffizienten in den folgenden Schranken bewegen:

Ankunftsströme von Tankschiffen für die einzelnen Erdölprodukte:	von	0,0021	bis	0,2601,
Ströme von Erdölprodukten, die aus dem Erdöldestillationswerk ankommen:	von	0,199	bis	0,484,
Ströme der Erdölprodukte, die über den Eisenbahnweg eintreffen:	von	0,0299	bis	0,194.

In allen Fällen sind die berechneten Werte der Korrelationskoeffizienten von 1 weit entfernt. Folglich besteht kein Grund, die Hypothese über die paarweise Unabhängigkeit der Ströme abzulehnen. Daher wurde die Hypothese über die Unabhängigkeit der Ströme von Tankschiffen und der Ströme von Erdölprodukten, die von dem Erdöldestillationswerk und über den Eisenbahnweg eintrafen, angenommen.

3. Bei der Untersuchung der Abhängigkeit von den meteorologischen Bedingungen wurde eine Autokorrelationsfolge $k(\tau)$ entwickelt. Diese Folge ist in Abb. 33 dargestellt. Der abnehmende Charakter der Autokorrelationsfolge ist

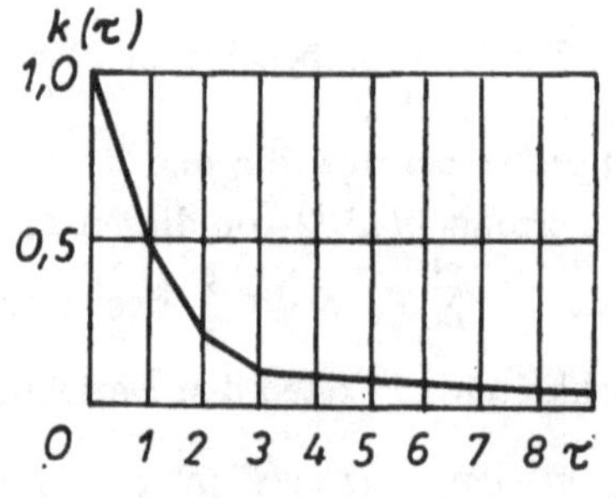

Abb. 33. Graphische Darstellung der Autokorrelationsfolge der meteorologischen Bedingungen

sehr klar zu erkennen: die Abhängigkeit zwischen den meteorologischen Bedingungen verschiedener Tage fällt mit der Entfernung auf der Zeitachse ab.

Der Wert der Autokorrelationsfolge für $\tau = 1$ kennzeichnet die Abhängigkeit der meteorologischen Bedingungen am folgenden Tag von den meteorologischen

Bedingungen am vorhergehenden Tag. Dieser Wert beträgt $k(1) = 0{,}4935$. Er ist offensichtlich nicht so klein, daß man eine solche Abhängigkeit vernachlässigen könnte. Die nächsten Werte der Autokorrelationsfolge für $\tau = 2, 3, \ldots$ sind jedoch bereits klein $\big(k(2) = 0{,}2187,\ k(3) = 0{,}0916,\ k(4) = 0{,}0911,\ k(5) = 0{,}0695\big)$. Aus diesem Grunde kann man annehmen, daß sich die Abhängigkeit zwischen den meteorologischen Bedingungen nur über ein Zeitintervall auswirkt. Darauf beruht die Annahme, daß die meteorologischen Bedingungen mit ausreichendem Genauigkeitsgrad mit Hilfe einer einfachen binären Markowschen Kette beschrieben werden können.

Es sei $P = \{p_{ij}\}$ $\big(i, j = \overline{0, 1}\big)$ eine stochastische Übergangsmatrix, die die Markowsche Kette steuert. Diese Kette beschreibt die Veränderungen der meteorologischen Bedingungen im Gebiet des Erdölumschlaghafens. Wenn mit N der Umfang der Stichprobenfolge $\tilde{x}(t)$ $\big(t = \overline{1, N}\big)$ bezeichnet wird, dann ist die Anzahl der Paare $\{\tilde{x}(t), \tilde{x}(t+1)\}$ dieser Folge gleich $N - 1$. Es wird angenommen, daß von diesen $N - 1$ Paaren N_{ij} Paare das Aussehen $\{ij\}$ $\big(i, j = \overline{0, 1}\big)$ haben. In diesem Fall können die Elemente der Matrix P nach der Formel

$$p_{ij} = \frac{N_{ij}}{N_{ij} + N_{i,1-j}} \quad \big(i, j = \overline{0, 1}\big)$$

berechnet werden.

Offensichtlich genügen die Elemente p_{ij} der Matrix der Übergangswahrscheinlichkeiten P den Bedingungen einer stochastischen Matrix: $p_{i0} + p_{i1} = 1$ $\big(i = \overline{0, 1}\big)$.

Der Erwartungswert des Unwetters ergibt sich dabei folgendermaßen:

$$\mathrm{M}(x) = \frac{p_{01}}{p_{01} + p_{10}}.$$

4. Die graphische Darstellung der empirischen Verteilung der täglichen Ankunft von Öl über die Erdölleitung führte zu der Annahme, daß die Verteilung mit einer transformierten Normalverteilung übereinstimmt. Die beiden Schnittpunkte befinden sich im Nullpunkt und in einem Punkt C, der durch die maximale Durchlaßfähigkeit der Erdölleitung bestimmt wird. Mit Hilfe der Methode von R. Fisher [37] (siehe auch die Anwendung der Methode in [38]) wurden auf der Grundlage des empirischen Erwartungswertes der Stichprobe und seiner Dispersion die Parameter der theoretischen (nichttransformierten) Normalverteilung bestimmt. Die Übereinstimmung der Stichprobe mit der transformierten Normalverteilung konnte mit Hilfe des χ^2-Kriteriums nachgewiesen werden. Der erhaltene Wert $\chi^2 = 12{,}0$ (die Zahl der Freiheitsgrade beträgt 7) zeigt, daß es für eine Ablehnung der Hypothese keinen Grund gibt.

Mit Hilfe des χ^2-Kriteriums wurde auch die Übereinstimmung der folgenden Verteilungen überprüft:

Verteilung der täglichen Ankunft der Erdölprodukte über den Eisenbahnweg mit der gemischten transformierten Normalverteilung, wobei eine einseitige Transformation in den Nullpunkt erfolgt;

Verteilung der Erdölprodukte vom Erdöldestillationswerk mit einer gemischten transformierten Normalverteilung, wobei ein Schnittpunkt im Nullpunkt liegt; Verteilung des täglichen Verbrauchs von Erdölprodukten in den Bunkern der Schiffe mit der transformierten Exponentialverteilung; Verteilung der täglichen Ankünfte der leeren Eisenbahnwaggons für die einzelnen Erdölprodukte, die von der Erdölumschlagbasis über den Eisenbahnweg ausgeliefert werden, mit der gemischten transformierten Normalverteilung mit einem Schnittpunkt im Nullpunkt.

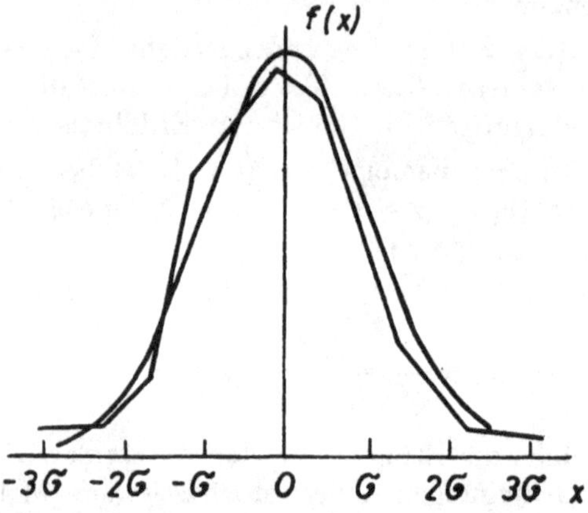

Abb. 34. Theoretische und empirische Verteilung der täglichen Ankunft von Petroleum aus dem Erdöldestillationswerk

In Abb. 34 (auf der Abszisse werden die Werte der Zufallsgröße aufgetragen, auf der Ordinate die Häufigkeit, mit der die Zufallsgröße einen Wert im gegebenen Intervall annimmt) ist erkennbar, daß die aus der Stichprobe erhaltene empirische Verteilung der Lieferung von Petroleum vom Erdöldestillationswerk ausreichend gut mit der Normalverteilung, die im Nullpunkt einen Schnittpunkt hat, übereinstimmt.

Der berechnete Wert $\chi^2 = 9{,}54$ (die Zahl der Freiheitsgrade beträgt 8) zeigt, daß es keinen Grund gibt, die Hypothese der Übereinstimmung abzulehnen. Analoge Ergebnisse wurden beim Vergleich der empirischen Verteilung der Benzinlieferung sowie der Dieseltreibstofflieferung vom Erdöldestillationswerk mit der transformierten Normalverteilung, der empirischen Verteilung der Petroleumlieferung über den Eisenbahnweg mit der transformierten Normalverteilung, der empirischen Verteilung der täglichen Dieseltreibstofflieferung an die Schiffsbunker mit der Exponentialverteilung sowie der empirischen Verteilung der Verladung von Heizöl in die Schiffsbunker mit der Exponentialverteilung erhalten. In allen Fällen wurde die Hypothese der Übereinstimmung bestätigt.

5. Es schien die Annahme begründet, daß die Verteilung der Erdölproduktelieferungen über den Eisenbahnweg für die Sommer- und Wintermonate unter-

schiedlich ist, da die Eisenbahnwege in den Sommermonaten mit Passagierzügen überlastet sind. Um das zu überprüfen, wurde jede Stichprobe in zwei Stichprobenfolgen entsprechend der Sommer- und Winterperiode unterteilt. Jedes Paar der Folgen, das aus einem Element der „Sommerstichprobe" und aus einem Element der „Winterstichprobe" besteht, wurde mit Hilfe des Kriteriums von KOLMOGOROFF-SMIRNOW [39] untersucht. Aus den statistischen Daten wurden die empirischen Verteilungsfunktionen der Ankunft des Leuchtpetroleums über den Eisenbahnweg für die Sommer- und Winterperiode entwickelt (Abb. 35). Auf der

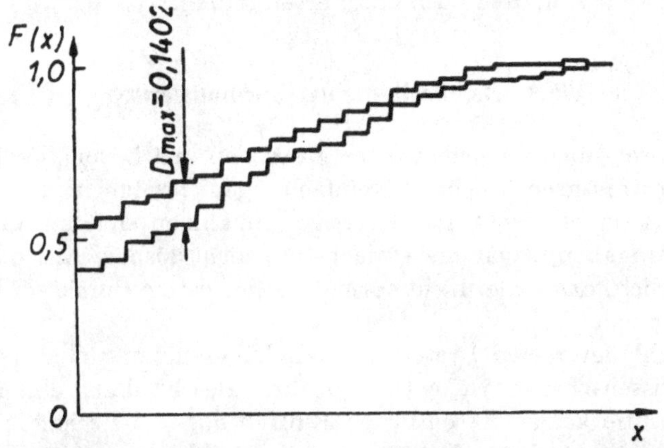

Abb. 35. Empirische Verteilung der Ankunft von Petroleum über den Eisenbahnweg in den Sommer- und Wintermonaten

Abszisse sind die täglichen Lieferungen in Tonnen, auf der Ordinate die Werte der Funktion $F(x)$ bzw. die akkumulierten Häufigkeiten aufgetragen. Die Darstellung der täglichen Petroleumlieferungen über den Eisenbahnweg in der Winter- und Sommerperiode in Abb. 35 ergab stufenförmige Kurven $F_{n_1}^{(1)}(x)$ und $F_{n_2}^{(2)}(x)$. Dabei betrug der Umfang der Stichprobe $n_1 = n_2 = 182$. Als Maß der Abweichung dieser zwei empirischen Funktionen wurde die größte Differenz

$$D_{n_1,n_2} = \max |\bar{F}_{n_2}^{(2)}(x) - \bar{F}_{n_1}^{(1)}(x)|$$

verwendet.

Die Größe D_{n_1,n_2} ergibt ein Maß für die Abweichung der stufenförmigen Kurven $F_{n_1}^{(1)}(x)$ und $F_{n_2}^{(2)}(x)$. Weil die graphisch ermittelte Differenz $D_{182,182} = 0{,}1402$ die kritische Schranke ($D_{182,182} = 0{,}1425$) nicht übersteigt, kann man mit einer Fehlerwahrscheinlichkeit von höchstens 5% die Hypothese über die Zugehörigkeit der betrachteten Stichprobenfolge zu einer einzigen Grundgesamtheit annehmen.

Einer entsprechenden Überprüfung wurden die statistischen Daten der täglichen Lieferungen über den Eisenbahnweg von Dieseltreibstoff und Benzin in der Winter- und Sommerperiode unterzogen. Die erhaltenen Werte $D_{182,182} = 0{,}1410$ (Dieseltreibstoff) und $D_{182,182} = 0{,}1380$ (Benzin) liegen ebenfalls unterhalb der kritischen Schranke ($D_{182,182} = 0{,}1425$). Damit besteht für die Annahme, daß die betrachteten Stichprobenbeobachtungen unterschiedlichen Verteilungen angehören, keine Berechtigung.

6. Im Verlauf der statistischen Untersuchungen ergaben sich die Mittelwerte der Ladungen, die von in- und ausländischen Schiffen für jede Erdölproduktsorte an Bord genommen wurden.

Die erhaltenen Mittelwerte kann man miteinander vergleichen. Dabei wurden keine wesentlichen Unterschiede festgestellt. Ähnliche Resultate ergaben sich bei einem Vergleich der Aufenthaltszeiten in- und ausländischer Tankschiffe an den Anlegestellen (in dem oben erläuterten Sinne).

8.3. Beschreibung der Formalisierung

Bei der Anwendung mathematischer Methoden zur Lösung praktischer Aufgaben werden unterschiedliche Vereinfachungen bezüglich des untersuchten realen Systems notwendig. Ohne derartige Annahmen sind im allgemeinen die praktischen Aufgaben, sogar die einfachsten, nicht lösbar. Aus diesem Grunde ist es erforderlich, das reale, nicht formalisierte System durch ein formalisiertes System zu ersetzen.

Die Mehrzahl der realen Systeme, deren Untersuchung Gegenstand der angewandten Wissenschaften ist, enthält in ihrer Beschreibung eine große Anzahl von Faktoren, die keinen wesentlichen Einfluß auf das Verhalten des Systems haben. Die Erfassung dieser Faktoren erschwert den gesamten Lösungsprozeß sowie die Beschreibung der grundlegenden Gesetzmäßigkeiten des Funktionierens des Systems. Die Untersuchungsaufgabe besteht also nicht darin, möglichst viele Faktoren zu erfassen, sondern aus der Anzahl der Faktoren die auszusondern, die auf das Systemverhalten wesentlichen Einfluß haben und alle Gesetzmäßigkeiten des Systems ausreichend vollständig beschreiben. Die restlichen Faktoren werden bei der Formalisierung ausgeschlossen.

Bei der Beschreibung eines realen Systems kann das wesentliche oftmals mit dem gleichen Erfolg mit Hilfe mehrerer Methoden beschrieben werden. Dann wird es bei der Modellbildung notwendig, für die Beschreibung bestimmte Postulate einzuführen. Diese Festlegungen werden wir zu den Vereinfachungen zählen.

Jede mathematische Methode zur Untersuchung des Verhaltens eines Systems besitzt ein bestimmtes begrenztes Anwendungsgebiet. Es gibt offensichtlich keine universellen Methoden, die bei der Untersuchung aller Systeme angewendet werden können. In der Praxis trifft man oft solche Fälle an, bei denen eine bestimmte mathematische Methode zur Untersuchung eines gegebenen Systems nur in den Grundzügen anwendbar ist. Dann existieren in der Beschreibung des Systems gewisse Eigenschaften, die die Aufgabe aus dem Anwendungsgebiet dieser Methode herausführen. Findet sich unter den zur Verfügung stehenden Methoden keine, die für das vorliegende System annehmbar ist, werden einige vereinfachende Annahmen notwendig. Derartige Annahmen können sich als sehr effektiv bei der Berechnung der Kenngrößen des Systems erweisen.

Bei der Anwendung neuer mathematischer Methoden zur Lösung komplizierter Aufgaben sind gewöhnlich bestimmte Erfahrungen notwendig. Diese kann man durch Lösung einfacherer Aufgaben gewinnen. Die Kompliziertheit der Anwendung der Methode wächst in der Regel mit der Ausführlichkeit der Beschreibung des Systems. Aus diesem Grunde erfordert die Anwendung neuer mathematischer Methoden zur Lösung von komplizierten Aufgaben, die bei einer ausreichend vollständigen Beschreibung des untersuchten Systems entstehen, einen wesentlichen Zeitaufwand, der vor allem zur Sammlung einer ausreichenden Erfahrung benötigt wird. Soll eine Aufgabe in einer relativ kurzen Zeit gelöst werden, muß die Ausführlichkeit der Systembeschreibung beschränkt bleiben. Das wird durch die Einführung von Vereinfachungen erreicht.

Im folgenden wird die Formalisierung des Verhaltens eines Erdölumschlaghafens beschrieben [40]. Bei der Modellierung werden vereinfachende Annahmen notwendig, die eine Anwendung der stochastischen Automaten bei der Modellbildung ermöglichen. Parallel mit der Beschreibung wird der Einfluß dieser Annahmen auf die Übereinstimmung des entwickelten Modells mit dem realen System abgeschätzt.

1. Es wird vorausgesetzt, daß das System in einer einheitlichen diskreten Zeit funktioniert. Als Zeiteinheit wird ein Tag gewählt. Es ist wenig sinnvoll, eine kleinere Zeiteinheit zu wählen, da sich die notwendige Rechenzeit zur Untersuchung des Modellverhaltens wesentlich vergrößern würde. Auf der anderen Seite wäre eine kleinere Zeiteinheit nicht realisierbar, weil die Abrechnung der Erdölprodukte in der Erdölumschlagbasis in Tagen erfolgte und z. B. über eine stündliche Ankunft und Auslieferung keine Informationen vorliegen.

Die Berechnung der Aufenthaltszeit eines Tankschiffes an der Anlegestelle in ganzen Tagen würde die Übereinstimmung des formalisierten und des realen Systems wesentlich beeinträchtigen. Aus diesem Grunde wird bei der Modellbildung eine zusätzliche Größe, die Restzeit an der Anlegestelle, betrachtet. Dadurch kann (siehe auch Abschnitt 7.3) die Zeit des Aufenthaltes eines Tankschiffes an der Anlegestelle ausreichend genau ermittelt werden.

Unter der Restzeit im Moment t verstehen wir die Summe der Zeitintervalle, in deren Verlauf die Tankschiffe, die sich nach Beendigung des t-ten Tages an der Anlegestelle befinden, noch diese Anlegestelle einnehmen werden. Dabei wird vorausgesetzt, daß in das System täglich eine sogenannte ,,bedingte Anlegestellenzeit“ eintrifft, deren Größe gleich 24 n Stunden ist, wobei n die Zahl der Anlegestellen bezeichnet. Wenn die Differenz zwischen der bedingten Anlegestellenzeit und der Restzeit nichtnegativ ist, stellt sie die Anlegestellenzeit dar, die zur Bedienung der neu an der Anlegestelle eintreffenden Tankschiffe verbraucht werden kann. Anderenfalls ist die dieser Differenz entgegengesetzte Größe die Restzeit für die folgenden Tage. Offensichtlich ergibt sich durch die Einführung des Begriffs der Restzeit in das formalisierte System im Vergleich zu dem realen System keine Verzerrung.

Bei der Einführung der diskreten Zeit, wobei ein Tag als Einheit gewählt wurde, können jedoch Verzerrungen bei der Berechnung der Stillstandskosten für die Tankschiffe und Eisenbahnwaggons entstehen. Die Stillstandskosten für ein Intervall von weniger als einem Tag werden offensichtlich nicht beachtet. Da die Ankunftsmomente der Tankschiffe und Eisenbahnwaggons während eines Tages gleichmäßig verteilt sind, ist das mittlere Zeitintervall, für das die Berechnung der Kosten nicht erfolgt, für alle Tankschiffe und Eisenbahnwaggons gleich und beträgt 0,5 Tage.

Da die Zeitpunkte, in denen die Tankschiffe von der Anlegestelle ablegen und die Eisenbahnzüge den Bahnhof verlassen, im Verlauf eines Tages gleichmäßig verteilt sind, ist die mittlere Zeit, für die Kosten berechnet werden, obwohl kein Warten erfolgt, für alle Tankschiffe und Eisenbahnwaggons gleich und beträgt 0,5 Tage. Offensichtlich sind die Mittelwerte der Fehler bei der Berechnung der Stillstandskosten betragsmäßig gleich. Auf Grund des entgegengesetzten Vorzeichens kompensieren sich diese Fehler im Mittel. Gewisse Störungen entstehen bei der Berechnung der Kosten für die Tankschiffe (oder Züge), deren gesamte Wartezeit einen Tag nicht übersteigt. Jedoch ist der Einfluß dieser Störungen in der Regel unwesentlich und kann vernachlässigt werden. Damit entsteht durch die Einführung einer diskreten Zeiteinheit von einem Tag keine wesentliche Ungenauigkeit im formalisierten System.

2. Die Aufenthaltszeit eines Tankschiffes an der Anlegestelle wird als eine konstante Größe angenommen, die mit der mittleren Bedienungszeit der Tanker in dem weiter oben erläuterten Sinne übereinstimmt. Die Betrachtung der Aufenthaltszeit als Zufallsgröße mit einem kontinuierlichen Wertebereich würde bei der Modellbildung erhebliche Schwierigkeiten mit sich bringen und ist deshalb nicht sinnvoll.

3. Die Lademenge, die die Tankschiffe an Bord nehmen, wird als eine konstante Größe angenommen. Sie stimmt mit dem Mittelwert der Lademenge entsprechend den statistischen Daten überein. Wie bereits bei der Darlegung der Ergebnisse der statistischen Untersuchungen erwähnt, unterscheiden sich die mittleren Lademengen für die einzelnen Erdölprodukte nur unwesentlich. Dadurch wird die angenommene Voraussetzung begründet. Eine Betrachtung der Lademenge als Zufallsgröße, die in einem Intervall kontinuierlich verteilt ist, würde zu bislang nicht zu überwindenden Schwierigkeiten führen. Eine sinnvolle Vereinfachung ergibt sich, wenn man alle ankommenden Tankschiffe in bestimmte Kategorien einteilt und innerhalb einer derartigen Kategorie die Lademenge als konstant annimmt. Allerdings wächst unter dieser Annahme die Kompliziertheit des Modells wesentlich an. Ein derartiger Aufwand ist bei einem ersten Versuch zur Anwendung stochastischer Automaten als Modell komplizierter Systeme nicht wünschenswert.

4. Es wird vorausgesetzt, daß die Verteilung der zufälligen Ankunft von Tankschiffen in jedem Strom (in- und ausländischen Tankschiffe, für jede Art der Erdölprodukte) durch die Wahrscheinlichkeiten p_0, p_1, p_2, p_3 vorgegeben wird (keine Ankunft, Ankunft von einem, zwei oder drei Tankschiffen). Die Ergebnisse der statistischen Untersuchungen unterstützen eine solche Annahme.

5. Wie bereits erwähnt wurde, gelangt der Rohstoff (salzhaltiges Erdöl) für das Erdöldestillationswerk in spezielle Reservoire des Umschlaghafens. Andererseits werden die Tankschiffe, die dieses Erdölprodukt in den Hafen bringen, in der gleichen Erdölpier entladen und warten in der Schlange auf den Zugang zur Anlegestelle. Dadurch entsteht für den Erdölumschlaghafen eine zusätzliche Belastung, die auf keinen Fall bei der Formalisierung unbeachtet bleiben darf. Die Bewegung des salzhaltigen Erdöls, das über das Meer geliefert wird, und die Reservoire für ihre Aufbewahrung sind von der Untersuchung ausgeschlossen. Die Ankunft eines Tankschiffes mit diesem Erdölprodukt, sein Warten in der Warteschlange sowie der Aufenthalt an der Anlegestelle werden jedoch in die Formalisierung einbezogen. Diese Tankschiffe bilden in dem Modell einen elften Strom von Forderungen, die auf Bedienung warten.

6. Wie bereits gezeigt wurde, entstehen, falls die für die Aufbewahrung des entsalzenen Erdöls vorgesehenen Kapazitäten der Basis nicht ausreichen, Wartezeiten der beladenen Zisternen am Anfangspunkt der Erdölleitung. Das führt offensichtlich zu einer zeitlichen Änderung des Arbeitsregimes der Erdölleitung, kann aber infolge der algorithmischen Schwierigkeiten bei der Beschreibung nicht beachtet werden. Darüber hinaus wird angenommen, daß die beladenen Zisternen nicht am Anfangspunkt der Erdölleitung, sondern an seinem Endpunkt warten. Diese Vereinfachung erleichtert die algorithmische Beschreibung des Verhaltens der Erdölleitung wesentlich. Darüber hinaus entstehen dadurch keine wesentlichen Abweichungen der berechneten Kosten von den tatsächlichen, weil die Berechnung in beiden Fällen für dieselbe Anzahl beweglicher Züge erfolgt, die im Verlauf der gleichen Zeit stillstehen.

7. Es wird vorausgesetzt, daß die in den Hafen eintreffenden Tankschiffe nur ein bestimmtes Erdölprodukt an Bord nehmen können.

8. Die Warteschlange der Tankschiffe, die auf die Ankunft der Erdölprodukte in der Basis oder auf das Freiwerden der Anlegestellen warten, wird entsprechend der Zugehörigkeit der Tankschiffe nach der Sorte der Erdölprodukte sowie nach der Wartezeit eingeteilt. Die letzte Einteilung der Warteschlange entspricht der Bildung von einzelnen Etappen. Die Schlange der für jedes Erdölprodukt ankommenden Tankschiffe unterteilen wir somit in sechs Etappen, denen die Zahlen 0 bis 5 zugeordnet werden. Die Schlange der nullten Etappe enthält die Tankschiffe, die weniger als einen Tag warten. Die Schlange der j-ten Etappe ($j = 1, 2, 3, 4$) bilden die Tankschiffe, die vom j-ten bis zum $(j + 1)$-ten Tag warten. Die Schlange der letzten Etappe wird aus den Tankschiffen gebildet, die fünf oder mehr Tage warten.

9. Den über das Meer versandten Erdölprodukten ordnen wir folgende Ordnungsnummern zu: Entsalzenes Erdöl — 1, Dieseltreibstoff — 2, Leuchtpetroleum — 3, Benzin — 4, Heizöl — 5. Die Ordnungszahl wächst dabei mit fallender jährlicher Umschlagmenge der Erdölprodukte. Es wird angenommen, daß von zwei Tankschiffen, die für verschiedene Erdölprodukte eintreffen und die die gleiche Wartezeit haben, als erstes das Schiff an der Anlegestelle bedient wird, für das die

Ordnungsnummer der Erdölprodukte kleiner ist (für den Fall, daß das entsprechende Erdölprodukt in der Basis vorliegt).

10. Beginnt ein Sturm, während ein Tankschiff an der Anlegestelle liegt, so wird vorausgesetzt, daß dieses Tankschiff vor Beendigung der Beladung die Anlegestelle nicht verläßt.

8.4. Ermittlung eines Effektivitätskriteriums

Bekanntlich kann die ökonomische Effektivität eines Systems nach unterschiedlichen Kriterien bestimmt werden. Diese liegen der Berechnung zugrunde und ergeben ökonomische Kenngrößen, die das Verhalten des zu modellierenden Systems kennzeichnen.

Bei der Auswahl eines Kriteriums für die Ermittlung des optimalen Verhaltens des Systems mit Hilfe elektronischer Datenverarbeitungsanlagen sind Kenngrößen zu ermitteln, die numerisch leicht berechnet werden können und ausreichend den Aufwand an gesellschaftlicher Arbeit erfassen. Benötigt wird ein solches Optimalkriterium, das diese Aufwendungen unter einem einheitlichen volkswirtschaftlichen Gesichtspunkt abbildet.

Als ein solches Kriterium der ökonomischen Effektivität kann man im vorliegenden Fall den Erwartungswert der Gesamtkosten für das ganze System auswählen. Diese Kostensumme enthält die Kosten für den Stillstand der in- und ausländischen Transportmittel. Darüber hinaus gehen die Ausgaben für leere Eisenbahnzisternen ein, die auf eine Beladung warten, Kosten infolge der Verluste an Erdölprodukten bei der Destillation, Kosten durch Erweiterung der Kapazitäten sowie Ausgaben für die Erweiterung der Anlegestellen. Dieses Kriterium erhält somit die Form

$$k = \delta \mathrm{M}_1 + \alpha \mathrm{M}_2 + \zeta \mathrm{M}_3 + \sum_k \omega_k \mathrm{M}_4^{(k)} + S_1(V) + S_2(V) + S_3(n).$$

Dabei wurden folgende Bezeichnungen verwendet:

M_1 – Erwartungswert des täglichen Stillstands inländischer Tankschiffe (Tankschiffe/Tag);

M_2 – Erwartungswert der täglichen Strafen (Rubel/Tag), die an die ausländischen Schiffseigentümer für den Stillstand ausländischer Tankschiffe bezahlt werden müssen;

M_3 – Erwartungswert des täglichen Stillstands von Eisenbahnzisternen (t/Tag);

$\mathrm{M}_4^{(k)}$ – Erwartungswert der täglichen Verluste an Erdölprodukten mit der Ordnungsnummer k bei der Destillation (t/Tag);

$S_1(V)$ – auf einen Tag bezogene Kapitalinvestitionen für den Bau zusätzlicher Reservoire der Kapazität V (Rubel/Tag);

$S_2(V)$ – auf einen Tag bezogener Aufwand für den Bau zusätzlicher Einrichtungen (Plätze für die Reservoire, Pumpstationen usw.) bei der Vergrößerung des Reservoirparks um eine Kapazität von V (Rubel/Tag);

$S_3(n)$ — auf einen Tag bezogene Kapitalinvestitionen bei der Umrüstung der zwei Anlegestellen für Trockengut auf Erdölumschlag für $n = 6$ und $S_3(4) = 0$ (Rubel/Tag);

δ — mittlere Kostengröße für den Stillstand eines inländischen Tankschiffes während eines Tages (Rubel/Tankschiff);

α — angenommener Valutakoeffizient;

ζ — mittlere tägliche Ausgaben für den Stillstand von Eisenbahnzisternen (Rubel/t);

ω_k — Einzelhandelspreis der Erdölprodukte der Ordnungsnummer k (Rubel/t).

Offensichtlich hat das angegebene Kriterium die Dimension Rubel/Tag.

Die Erwartungswerte M_1, M_2, M_3, M_4 werden mit Hilfe der Realisierungen bestimmt, die sich bei der Simulation des Verhaltens des Systems auf der elektronischen Datenverarbeitungsanlage für ein Zeitintervall von 6 Jahren ergeben. Dadurch konnte eine Genauigkeit der Kosten von einem Rubel/Tag gewährleistet werden. Die Kapitalinvestitionen $S_1(V)$ wurden für jede Variante der Änderung der zusätzlichen Kapazität bezüglich eines Tages bestimmt. Die Kapitalinvestitionen für die Umrüstung der Anlegestellen $S_3(n)$ sind in den Gesamtkosten nur bei der Betrachtung der Erweiterung der Anlegestellenfront enthalten.

Bei der Berechnung der Strafen, die den ausländischen Schiffseigentümern für den Stillstand der Tankschiffe bezahlt werden, wurde eine vereinfachte Regel angewendet. Zur Abschätzung der Strafen wurde angenommen, daß die mittlere Intensität der Entladung der Tankschiffe in den ausländischen Häfen nahezu der mittleren Intensität ihrer Beladung im Hafen gleich ist und die mittleren meteorologischen Bedingungen in diesen Häfen ungefähr gleich sind. Dann kann man angenähert annehmen, daß für einen längeren als dreitägigen Stillstand eines ausländischen Tankschiffes im Hafen Strafen mit einer Wahrscheinlichkeit von 0,5 bezahlt werden müssen. Im Mittel führt diese Regel zu folgender Annahme: Für die ersten drei Tage, die ein ausländisches Schiff wartet, wird keine Strafe berechnet. Für jeden weiteren Tag wird eine Strafe bezahlt, die gleich der Hälfte des Mittelwertes ist. Bei der Berechnung der Gesamtkosten gehen die Strafen, die den ausländischen Schiffseigentümern gezahlt werden, in die Summe der allgemeinen Ausgaben mit einem bestimmten Valutakoeffizienten ein.

Der Verlust an Erdölprodukt infolge Verdunstung bei der Lagerung („kleine Atmung") kann in die Betrachtung einbezogen werden, da ihr Betrag von der Aufbewahrungsdauer und folglich von den zu regelnden Systemparametern abhängt. Die Verluste durch Verdunstung bei der Auslieferung („große Atmung") sowie beim Transport sind dem jährlichen Umschlag an Erdölprodukten proportional. Weil bei der Untersuchung des Systemverhaltens der Umschlag als konstant angenommen wird (die maschinelle Lösung der Aufgabe wurde in verschiedenen Varianten durchgeführt, wobei für jede Variante ein konstanter Umfang des Umschlags angenommen wurde), sind die Verluste konstant und nicht von den Regelparametern des Systems abhängig. Deshalb können die Kosten dieser Verluste aus der Betrachtung ausgeschlossen werden.

Die Kosten $S_1(V)$ für den Bau zusätzlicher Reservoire verursachen zusätzliche Kapitalinvestitionen. Sie müssen deshalb bei den ökonomischen Kosten beachtet werden. Zu diesem Zweck schreiben wir:

$$S_1(V) = A + E_n k.$$

Dabei gilt:

A – jährliche Betriebskosten, in die der auf einen Tag bezogene Arbeitslohn, die Abschreibung usw. eingehen;

E_n – normativer Effektivitätskoeffizient;

k – spezifische Kapitalinvestition beim Bau zusätzlicher Kapazitäten, bezogen auf einen Tag;

$E_n k$ – kennzeichnet die Verwendung der Kapitalinvestitionen mit einer Effektivität, die nicht kleiner als die normative ist.

Offensichtlich stellen die jährlichen Betriebskosten und die spezifischen Kapitalinvestitionen Funktionen dar, die von den Regelparametern (Kapazitätsgröße V_k, $k = \overline{1, 5}$) abhängen.

Analog werden die zusätzlichen Kapitalinvestitionen bei Umrüstung der zwei Anlegestellen für Trockengut auf Erdölumschlag ($S_3(n)$) berechnet. Bei der Berechnung von $S_2(V)$ muß beachtet werden, daß diese Größe stückweise konstant ist. Bei der Inbetriebnahme einer Gruppe von Reservoiren, deren Gesamtkapazität eine bestimmte konstante Größe nicht übersteigt, entstehen die gleichen Ausgaben beim Bau zusätzlicher Pumpstationen, bei der Ausrüstung der Reservoire sowie bei der Schaffung zusätzlicher Leitungssysteme. Übersteigt jedoch die Gesamtkapazität der Gruppe von Reservoiren die vorgegebene Größe, so entstehen höhere Kosten, die wiederum in einem bestimmten Intervall eine konstante Größe darstellen. Auf diese Weise ergibt sich für $S_2(V)$ bei fortlaufender Änderung von V eine sprungförmige Funktion.

Bei der Aufstellung eines Effektivitätskriteriums für das Verhalten eines Systems müssen die Gesamtinteressen des Landes und nicht nur die einzelner Ministerien oder Betriebe beachtet werden. Aus diesem Grunde wurden in das Kriterium nicht die Strafen, die anderen Betrieben oder Ministerien gezahlt werden müssen, aufgenommen.

8.5. Entwicklung eines Systems stochastischer Automaten

Das Modell wurde aus 106 Automaten entwickelt, von denen 97 den Hauptteil des Systems und die übrigen 9 den Indikator darstellen. Es wurden 24 stochastische und 82 determinierte Automaten benötigt.

Die Ströme der Tankschiffe für die einzelnen Erdölprodukte bezeichnen wir mit den ganzen Zahlen 1 bis 10. Dabei werden die ungeraden Zahlen den Strömen der inländischen Tankschiffe und die geraden Zahlen den Strömen der ausländischen Tankschiffe zugeordnet. Tankschiffe der Ströme 1 und 2 werden mit Erdöl (entsalzenes), der Ströme 3 und 4 mit Dieseltreibstoff, der Ströme 5 und 6 mit Leuchtpetroleum, der Ströme 7 und 8 mit Benzin sowie der Ströme 9 und 10 mit Heizöl beladen. Die Ordnungsnummer 11 wurde dem Strom von Tankschiffen zugeordnet, die salzhaltiges Erdöl für das Erdöldestillationswerk bringen.

Den Automatenzuständen des Systems geben wir folgenden Inhalt:

$a_0(t)$ — Zustand der meteorologischen Bedingungen am betrachteten Tag (0 — günstige Bedingungen, 1 — ungünstige Bedingungen);

$a_{i0}(t)$ — $(i = \overline{1, 11})$ Anzahl der Tankschiffe, die an dem betrachteten Tag im Strom mit der Nummer i eintreffen;

$c_1(t)$ Erdölmenge (entsalzenes), die am laufenden Tag durch die Erdölleitung eintrifft;

$c_k(t)$ — $(k = \overline{2, 4})$ Menge der Erdölprodukte mit der Ordnungsnummer k, die während des laufenden Tages mit der Eisenbahn eintreffen[1]);

$u_k(t)$ — $(k = \overline{2, 5})$ Menge an Erdölprodukten der Ordnungsnummer k, die vom Erdöldestillationswerk am gegebenen Tag der Erdölumschlagbasis geliefert wird;

$v_k(t)$ — $(k = \overline{4, 5})$ Menge an Erdölprodukten der Ordnungsnummer k, die über den Eisenbahnweg im Verlauf eines Tages bereitgestellt wird;

$g_k(t)$ — $(k = \overline{2, 5})$ Menge der Erdölprodukte, für die im Verlauf eines Tages in den Tankkähnen des Hafens Kapazität frei wird;

a_{ij} — $(i = \overline{1, 11};\ j = \overline{1, 5})$ Anzahl der Tankschiffe, die dem Strom mit der Nummer i angehören und die sich bei Beendigung des gegebenen Tages in der Warteschlange in der j-ten Etappe befinden;

$f_k(t)$ — $(k = \overline{1, 5})$ Vorhandensein von Erdölprodukten mit der Ordnungsnummer k in den Reservoiren der Umschlagbasis bei Beendigung des laufenden Tages;

$h_k(t)$ — $(k = \overline{1, 4})$ Vorhandensein von Erdölprodukten mit der Ordnungsnummer k am Ende des betrachteten Tages in den Eisenbahnzisternen, die auf freiwerdende Kapazitäten in den Reservoiren der Umschlagbasis warten;

$w_k(t)$ — $(k = \overline{4, 5})$ Menge der Erdölprodukte mit der Ordnungsnummer k, die noch im Verlauf des Tages aus den Eisenbahnwaggons entladen werden können;

$y_k(t)$ $(k = \overline{2, 5})$ Menge der Erdölprodukte mit der Ordnungsnummer k, für die in den Tankkähnen der Erdölumschlagbasis freie Kapazitäten vorhanden sind;

$e_k(t)$ — $(k = \overline{2, 5})$ Menge der Erdölprodukte der Ordnungsnummer k in den inneren Kapazitäten des Erdöldestillationswerkes am Ende des laufenden Tages;

[1]) Die Ordnungsnummern für die Erdölprodukte wurden in Abschnitt 3 eingeführt.

$d(t)$ — restliche Anlegestellenzeit am Ende des laufenden Tages;

$q_m(t)$ — $(m = \overline{1, 4})$ angesammelte Kosten für den Stillstand inländischer Tankschiffe ($m = 1$), für die Bezahlung von Strafen auf Grund des Stillstands ausländischer Tankschiffe ($m = 2$), für den Stillstand von Eisenbahnzisternen ($m = 3$) sowie infolge der Verluste an Erdölprodukten durch Verdunstung bei der Aufbewahrung ($m = 4$). Diese Kosten ergeben sich durch Summierung der entsprechenden Kosten in den Zeitintervallen vom Beginn der Untersuchung des Systems bis zum Ende des vorhergehenden Tages;

$r_m(t)$ — $(m = \overline{1, 4})$ angenäherter Erwartungswert der Kosten eines Tages, durch Mittelung über das Zeitintervall vom Beginn der Untersuchung des Systems bis zum Ende des vorhergehenden Tages erhalten;

$t(t)$ — Anzahl der Tage, die vom Beginn der Untersuchung bis zum Ende des laufenden Tages vergangen sind.

Bevor wir die Tabelle der bedingten Übergangsfunktionale aufstellen, müssen Zwischengrößen eingeführt werden, die bei der weiteren Darstellung Verwendung finden:

$b_{ij}(t)$ — $(i = \overline{1, 11};\ j = \overline{0, 5})$ Anzahl der Tankschiffe im i-ten Strom, die sich am Ende des gegebenen Tages in der j-ten Etappe der Schlange befinden und nicht an die Anlegestelle zur Beladung (oder Entladung) bis zum Ende des folgenden Tages gelangen.

$a_{ij}(t)$ — $b_{ij}(t)$ — $(i = \overline{1, 11};\ j = \overline{0, 5})$ Anzahl der Tankschiffe, die im i-ten Strom eintrafen, sich am Ende des gegebenen Tages in der j-ten Etappe der Schlange befinden und bis zum Ende des folgenden Tages zur Anlegestelle gelangen;

$S_{ij}(t)$ — $(i = \overline{1, 11};\ j = \overline{0, 5})$ Gesamtzahl der Tankschiffe, die sich am Ende des laufenden Tages in der j-ten Etappe der Warteschlange des i-ten Stromes befinden und bis zur Beendigung des folgenden Tages an die Anlegestellen gelangen.

$\Delta_{ij}(t)$ — $(i = \overline{1, 11};\ j = \overline{0, 5})$ Gesamtzahl der Tankschiffe für Erdölprodukte mit der Ordnungsnummer $k = \left[\frac{i+1}{2}\right]$ (die eckige Klammer bezeichnet den ganzen Anteil der eingeklammerten Zahl), die am Ende des laufenden Tages in der j-ten Etappe der Warteschlange des i-ten Stromes warten und am Ende des folgenden Tages zur Anlegestelle gelangen. Dabei wird die Ordnungsnummer $k = 6$ dem in den Hafen eintreffenden salzhaltigen Rohöl zugeordnet.

$S(t)$ — Gesamtzahl der Tankschiffe, die sich am Ende des gegebenen Tages in den Warteschlangen befinden und bis zum Ende des folgenden Tages an die Anlegestellen gelangen.

$\Delta^{(k)}(t)$ — $(k = \overline{1, 6})$ Anzahl der Tankschiffe für Erdölprodukte mit der Ordnungsnummer k, die sich am Ende des laufenden Tages in den Warteschlangen befinden und bis zum Ende des folgenden Tages an die Anlegestellen gelangen.

Zur Vereinfachung der Schreibweise und Berechnung der eingeführten Größen führen wir einige zusätzliche Größen ein, die für alle Werte t identisch Null sind. Diesen Größen werden die folgenden Bezeichnungen zugeordnet:

$$c_5(t),\ h_5(t),\ e_1(t),\ v_k(t)\quad \left(k = \overline{1,3}\right),\quad \omega_k(t)\quad \left(k = \overline{1,3}\right),$$
$$g_k(t)\quad (k = 1, 3, 4),\quad y_k(t)\quad (k = 1, 3, 4),$$
$$S_{11,6}(t),\quad \Delta_{2k,6}(t)\quad \left(k = \overline{1,5}\right),\quad a_{11,6}(t),\quad a_{2k,6}(t)\quad \left(k = \overline{1,5}\right),$$
$$b_{11,6}(t),\quad b_{2k,6}(t)\quad \left(k = \overline{1,5}\right),\quad \Delta_{11,j}(t)\quad \left(j = \overline{0,5}\right).$$

Wir wollen kurz die Bedeutung dieser Größen erläutern: Die Beziehung $c_5(t) \equiv 0$ bedeutet, daß Heizöl über die Eisenbahnwege nicht eintrifft. $h_5(t) \equiv 0$ gibt an, daß Heizöl in den Eisenbahnzisternen nicht wartet. Aus der Identität $e_1(t) \equiv 0$ geht hervor, daß von dem Erdöldestillationswerk an die Umschlagbasis kein salzhaltiges Erdöl gegeben wird. Die Beziehungen $v_1(t) \equiv 0,\ v_2(t) \equiv 0,\ v_3(t) \equiv 0$ sowie $w_1(t) \equiv 0,\ w_2(t) \equiv 0,\ w_3(t) \equiv 0$ bedeuten, daß mit der Eisenbahn die drei Erdölprodukte salzhaltiges Erdöl, Dieseltreibstoff und Leuchtpetroleum nicht transportiert werden und folglich auch nicht stillstehen können. Schließlich geben die Beziehungen $g_1(t) \equiv 0,\ g_3(t) \equiv 0,\ g_4(t) \equiv 0$ sowie $y_1(t) \equiv 0,\ y_3(t) \equiv 0,\ y_4(t) \equiv 0$ an, daß die drei Erdölprodukte salzhaltiges Erdöl, Leuchtpetroleum und Benzin an die Tankkähne nicht ausgeliefert werden können. Die Größen $\Delta_{11,j}(t)$ $\left(j = \overline{0,5}\right)$ werden bei der Berechnung nicht verwendet. Die Identität $\Delta_{11,j}(t) \equiv 0$ $\left(j = \overline{0,5}\right)$ wird nur eingeführt, um die allgemeine Formel für die Berechnung der Größe $b_{ij}(t)$ in allgemeiner Schreibweise angeben zu können. Die übrigen Größen sind, da in der Schlange mit der Ordnungsnummer 6 Etappen fehlen, ohne jeden konkreten Inhalt. Wir setzen diese Größen nur zum Zweck einer allgemeinen Darstellung der Beziehungen in einer einheitlichen Form identisch Null. Zur Verkürzung der Schreibweise setzen wir

$$z_k(t) = c_k(t) + f_k(t) + h_k(t) + u_k(t) + e_k(t)\quad \left(k = \overline{1,5}\right).$$

Darüber hinaus sei $z_6(t) \equiv C_\infty$, wobei C_∞ eine „ausreichend große" positive Konstante bezeichnet. Die Größe $z_k(t)$ gibt die Gesamtmenge der Erdölprodukte mit der Ordnungsnummer k an, die in den Kapazitäten der Basis bzw. des Erdöldestillationswerks aufbewahrt werden, sich in Eisenbahnzisternen befinden, über die Eisenbahn eintreffen oder von dem Erdöldestillationswerk geliefert werden. Über diese Menge kann die Umschlagbasis während des gegebenen Tages verfügen. Die Identität $z_6(t) \equiv C_\infty$ drückt aus, daß salzhaltiges Erdöl, das vom Meer eintrifft, immer von dem Erdöldestillationswerk angenommen wird.

Mit Hilfe der eingeführten Bezeichnungen kann man die Beziehung zur Berechnung der Zwischengrößen folgendermaßen angeben:

$$S_{1j}(t) = S_{11,j+1}(t) + a_{11,j+1}(t) - b_{11,j+1}(t) \quad \left(j = \overline{0,5}\right);$$

$$S_{ij}(t) = S_{i-1,j}(t) + a_{i-1,j}(t) - b_{i-1,j}(t) \quad \left(i = \overline{2,11}; j = \overline{0,5}\right);$$

$$\Delta_{2k-1,j}(t) = \Delta_{2k,j+1}(t) + a_{2k,j+1}(t) - b_{2k,j+1}(t) \quad \left(k = \overline{1,5}; j = \overline{0,5}\right);$$

$$\Delta_{2k,j}(t) = \Delta_{2k-1,j}(t) + a_{2k-1,j}(t) - b_{2k-1,j}(t) \quad \left(k = \overline{1,5}; j = \overline{0,5}\right);$$

$$\Delta^{(k)}(t) = \Delta_{2k-1,0}(t) + a_{2k,0}(t) - b_{2k,0}(t) \quad \left(k = \overline{1,5}\right);$$

$$S(t) = S_{11,0}(t) + a_{11,0}(t) - b_{11,0}(t).$$

Tatsächlich setzt sich die Anzahl der Tankschiffe, die am Ende des gegebenen Tages in der Schlange der Tankschiffe des ersten Stromes in der j-ten Etappe warten und am folgenden Tage zur Anlegestelle gelangen, aus den gleichen Tankschiffen zusammen, die im betrachteten Moment in der Warteschlange der Tankschiffe des 11. Stromes in der $j + 1$-ten Etappe warten.

Die erste dieser Größen ist $S_{11,j+1}(t)$, die zweite hat die Form $a_{11,j+1}(t) - b_{11,j+1}(t)$. Dieser Ausdruck ist nur für $j = \overline{0,4}$ sinnvoll. Offensichtlich gilt für die Größe $S_{1,5}(t)$, weil in der Warteschlange Tankschiffe des ersten Stromes noch in der fünften Etappe warten, daß überhaupt eine Schlange fehlt und diese Größe Null sein wird. Da die Größen $S_{11,6}(t)$, $a_{11,6}(t)$ und $b_{11,6}(t)$ identisch Null sind, können wir uns von der Richtigkeit der ersten Beziehung auch für $j = 5$ überzeugen.

Es muß weiterhin festgestellt werden, daß die Anzahl der Tankschiffe, die am Ende des laufenden Tages in der Schlange des i-ten Stromes $\left(i = \overline{2,11}\right)$ in der j-ten Etappe $\left(j = \overline{0,5}\right)$ warten und im Verlauf des folgenden Tages an die Anlegestellen gelangen, folgendermaßen bestimmt ist: Sie setzt sich aus der Anzahl der Tankschiffe zusammen, die zum angegebenen Zeitpunkt in der Schlange der Tankschiffe des $(i - 1)$-ten Stromes in der j-ten Etappe sowie in der j-ten Etappe des $(i - 1)$-ten Stromes warten. Wir erhalten damit die zweite Beziehung. Die übrigen Gleichungen erhält man auf Grund entsprechender Überlegungen.

Bezeichnet man mit $\tau (\tau = 24\,n)$ die bedingte Anlegestellenzeit, mit γ die Zeit, in der sich das Tankschiff an der Anlegestelle befindet, sowie mit β die Lademenge, die von einem Tankschiff an Bord genommen wird, so kann man eine rekursive Beziehung für die Berechnung der Größen $b_{ij}(t)$ in der Form

$$b_{ij}(t) = \max \left\{0, a_{ij}(t) - \min \left\{\left[\frac{z_k(t)}{\beta}\right] - \Delta_{ij}(t), \left[\frac{\tau - d(t)}{\gamma}\right] + 1 - S_{ij}(t)\right\}\right\} \quad \left(i = \overline{1,11}; j = \overline{0,5}\right) \tag{19}$$

angeben. Dabei bezeichnet [ ] eine Operation, mit deren Hilfe der ganzzahlige Wert ermittelt wird. Außerdem gilt $k = \left[\frac{i+1}{2}\right]$.

Wir wollen $i \neq 11$ annehmen. Die Differenz $\tau - d(t)$ bezeichnet die Anlegestellenzeit am $(t+1)$-ten Tag, die für die Bedienung der Tankschiffe verbleibt, die vom t-ten Tag an den Anlegestellen verbleiben. Der ganzzahlige Wert des Bruchs $\frac{(\tau - d(t))}{\gamma}$ gibt die maximale Anzahl der neu an den Anlegestellen eintreffenden Tankschiffe an, für deren vollständige Bedienung bis zum Ende des $(t+1)$-ten Tages die Anlegestellenzeit ausreicht. Dann bezeichnet die Summe $\left[\frac{\tau - d(t)}{\gamma}\right] + 1$ die maximale Anzahl der Tankschiffe, die die Bedienung während des $(t+1)$-ten Tages aufnehmen können. Wird von dieser Größe der Wert $S_{ij}(t)$ abgezogen, so gibt die erhaltene Differenz die maximale Anzahl der Tankschiffe an, die sich am Ende des t-ten Tages in der Schlange des i-ten Stromes in der j-ten Etappe oder dahinter befinden und die in den Anlegestellen während des $(t+1)$-ten Tages bedient werden können.

Andererseits gibt der ganzzahlige Wert von $\frac{z_k(t)}{\beta}$ die maximale Anzahl der Tankschiffe an, die vollständig mit Erdölprodukten der Ordnungsnummer k bedient werden können. Die Differenz $\left[\frac{z_k(t)}{\beta}\right] - \Delta_{ij}(t)$ bezeichnet den Teil dieser Tankschiffe, die sich nach Beendigung des t-ten Tages in der Schlange des i-ten Stromes in der j-ten Etappe oder dahinter befinden. Dann gibt das Minimum in der Beziehung (19) die Anzahl der Tankschiffe für Erdölprodukte der Ordnungsnummer k an, die sich am Ende des t-ten Tages in der Warteschlange des i-ten Stromes in der j-ten Etappe oder in noch weiter entfernten Etappen der Warteschlange befinden und deren Beladung während des $(t+1)$-ten Tages gesichert ist.

Ist die Differenz hinter dem Zeichen max nichtnegativ, so ergibt sich die Anzahl der Tankschiffe, die sich am Ende des t-ten Tages in der Schlange des i-ten Stromes in der j-ten Etappe befinden und im Verlauf des folgenden Tages nicht an den Anlegestellen bedient werden können, d. h., es ergibt sich die Größe $b_{ij}(t)$. Anderenfalls gilt offensichtlich $b_{ij}(t) = 0$.

Betrachten wir nun den Fall $i = 11$. Es gilt $z_6(t) \equiv C_\infty$ und $\Delta_{11,j}(t) \equiv 0$ $\left(j = \overline{0, 5}\right)$. Damit erhalten wir

$$\min\left\{\left[\frac{z_6(t)}{\beta}\right] - \Delta_{ij}(t), \left[\frac{\tau - d(t)}{\gamma}\right] + 1 - S_{ij}(t)\right\}$$
$$= \left[\frac{\tau - \mathrm{d}(t)}{\gamma}\right] + 1 - S_{ij}(t) \quad \left(j = \overline{0, 5}\right). \tag{20}$$

Die rechte Seite von (20) stellt die Größe $b_{11,j}(t)$ $\left(j = \overline{0, 5}\right)$ dar.

Wie bereits erwähnt wurde, können die meteorologischen Bedingungen mit ausreichender Genauigkeit mit Hilfe einfacher homogener Markowscher Ketten mit den zwei Zuständen 0 und 1 beschrieben werden. Die Übergangsmatrix, die das Verhalten der Kette steuert, wurde von uns mit $P = \{p_{ij}\}$ $\left(i, j = \overline{0, 1}\right)$ bezeichnet. Die Elemente dieser Matrix werden mit Hilfe statistischer Daten nach entsprechenden Formeln berechnet. Mit $\xi_0^{(0)}$ bezeichnen wir eine binäre Zufallsgröße, deren Verteilung mit der oberen Zeile der Matrix P übereinstimmt. Dementsprechend gibt $\xi_0^{(1)}$ die andere binäre Zufallsgröße an, deren Verteilung der unteren Zeile der Matrix P entspricht.

Die übrigen Zufallsgrößen, die das Verhalten des Systems beeinflussen, erhalten die folgenden Bezeichnungen:

ξ_i — $\left(i = \overline{1, 11}\right)$ tägliche Ankunft der Tankschiffe im i-ten Strom;

η_1 — tägliche Ankunft der Erdölprodukte über die Erdölleitung;

η_k — $\left(k = \overline{2, 4}\right)$ tägliche Ankunft der Erdölprodukte mit der Ordnungsnummer k über den Eisenbahnweg;

ζ_k — $\left(k = \overline{2, 5}\right)$ tägliche Ankunft der Erdölprodukte der Ordnungsnummer k vom Erdöldestillationswerk;

v_k — $\left(k = \overline{4, 5}\right)$ tägliche Ankunft von Eisenbahnleerwaggons, die zur Beladung mit Erdölprodukten der Ordnungsnummer k eintreffen;

Θ_k — $\left(k = \overline{2, 5}\right)$ Tageskapazität der Tankkähne des Hafens für Erdölprodukte mit der Nummer k.

Weiterhin gilt:

δ — mittlere Stillstandskosten eines inländischen Tankschiffes pro Tag;

ϱ — mittlere Strafe bei Stillstand eines ausländischen Schiffes im Hafen im Verlauf eines Tages;

$\varkappa$ — mittlere Kosten bei Stillstand von Eisenbahnzisternen im Verlauf eines Tages, bezogen auf 1 m^3 Nutzkapazität der Zisternen;

μ_k — mittlere Kosten infolge der täglichen Verluste an Erdölprodukten der Ordnungsnummer k durch Verdunstung bei ihrer Aufbewahrung („kleine Atmung").

In der Tabelle der bedingten Übergangsfunktionale des Systems wurde bei der Bezeichnung der Automatenzustände zur Vereinfachung der Schreibweise die Angabe des Arguments weggelassen. Ebenso fallen die Halbzeilen weg, die die Systeme logischer Aussagen enthalten, die nur aus einer einzigen Aussage — der identisch wahren — bestehen.

Im weiteren wollen wir kurz auf die Aufstellung der Tabelle der bedingten Übergangsfunktionale eingehen. Die ersten sechs Zeilen der Tabelle sind offensichtlich. Betrachten wir die Schlangenbildung in den ersten vier Etappen (Automaten A_{ij} $\left(i = \overline{1, 11};\ j = \overline{1, 4}\right)$. Ermöglichen die meteorologischen Bedingungen eine Ankunft der Tankschiffe an dem Erdölumschlagpier ($a_0 = 0$), dann ergibt sich die Schlange der Tankschiffe des i-ten Stromes, die am Ende des $(t + 1)$-ten Tages in der j-ten Etappe $\left(j = \overline{1, 4}\right)$ warten, aus Tankschiffen des gleichen Stromes, die sich am Ende des t-ten Tages in der $(j - 1)$-ten Etappe der Schlange befanden und die im Verlauf des $(t + 1)$-ten Tages nicht an die Anlegestellen gelangen, d. h. $a_{ij}\ (t + 1) = b_{i,j-1}(t)$. Anderenfalls treffen keine Tankschiffe an den

Anlegestellen ein, und die „neue“ Schlange in der j-ten Etappe wird aus Tankschiffen gebildet, die sich in der „alten“ Schlange in der $(j - 1)$-ten Etappe befanden, d. h. $a_{ij}(t) = a_{i,j-1}(t)$.

A_0	$a_0 \neq 0$	$a_0 = 0$
	$\xi_0^{(1)}$	$\xi_0^{(0)}$
$A_{i,0}\,(i = \overline{1,11})$	ξ_i	
$C_k\,(k = \overline{1,4})$	η_k	
$U_k\,(k = \overline{2,5})$	ζ_k	
$V_k\,(k = \overline{4,5})$	v_k	
$G_k\,(k = \overline{2,5})$	Θ_k	
$A_{i,k}\,(i = \overline{1,11};\ k = \overline{1,4})$	$a_0 \neq 0$	$a_0 = 0$
	$a_{i,k-1}$	$b_{i,k-1}$
$A_{i,5}\,(i = \overline{1,11})$	$a_0 \neq 0$	$a_0 = 0$
	$a_{i,5} + a_{i,4}$	$b_{i,5} + b_{i,4}$
$F_k\,(k = \overline{1,5})$	$\min\{\alpha_k, \max[0, z_k - v_k - w_k - y_k - g_k - \beta\Delta^{(k)}(1 - a_0)]\}$	
$H_k\,(k = \overline{1,4})$	$\max\{0, c_k + f_k + h_k - v_k - w_k - y_k - g_k - \alpha_k - \beta\Delta^{(k)}(1 - a_0)\}$	
$W_k\,(k = \overline{4,5})$	$\max\{0, v_k + w_k - z_k + \beta\Delta^{(k)}(1 - a_0)\}$	
$Y_k\,(k = \overline{2,5})$	$v_k + w_k < z_k + \beta\Delta^{(k)}(1 - a_0)$	$v_k + w_k \geqq z_k - \beta\Delta^{(k)}(1 - a_0)$
	$\max\{0, y_k + g_k + v_k + w_k - z_k + \beta\Delta^{(k)}(1 - a_0)\}$	$y_k + g_k$
$E_k\,(k = \overline{2,5})$	$c_k + f_k + h_k < \alpha_k + w_k + v_k + y_k + g_k + \beta\Delta^{(k)}(1 - a_0)$	$c_k + f_k + h_k \geqq \alpha_k + w_k + v_k + y_k + g_k + \beta\Delta^{(k)}(1 - a_0)$
	$\max\{0, z_k - w_k - v_k - y_k - g_k - \beta\Delta^{(k)}(1 - a_0)\}$	$u_k + e_k$
D	$a_0 \neq 0 \vee a_0 = 0 \wedge \gamma S \leqq \tau - d$	$a_0 = 0 \wedge \gamma S > \tau - d$
	0	$\gamma\left\{\left[\frac{\tau - d}{\gamma}\right] + 1\right\} - \tau + d$
Q_1	$q_1 + \delta \sum_{m=0}^{5} \sum_{l=1}^{5} a_{2m+1,l}$	

Q_2	$q_2 + \varrho \sum_{m=1}^{5} \sum_{l=3}^{5} a_{2m,l}$
Q_3	$q_3 + \varkappa \left(\sum_{k=1}^{4} h_k + w_4 + w_5 \right)$
Q_4	$q_4 + \sum_{k=1}^{5} \mu_k (f_k + e_k)$
$R_m \ (m = \overline{1,4})$	$q_m : \max \{1, t\}$
T	$t + 1$

Die Schlange der letzten, fünften Etappe wird etwas anders gebildet. Ermöglicht der Zustand der meteorologischen Bedingungen den Tankschiffen, an den Anlegestellen anzulegen, so setzt sich die „neue" Schlange in der fünften Etappe aus Tankschiffen der „alten" Schlange der fünften Etappe zusammen, die nicht an die Anlegestellen zur Bedienung kamen, und aus Tankschiffen der „alten" Schlange der vierten Etappe, die ebenfalls noch nicht mit der Bedienung beginnen konnten.

Anderenfalls gilt $a_{i,5}(t + 1) = b_{i,5}(t) + b_{i,4}(t)$ $\left(i = \overline{1, 11}\right)$. Bei Sturm verbleiben alle Tankschiffe der fünften Etappe der „alten" Schlange in der gleichen Etappe der Warteschlange. Zu ihnen gelangen noch die Tankschiffe, die sich in der vierten Etappe der „alten" Schlange befanden.

In den weiteren Zeilen der Tabelle ist das Produkt

$$\beta \Delta^{(k)}(t) \left(1 - a_0(t)\right)$$

enthalten. Man kann leicht erkennen, daß diese Beziehung die Erdölproduktmenge der Ordnungsnummer k $\left(k = \overline{1, 5}\right)$ angibt, die am nächsten, $(t + 1)$-ten Tag an Bord der Tankschiffe genommen wird. Bei Unwetter ist das Produkt wegen $a_0(t) = 1$ gleich Null.

α_k sei die Kapazität der Reservoire der Erdölumschlagbasis für Erdölprodukte der Ordnungsnummer k $\left(k = \overline{1, 5}\right)$. Ist die Differenz $z_k - v_k - w_k - y_k - g_k - \beta \Delta^{(k)} (1 - a_0)$ nichtnegativ, so stimmt dieser Wert mit der Menge der Erdölprodukte der Ordnungsnummer k überein, die nach Befriedigung aller Forderungen im System verbleiben. Anderenfalls ist sie gleich Null. Übersteigt der Rest des Erdölprodukts der Sorte k im System nicht die Kapazität der Reservoire der Basis für diese Erdölprodukte, so befindet sich diese Restmenge am Ende des folgenden Tages in den entsprechenden Reservoiren. Anderenfalls werden die Reservoire gefüllt, und die Menge der in ihnen enthaltenen Erdölprodukte stimmt mit ihrer Kapazität α_k überein.

Die Eisenbahn wird vor dem Erdöldestillationswerk bei der Annahme von Erdölprodukten in den Reservoiren der Erdölbasis bevorzugt. Falls der Ausdruck

$$c_k + f_k + h_k - v_k - w_k - y_k - g_k - \alpha_k - \beta \Delta^{(k)}(1 - a_0)$$

nichtnegativ ist, stellt er die Erdölproduktmenge mit der Ordnungsnummer k dar, die sich am Ende des t-ten Tages in den Kapazitäten der Basis bzw. in den Eisenbahnzisternen befindet, über die Eisenbahn eintraf und am Ende der folgenden Tage nach Befriedigung aller Forderungen und Auffüllung der Kapazitäten verbleibt. Folglich wird die Erdölproduktmenge der Ordnungsnummer k bestimmt, die nach Beendigung des $(t + 1)$-ten Tages noch in den Eisenbahnzisternen wartet. Anderenfalls ist diese Menge Null. Daraus ergibt sich das Funktional zur Berechnung der Zustände der Automaten H_k $\left(k = \overline{1, 4}\right)$ zum Zeitpunkt $t + 1$.

Da die Differenz $z_k(t) - \beta \Delta^{(k)}(t) \left(1 - a_0(t)\right)$ den Teil der im System am Ende des t-ten Tages enthaltenen Menge der Erdölprodukte der Ordnungsnummer k angibt, der nach der Auslieferung dieses Erdölprodukts auf das Meer übrigbleibt, bestimmt der Ausdruck

$$v_k(t) + w_k(t) - \left[z_k(t) - \beta \Delta^{(k)}(t)\left(1 - a_0(t)\right)\right] \quad \left(k = \overline{4, 5}\right)$$

(wenn er nichtnegativ ist) die Menge der Erdölprodukte, für deren Verladung über den Eisenbahnweg am Ende des $(t + 1)$-ten Tages Eisenbahnleerwagen vorhanden sind. Ist der letzte Ausdruck jedoch negativ, so verbleibt in der Basis nach der Verladung des k-ten Erdölprodukts in die Tankschiffe von diesem Produkt mehr, als in die zur Verfügung stehenden Leerwaggons hineingeht. In diesem Fall gibt es offensichtlich keine wartenden Eisenbahnwaggons, d. h., es gilt $w_k(t + 1) = 0$.

Fassen wir die beiden Ausdrücke zusammen, so erhalten wir das Funktional zur Berechnung des „neuen“ Zustands des Automaten $W_k\left(k = \overline{4, 5}\right)$. Dieses Funktional wird durch folgenden Ausdruck bestimmt:

$$w_k(t + 1) = \max \left\{0, v_k(t) + w_k(t) - z_k(t) + \beta \Delta^{(k)}(t) \left(1 - a_0(t)\right)\right\} \quad \left(k = \overline{4, 5}\right).$$

Wir wollen nun das Funktional zur Berechnung der Menge der Erdölprodukte der Ordnungsnummer k ermitteln, die in die Tankkähne des Hafens verladen werden kann. Zu diesem Zweck betrachten wir zwei Fälle:

1. Im System ist am Ende des t-ten Tages eine bestimmte Erdölproduktmenge der Ordnungsnummer k enthalten, die größer als die für die Auslieferung über das Meer und die Eisenbahn benötigte Menge ist. Aus diesem Grunde gilt

$$z_k(t) - \beta \Delta^{(k)}(t) \left(1 - a_0(t)\right) - v_k(t) - w_k(t) > 0 \quad \left(k = \overline{2, 5}\right).$$

In diesem Fall ermitteln wir die Differenz

$$y_k(t) - g_k(t) - \left\{z_k(t) - \beta \Delta^{(k)}(t)\left(1 - a_0(t)\right) - v_k(t) - w_k(t)\right\} \quad \left(k = \overline{2, 5}\right).$$

Wenn diese Differenz nichtnegativ ist, stimmt die „neue" Menge an freier Kapazität der Tankkähne für das k-te Produkt mit der Differenz überein. Wird die Differenz negativ, reicht die Menge der Erdölprodukte der Ordnungsnummer k im System gerade aus, um alle vorhandenen freien Tankkähne, die für das k-te Erdölprodukt vorgesehen sind, aufzufüllen. Da keine freie Kapazität verbleibt, gilt

$$y_k(t+1) = \max\left\{0, y_k(t) + g_k(t) + v_k(t) + w_k(t) + \beta\Delta^{(k)}(t)\left(1 - a_0(t)\right) - z_k(t)\right\}$$
$$\left(k = \overline{2, 5}\right).$$

2. Im System ist am Ende des t-ten Tages die Menge der Erdölprodukte der Ordnungsnummer k nicht größer als die Menge, die für die Auslieferung über das Meer und die Eisenbahn erforderlich ist. In diesem Fall gilt

$$z_k(t) - \beta\Delta^{(k)}(t)\left(1 - a_0(t)\right) - v_k(t) - w_k(t) \leqq 0 \left(k = \overline{2, 5}\right)$$

Eine Verladung der Erdölprodukte der Ordnungsnummer k aus den Kapazitäten der Umschlagbasis in die Tankkähne des Hafens kann nicht erfolgen. Die freien Kapazitäten in den Tankkähnen setzen sich am Ende des $(t + 1)$-ten Tages aus der analogen Größe für den Zeitpunkt am Ende des t-ten Tages und den Kapazitäten zusammen, die im Verlauf der Zeit zwischen den angegebenen Momenten frei wurden, d. h., es gilt

$$y_k(t+1) = y_k(t) + g_k(t) \left(k = \overline{2,5}\right).$$

Bei der Berechnung der vorhandenen Erdölprodukte in den inneren Kapazitäten des Erdöldestillationswerkes müssen wir ebenfalls zwei Fälle unterscheiden:

1. Nach Lieferung über das Meer bzw. durch die Eisenbahn sowie nach Beladung der Tankkähne aus den Reservoiren der Basis, den beladenen Eisenbahnzisternen und den gerade von der Eisenbahn gelieferten Mengen ist der Rest des Erdölprodukts der Ordnungsnummer k geringer als die Kapazität der Reservoire der Basis, die für dieses Erdölprodukt vorgesehen sind. In diesem Fall gilt

$$c_k(t) + f_k(t) + h_k(t) - w_k(t) - v_k(t) - y_k(t) - g_k(t)$$
$$- \beta\Delta^{(k)}(t)\left(1 - a_0(t)\right) < \alpha_k \quad \left(k = \overline{2, 5}\right).$$

Dabei ergibt sich offensichtlich die Menge der Erdölprodukte der Ordnungsnummer k, die in den Kapazitäten des Erdöldestillationswerkes verbleibt, aus der Beziehung

$$\max\left\{0, z_k(t) - w_k(t) - v_k(t) - y_k(t) - g_k(t)\right.$$
$$\left.- \beta\Delta^{(k)}(t)\left(1 - a_0(t)\right)\right\} \quad \left(k = \overline{2, 5}\right).$$

2. Der erwähnte Rest ist nicht geringer als die für die k-te Sorte der Erdölprodukte vorgesehene Kapazität der Reservoire der Basis. In diesem Fall werden alle Forderungen nach diesem Erdölprodukt aus der Bais oder den Eisenbahnzisternen befriedigt. Eine Verladung der Erdölprodukte der Ordnungsnummer k

in die Kapazitäten der Basis erfolgt nicht. Die in den Kapazitäten des Erdöldestillationswerkes vorhandene Menge des k-ten Erdölprodukts ergibt sich aus der entsprechenden Menge dieses Erdölprodukts am Ende des vorhergehenden Tages und der Menge, die vom Werk am laufenden Tag hergestellt wurde. Es gilt

$$e_k(t+1) = u_k(t) + e_k(t) \quad \left(k = \overline{2,5}\right).$$

Betrachten wir die Beziehungen zur Berechnung der Anlegestellenrestzeit. Wir müssen drei Fälle unterscheiden:

1. Ungünstige meteorologische Bedingungen ($a_0 \neq 0$). Auf Grund der angenommenen Voraussetzung verlassen die Tankschiffe, die an den Anlegestellen vom Sturm überrascht werden, nicht den Pier. Die Beladung wird fortgesetzt. Neue Tankschiffe gelangen dagegen nicht an den Pier. Auf Grund der Definition der Restzeit kann die Größe $\tau = 24\,n$ nicht überstiegen werden. Deshalb wird die Restzeit am Ende des Tages, der bezüglich der meteorologischen Bedingungen ungünstig war, gleich Null sein. In diesem Fall gilt offensichtlich $d(t+1) = 0$.

2. Günstige meteorologische Bedingungen. Die Anzahl der Tankschiffe, die sich in der Warteschlange befinden und für die im System ausreichend Erdölprodukte vorhanden sind, ist klein. Die für ihre Bedienung an den Anlegestellen vorhandene Zeit, die übrig bleibt, wenn man von der gesamten Anlegestellenzeit die Restzeit abzieht, reicht nicht aus. In diesem Fall ist die Restzeit gleich Null.

Mit Hilfe der logischen Symbole der Disjunktion und Konjunktion ($\wedge$ und $\vee$) können diese zwei Fälle gemeinsam durch die logische Aussage

$$a_0(t) \neq 0 \vee a_0(t) = 0 \wedge \gamma S(t) \leqq \tau - d(t)$$

beschrieben werden.

3. Günstige meteorologische Bedingungen. Die Zeit für die Bedienung der neu an den Anlegestellen eintreffenden Tankschiffe ist für eine vollständige Bedienung aller Tankschiffe in der Warteschlange, für die die notwendige Menge Erdölprodukte in der Basis vorhanden ist, unzureichend.

Bekanntlich bezeichnet $\left[\left(\tau - d(t)\right)/\gamma\right] + 1$ die Anzahl der Tankschiffe, die während des laufenden Tages zur Bedienung an die Anlegestellen gelangen. Dann ist offensichtlich $\gamma \left\{\left[\frac{\tau - d(t)}{\gamma}\right] + 1\right\}$ die gesamte Anlegestellenzeit für eine vollständige Bedienung dieser Tankschiffe. Zieht man davon die Anlegestellenzeit $\tau - d(t)$ ab, so bestimmt die sich ergebende Differenz die „neue" Anlegestellenrestzeit.

Die Funktionale für die Berechnung der „neuen" Zustände der Automaten des Indikators erfordern offenbar keine Erläuterungen, da die Prinzipien der Aufstellung dieser Funktionale den bisherigen entsprechen.

Wir wollen annehmen, daß alle Ausgangssignale mit den entsprechenden Automatenzuständen übereinstimmen. Dadurch können bei der Aufstellung der Tabelle der bedingten Übergangsfunktionale anstelle der Signale die Zustände der Automaten verwendet werden. Bei der Aufstellung der Alphabetmatrix führt diese

Annahme zur folgenden Eigenschaft: In jeder Zeile der Matrix stehen nur Elemente von zwei Typen: Das Symbol $\varnothing$ oder Alphabete, die mit dem entsprechenden Zustandsalphabet in dem zusätzlichen Element dieser Zeile übereinstimmen.

Diese Eigenschaft vereinfacht die Aufstellung der Alphabetmatrix wesentlich. Zunächst trägt man die Symbole $\varnothing$ und in der Diagonale die Zustandsalphabete ein. Alle freien Plätze jeder Zeile der Matrix werden dann mit der Bezeichnung des Diagonalelementes dieser Zeile ausgefüllt.

Infolge der großen Kompliziertheit des betrachteten Systems (106 Automaten) ist es nicht möglich, die Aufstellung der Matrix auf der Grundlage von einfachen logischen Überlegungen durchzuführen, wie das bei den früher gelösten Aufgaben erfolgte.

Dabei kommt uns die Tabelle der bedingten Übergangsfunktionale zu Hilfe. Schrittweise betrachten wir alle Automaten des Systems. Für einen bestimmten Automaten fixieren wir die ihm entsprechende Spalte der Matrix und die entsprechende Zeile in der Tabelle der bedingten Übergangsfunktionale. Alle Elemente der fixierten Spalte der Matrix, die Automaten entsprechen, deren Zustände in der entsprechenden Zeile der Tabelle nicht enthalten sind (in den logischen Aussagen oder Funktionalen), werden mit dem Symbol $\varnothing$ bezeichnet. Dabei kann die Zeile der Tabelle Zwischengrößen enthalten $\left(\text{zum Beispiel } b_{ij}(t).\ \Delta^{(k)}(t), z_k(t)\right)$. In diesem Fall muß man diese Bezeichnungen entschlüsseln und die Abhängigkeit von den Zuständen der anderen Automaten überprüfen.

Bei der Bezeichnung der Diagonalelemente der Alphabetmatrix muß die Menge der Werte ermittelt werden, die die Zustände der Automaten annehmen können. Das erfolgt auf der Grundlage der Bedeutung dieser Zustände. Offensichtlich ist das Zustandsalphabet des Automaten A_0, dessen Zustand den meteorologischen Faktoren entspricht, binär. Die Automaten A_{ij} $\left(i = \overline{1, 11};\ j = \overline{0, 5}\right)$ und auch der Automat T haben als Zustandsalphabet die Menge aller natürlichen Zahlen. Für die Automaten F_k $\left(k = \overline{1, 5}\right)$ kann der Zustand alle nichtnegativen reellen Zahlenwerte annehmen, die eine konstante Zahl α_k nicht übersteigen (Kapazität der Reservoire). Für den Automaten D ist das Zustandsalphabet die Menge aller nichtnegativen reellen Zahlen. Offensichtlich erfordert der weitere Prozeß der Aufstellung der Alphabetmatrix keine Erläuterungen.

Die Bezeichnungen der Automaten des Systems ordnen wir in der Reihenfolge an, in der ihre Zustände eingeführt wurden. Die mit gleichen Buchstaben bezeichneten Automaten, die sich nur durch ihre Indizes unterscheiden (zum Beispiel C_1 und C_4), ordnen wir in der Reihenfolge wachsender Indizes an. Die mit zwei Indizes versehenen Automaten (zum Beispiel A_{ij}) ordnen wir in der Reihenfolge anwachsender erster und dann zweiter Indizes an. Auf diese Weise erhalten wir eine geordnete Bezeichnungsfolge der Automaten. Jeder Bezeichnung dieser Folge ordnen wir (nach der Reihenfolge) eine entsprechende Spalte und Zeile der rechteckigen Tabelle von Abb. 36 zu. Die Alphabetmatrix enthält auch die Information über die Beziehungen zwischen den Automaten.

Die Beschreibung der Verteilungen der unabhängigen Zufallsgrößen, die auf das Verhalten des Modells Einfluß haben, erfolgt auf der Grundlage der bei der statistischen Analyse erhaltenen Ergebnisse. In der Beschreibung der Vertei-

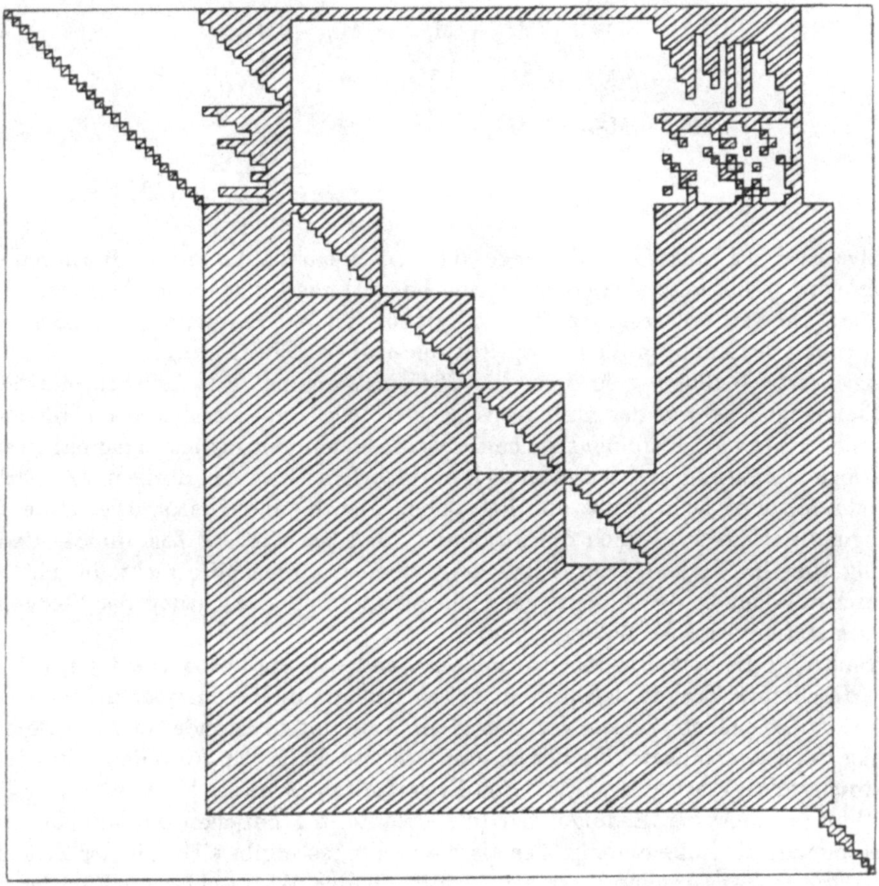

Abb. 36. Alphabetmatrix

lungen sind sowohl die Form des Verteilungsgesetzes als auch die Werte der Parameter enthalten.

Der Vektor der Anfangszustände kann beliebig gewählt werden. Es wird jedoch versucht, die Anfangszustände der Automaten möglichst in der Nähe ihres Mittelwertes zu bestimmen. Für die Automaten des Indikators werden die Anfangszustände mit Null angenommen.

Abschließend muß bemerkt werden, daß das Ziel der Modellierung nur erreicht wird, wenn die Bedingungen für einen stationären Zustand gleichzeitig erfüllt sind. Sie erhalten folgende Form:

$$\beta(\mathrm{M}\xi_1 + \mathrm{M}\xi_2) = \mathrm{M}\eta_1,$$

$$\beta(\mathrm{M}\xi_3 + \mathrm{M}\xi_4) + \mathrm{M}\Theta_2 = \mathrm{M}\eta_2 + \mathrm{M}\zeta_2,$$

$$\beta(\mathrm{M}\xi_5 + \mathrm{M}\xi_6) = \mathrm{M}\eta_3 + \mathrm{M}\zeta_3,$$

$$\beta(\mathrm{M}\xi_7 + \mathrm{M}\xi_8) + \mathrm{M}\nu_4 = \mathrm{M}\eta_4 + \mathrm{M}\zeta_4,$$

$$\beta(\mathrm{M}\xi_9 + \mathrm{M}\xi_{10}) + \mathrm{M}\nu_5 + \mathrm{M}\Theta_5 = \mathrm{M}\zeta_5,$$

$$\gamma \sum_{i=1}^{11} \mathrm{M}\xi_i < 24n(1 - \mathrm{M}\xi_0).$$

Dabei ist β die mittlere Lademenge, die von einem Tankschiff an Bord genommen wird, γ die mittlere Bedienungszeit eines Tankschiffes an der Angelegestelle, n die Zahl der Anlegestellen, M das Symbol für den Erwartungswert. Die Bezeichnung der Zufallsgrößen entspricht den früheren Festlegungen.

Die erste Bedingung fordert die Übereinstimmung der täglichen mittleren Erdölmenge, die von der Erdölbasis geliefert wird, mit der täglichen mittleren Erdölmenge, die die Erdölbasis erhält. Die folgenden vier Bedingungen haben eine analoge Bedeutung und beziehen sich auf den Umschlag der übrigen vier Erdölprodukte, d. h. Dieseltreibstoff, Petroleum, Benzin und Heizöl. Die letzte Bedingung enthält schließlich die Forderung, daß die mittlere Zeit für die Bedienung aller im Verlauf eines Tages eintreffenden Tankschiffe nicht die mittlere Durchlaßfähigkeit der Anlegestellen übersteigt (unter Beachtung der Störungen durch meteorologische Bedingungen).

Sind alle diese Bedingungen erfüllt, so sind die Automatenzustände, die die Warteschlange der Tankschiffe und der Erdölprodukte simulieren, ergodisch. Es existiert eine stationäre Verteilung der Automatenzustände, und die Berechnung des Erwartungswertes der Kosten, die mit Hilfe der Automaten des Indikators erfolgt, konvergiert gegen den Erwartungswert dieser Kosten.

Wird in einer der Bedingungen (die Erläuterung beziehen wir auf die erste Bedingung) die linke Seite größer als die rechte, so ergibt sich mit der Zeit eine unbegrenzte Ansammlung der Tankschiffe in der Warteschlange. Für die Zustände der Automaten A_{15} und A_{25}, die die Warteschlange der ankommenden Tankschiffe simulieren, existiert keine stationäre Verteilung. Die Zustände der Automaten sind irreversibel. Die Berechnung des Erwartungswertes des Stillstands der Tankschiffe konvergiert nicht. Ebenso konvergiert nicht die Berechnung des Erwartungswertes der Gesamtkosten.

Wenn in einer (ebenfalls wollen wir uns auf die erste Bedingung beziehen) der Bedingungen die rechte Seite größer als die linke ist, wächst die Warteschlange nach Erdöl unbegrenzt. Dabei existiert für den Zustand des Automaten C_1, der die Warteschlange des Erdöls kennzeichnet, keine stationäre Verteilung. Alle Zustände dieses Automaten sind irreversibel. Die Konvergenz der Erwartungswerte des Stillstands der Eisenbahnzisternen und der Verluste der Erdölprodukte sowie die Berechnung des Erwartungswertes der Gesamtkosten ist gestört.

Ist schließlich die letzte Bedingung verletzt, so können die Anlegestellen den Umschlag der Erdölprodukte nicht schaffen, sowohl die Schlangen der Tankschiffe als auch der Erdölprodukte wachsen gegen unendlich. Für die Zustände der entsprechenden Automaten existieren keine stationären Verteilungen.

8.6. Maschinelle Lösung des Modells

Die Aufgabe wurde auf dem elektronischen Rechner M-20 gelöst.

Das Simulationsprogramm besteht aus vier Blöcken. Dabei enthält jeder Block den vorhergehenden als Unterprogramm.

Grundbestandteil des ersten Blocks ist ein Unterprogramm zur Erzeugung von Pseudozufallsgrößen (siehe auch Abschn. 2.2). Im zweiten Programmblock werden die Automatenzustände zum Zeitpunkt $t + 1$ in Abhängigkeit von den Automatenzuständen zum Zeitpunkt t ($t = 0, 1, 2, \ldots$) mit Hilfe der Tabelle der bedingten Übergangsfunktionale berechnet. Der dritte Block dient der Modellierung des Systemverhaltens im Zeitintervall T. Er gewährleistet die fortlaufende Wiederholung der Übergangszyklen. In unserem Fall wurde $T = 6 \cdot 365 = 2190$ Einheiten der Automatenzeit gewählt. Diesem Intervall der Modellzeit entsprechen sechs Jahre der realen Zeit. Ein solches Intervall gewährleistet eine gute Konvergenz der Automatenzustände des Indikators. Der vierte Block verwirklicht schließlich die äußeren Programmzyklen. In einem solchen Zyklus erfolgt jedesmal die Berechnung der um die ausgewählte Schrittweite ΔV vergrößerten Reservoirkapazität. Für jeden neuen Wert der Gesamtkapazität des Reservoirparkes werden die Kapazitäten proportional dem jährlichen Umschlag auf die einzelnen Erdölproduktarten verteilt. Dazu wurde folgende Formel verwendet:

$$V_k = \frac{V \cdot w_k}{\sum_{k=1}^{5} w_k} \quad \left(k = \overline{1, 5}\right).$$

V stellt die gesamte Nutzkapazität der Reservoire in m³ dar. w_k $\left(k = \overline{1, 5}\right)$ gibt den jährlichen Umschlag in m³ für jede Art der Erdölprodukte an.

Der Algorithmus der Aufgabe entspricht ungefähr den Algorithmen, die zur Lösung der vorher beschriebenen Aufgaben verwendet wurden. Bei der Modellierung des Systemverhaltens werden zwei Arbeitsspeicherblöcke α_1 und α_2 benötigt.

Das Blockschema des Algorithmus ist in Abb. 37 dargestellt.

Wir wollen kurz die Struktur des Algorithmus erläutern.

In die Speicher des Blocks α_1 werden die Anfangszustände der Automaten eingespeichert. Jeder Zyklus beginnt mit der Ermittlung des Zustands von $a_0(t)$. Nimmt diese Größe den Wert 1 an, werden die alten Automatenzustände $a_{ij}(t)$

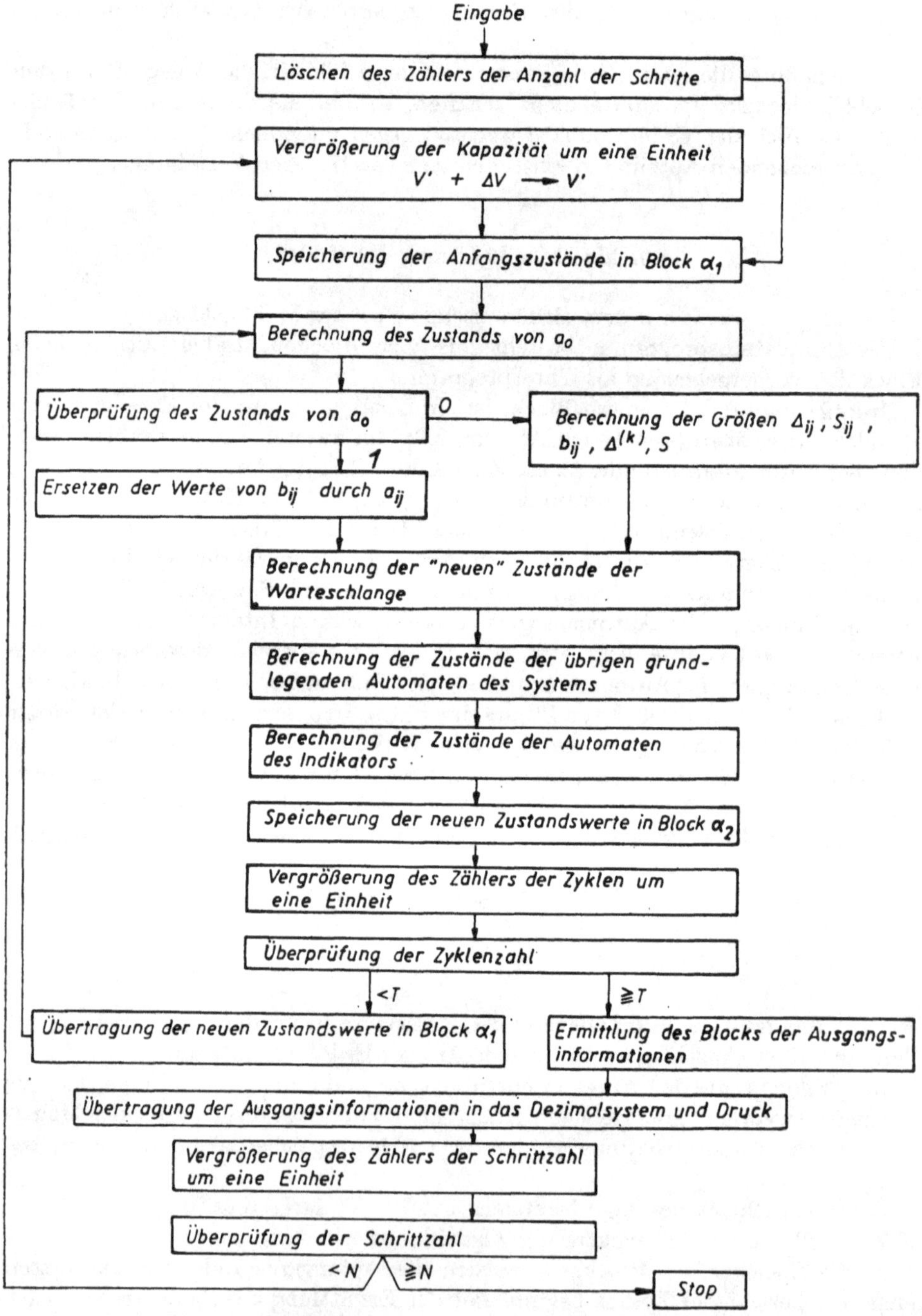

Abb. 37. Blockschema des Algorithmus

in den Block der Größen $b_{ij}(t)$ $\left(i = \overline{1, 11};\ j = \overline{0, 5}\right)$ übertragen. Anschließend werden die Automatenzustände zum Zeitpunkt $t + 1$ berechnet. Im entgegengesetzten Fall kann man die „neuen" Zustände mit Hilfe der vollständigen Übergangsfunktionale (rechte Seite des Blockschemas) berechnen, wobei vorher die Größen $b_{ij}(t)$, $S(t)$ und $\Delta^{(k)}(t)$ entsprechend den Formeln (19) und (20) berechnet werden. Die berechneten Werte der Automatenzustände werden während der Berechnung im Block α_2 eingespeichert. Danach ermittelt das Programm die übrigen Automatenzustände des Systems mit Hilfe der Tabelle der bedingten Übergangsfunktionale. Nach Beendigung der Berechnung erfolgt die Übertragung der Werte der Automatenzustände des Systems in die Speicher von Block α_1. Nach Durchlaufung der notwendigen Zyklenanzahl wird der Block der Ausgangsinformationen gebildet. Die Zahlen dieses Blocks werden in das dekadische Zahlensystem übertragen und dann ausgegeben.

Im äußeren Programmzyklus werden die Berechnungen mit veränderlichen Kapazitäten des Reservoirparks durchgeführt. Die Aufgabe kann man in zwei Varianten zerlegen: Einmal wird mit der existierenden Anzahl der Anlegestellen gerechnet, im anderen Fall mit einer Vergrößerung.

Die Erarbeitung der Programme erfolgte etappenweise. Am Anfang wurde ein Unterprogramm für die Erzeugung von Pseudozufallszahlen mit vorgegebener Wahrscheinlichkeitsverteilung aufgestellt. Danach entstand das Unterprogramm des zweiten Blocks, der die Erzeugung von Pseudozufallszahlen als Unterprogramm enthält. So wurden schrittweise die erforderlichen Programme entwickelt.

Das Programm nimmt 892 Zeilen des operativen Speichers ein (einschließlich der Konstanten). Der äußere Speicher der Maschine wurde nicht verwendet. Eine derartige ökonomische Ausnutzung der Maschinenspeicher wurde infolge der zyklischen Berechnung der Automatenzustände im zweiten Block des Programms und durch die Einführung von Zwischengrößen möglich.

Als Eingangsdaten ergaben sich 229 Zahlen. Von diesen waren 106 Zahlen Komponenten des Vektors der Anfangszustände $\left(a^{(l)}(0),\ l = \overline{0, 106}\right)$. Die stochastische Matrix $P = \{p_{ij}\}$ $\left(i, j = \overline{0, 1}\right)$ besteht aus vier Zahlen. Zur Bestimmung der diskreten Verteilungen sind die Zahl p_0, p_1, p_2 enthalten (die Wahrscheinlichkeit p_3 konnte durch die Differenz $1 - p_0 - p_1 - p_2$ ermittelt werden). Dadurch wurden für die 11 Verteilungen dieses Typs (Eintreffen der Tankschiffe in 11 Strömen) insgesamt 33 Zahlen benötigt. Zur Bestimmung der gemischten transformierten Normalverteilungen benötigen wir jeweils 5 Zahlen: Wahrscheinlichkeit p_0, Erwartungswert a, Dispersion σ, linker und rechter Schnittpunkt C_l und C_r mit der Abszisse. Für Verteilungen mit einer einseitigen linken Begrenzung wurde $C_r = C_\infty$ gesetzt, wobei C_∞ eine ausreichend große positive Konstante darstellt. Zehn derartige Verteilungen sind durch insgesamt 50 Zahlen bestimmt. Zur Festlegung der gemischten Exponentialverteilung sind zwei Zahlen notwendig: Die Wahrscheinlichkeit p_0 und der Parameter der Verteilung λ (genauer die Größe, die zum Wert dieses Parameters invers ist). Zur Bestimmung von zwei derartigen Verteilungen benötigen wir vier Zahlen.

Die übrigen Komponenten des Blocks der Eingangsinformationen haben folgende Bedeutung:

n – Zahl der Anlegestellen;
γ – mittlere Zeit für den Aufenthalt der Tankschiffe an der Anlegestelle;
β – mittlere Lademenge, die von einem Tankschiff während eines Tages an Bord genommen wird;
δ – mittlere Stillstandskosten für ein inländisches Tankschiff für einen Tag;
ϱ – mittlere Strafe für den Stillstand eines ausländischen Tankschiffes für einen Tag;
$\varkappa$ – mittlere Stillstandskosten für eine Eisenbahnzisterne, bezogen auf 1 m^3 Nutzvolumen an einem Tag;
μ_k – $(k = \overline{1, 5})$ mittlere Kosten für den Verlust an Erdölprodukten der Ordnungsnummer k infolge Verdunstung, berechnet für eine Tonne Erdölprodukt pro Tag;
ϱ_k – $(k = \overline{1, 5})$ mittleres spezifisches Gewicht der Erdölprodukte;
V – Gesamtkapazität der Reservoire der Erdölbasis;
ΔV – Schrittweite bei der Vergrößerung der Gesamtkapazität;
w_k – $(k = \overline{1, 5})$ jährlicher Umschlag für jede Sorte Erdölprodukte;
$S_1(V)$ – Kapitalinvestitionen beim Bau zusätzlicher Kapazitäten des Reservoirparks, bezogen auf eine Kapazität ΔV pro Tag;
$S_3(n)$ – Kapitalinvestitionen zur Umrüstung der zwei Anlegestellen für Trockengut auf Erdölumschlag, bezogen auf einen Tag;
$S_2(V)$ – Kapitalaufwendungen beim Bau zusätzlicher Pumpstationen bei der Ausrüstung der Reservoire sowie der Entwicklung eines örtlichen Pipelinesystems für die erste und zweite Warteschlange, bezogen auf einen Tag;
α – angenommener Valutakoeffizient;
p, g – Konstanten, die in den Unterprogrammen bei der Erzeugung der Pseudozufallszahlen verwendet werden;
C_∞ – ausreichend große positive Konstante $(C_\infty = 1 \cdot 10^{17})$;
T – Modellzeit.

Die Ausgangsinformationen, die im Ergebnis der durchgeführten Berechnungen erhalten und ausgedruckt wurden, bestanden aus einzelnen Blöcken, die in ihrer Struktur analog sind. Jeder Block enthält 14 Zahlen im dekadischen System. Die Ausgangsdaten jedes Blocks haben folgende Bedeutung: Die erste Zahl gibt die Zahl der Anlegestellen, die zweite die Gesamtkapazität der Reservoirparks in m^3 an. Fünf Zahlen werden für die Kapazitäten jeder Erdölproduktsorten erhalten. Die achte Zahl entspricht dem Erwartungswert der Gesamtkosten an einem Tag, die neunte dem Erwartungswert der täglichen Stillstandskosten inländischer Tankschiffe, die zehnte dem Erwartungswert der täglichen Strafen für den Stillstand ausländischer Tankschiffe. Die elfte Zahl gibt den Erwartungswert der Kosten für den Stillstand der Eisenbahnzisternen an einem Tag an. Die zwölfte Zahl bestimmt den Mittelwert der Kosten durch Verlust an Erdölprodukten infolge Verdunstung während der Aufbewahrung an einem Tag. Die dreizehnte und vierzehnte Zahl sind die Ausgaben zur Erweiterung der Reservoirparks der Erdölumschlagbasis und die Erweiterung der Anlegestellenfront des Hafens. Die gesamten Ausgangsinformationen können in einer Tabelle dargestellt werden.

8.7. Ergebnis der Untersuchung und Optimierung

Die Analyse der Ergebnisse ergab die Möglichkeit, die Belastung des Systems ausführlich zu studieren. Es wurde die notwendige Erweiterung der Kapazitäten der Basis sowie die Verteilung der Kapazitäten auf die einzelnen Erdölproduktsorten bestimmt. Schließlich konnte die Zweckmäßigkeit einer Erweiterung der Anzahl der Anlegestellen gezeigt werden. Bei der Lösung der Aufgabe wurde die Gesamtkapazität des Reservoirparks variiert. Die Untersuchung erfolgte in zwei Varianten für $n = 4$ und $n = 6$.

Die Berechnung eines Zyklus erfordert ungefähr 0,4 Sekunden. Die gesamte Rechenzeit zur Lösung der Aufgabe beträgt ungefähr 7 Stunden.

Im Ergebnis der Berechnung über sechs Jahre werden die Erwartungswerte der Kosten ausgedruckt. In Abb. 38 ist die Abhängigkeit des Erwartungswertes der Gesamtkosten von der Kapazität des Reservoirparks dargestellt.

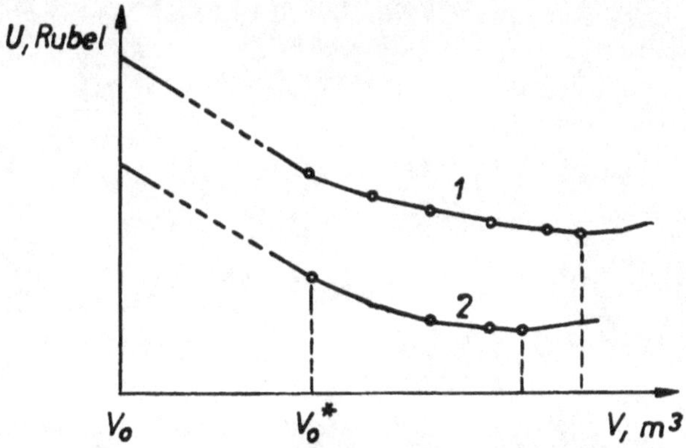

Abb. 38. Graphische Darstellung der Abhängigkeit des Erwartungswertes der Gesamtkosten von der Kapazität des Reservoirparks

Die Berechnungen begannen mit einer Kapazität von V_0, die der existierenden Kapazität der Basis entspricht. Danach wurde die Berechnung für Werte V_0^* durchgeführt, die Kapazitäten entsprachen, die sich bei der Inbetriebnahme der gegenwärtig im Bau befindlichen Reservoire ergeben. Im weiteren erfolgte eine schrittweise Vergrößerung der um eine bestimmte konstante Größe ΔV erweiterten Kapazität, wobei die Kosten für den Bau zusätzlicher Kapazitäten berücksichtigt wurden. Die zweite Variante (sechs Anlegestellen) wurde unter

Beachtung der Kosten berechnet, die für die Umrüstung der zusätzlichen Anlegestellen benötigt werden. In Abb. 38 ist der Erwartungswert der Gesamtkosten (Zielfunktion) in Abhängigkeit von der gesamten Reservoirkapazität des Erdölumschlaghafens dargestellt. Der Kurve 1 entsprechen vier Anlegestellen ($n = 4$), der Kurve 2 sechs Anlegestellen ($n = 6$).

Aus den in Abb. 38 dargestellten Kurven ist ersichtlich, daß sechs Anlegestellen und eine Erweiterung der Basis um $7\Delta V$ am günstigsten ist. Dabei beträgt der ökonomische Nutzen (im Vergleich zum bestehenden) ungefähr 1400 Tausend Rubel im Jahr. Das wird in der Hauptsache durch Verringerung der Stillstandszeiten der Schiffe, aber auch durch Verringerung der Stillstandszeiten der Eisenbahnzisternen (in etwas geringerem Maße) erreicht.

Für die Kurve 1 ergibt sich das Minimum der Zielfunktion bei dem Wert der Reservoirkapazität $V_{\text{opt}} = V_0^* + 9\Delta V$.

Die erhaltenen Ergebnisse beweisen die ökonomische Zweckmäßigkeit einer Vergrößerung des Reservoirparks der Basis und einer Erweiterung der Anlegestellenfront. Diese Ergebnisse können bei der Projektierung der Entwicklung des Umschlaghafens verwendet werden. Dabei muß beachtet werden, daß sich die angeführten Ergebnisse nur auf den Fall eines fixierten Umschlags an Erdölprodukten beziehen.

Literatur

[1] Buslenko, N. P., — Изв. АН СССР, Техническая кибернетика, 1963, 5.

[2] Buslenko, N. P., Моделирование сложных систем. Наука, Москва, 1969.

[3] Kowalenko, I. N., — Изв. АН СССР, Техническая кибернетика, 1964, 6.

[4] Kowalenko, I. N., Изв. АН СССР, Техническая кибернетика, 1965, 1.

[5] Kowalenko, I. N., — Изв. АН СССР, Техническая кибернетика, 1965, 3.

[6] Jarowizki, N. V., — Кибернетика, 1966, 5.

[7] Jarowizki, N. V., — В кн.: Системотехника и статистическое моделирование систем управления. Минск, 1967.

[8] Bakajew, A. A., Kostina, N. I., Jarowizki, N. V., — В кн.: Труды I Всесоюзной конференции по оптимизации и моделированию транспортных сетей. Киев, 1967.

[9] Kostina, N. I., — Автоматика и вычислительная техника, 1967, 3.

[10] Buslenko, N. P., Математическое моделирование производственных процессов. Наука, Москва, 1964. (Deutsche Übersetzung: Simulation von Produktionsprozessen. Teubner Verlagsgesellschaft, Leipzig 1971).

[11] Buslenko, N. P., Schreider, J. A., Метод статистических испытаний. Физматгиз, Москва, 1961. (Deutsche Übersetzung: Die Monte-Carlo-Methode und ihre Verwirklichung mit elektronischen Digitalrechnern. Teubner Verlagsgesellschaft, Leipzig 1964).

[12] Golenko, D. I., Моделирование и статистический анализ псевдослучайных чисел на ЭВМ. Наука, Москва, 1965.

[13] Korobow, N. M., — ДАН СССР, 1957, 6, 115.

[14] Feller, W., An introduction to probability theory and its applications. v. 1 and 2. John Wiley & Sons. Inc., New York, Chapman & Hall, London, Limited 1966. (Russ. Übersetzung: Введение в теорию вероятностей и ее приложение. Мир, Москва, 1964).

[15] Sarymsakow, G. A., Основы теории процессов Маркова. Гостехиздат, Москва, 1954.

[16] Gnedenko, B. W., Lehrbuch der Wahrscheinlichkeitsrechnung. (Übersetzung aus dem Russischen) Akademie-Verlag, Berlin 1968. Курс теории вероятностей. Физматгиз, Москва, 1962.

[17] Chung, K. L., Markov chains with stationary transition probabilities, Springer Verlag 1960. (Russ. Übersetzung: Однородные цепи Маркова. Мир, Москва, 1964).

[18] Gluschkow, W. M., Введение в кибернетику. Изд-во АН УССР, Киев, 1964. (Deutsche Übersetzung: Einführung in die technische Kybernetik, VEB Verlag Technik Berlin, Band 1: 1968, Band 2: 1970.

[19] Jaglom, I. M., Необыкновенная алгебра. Наука, Москва, 1968.

[20] Shannon, C. E., — Trans. AIEE, 1938, 57, 713—723.

[21] Schestakow, W. I., — ЖТФ, 1941 11, 6, 532.

[22] Huffman, D. A., Synthesis of sequential switching circuits. J. of the Franklin Inst. 1954, 257, 3—4, 161—190, 275—303.

[23] Mealy, G. H., — A method for synthesizing sequential circuits. Bell System Techn. J., 1955, 34, 1045—1079.

[24] Moore, E. F., Gedanken-experiments on sequential machines S. 129—153 in C. E. Shannon and J. McCarthy (eds) "Automata Studies" Princeton University Press. Princeton,

N. J. 1956. (Russ. Übersetzung: Автоматы. Под ред. К. Э. Шеннона и Дж. Маккарти. ИЛ, Москва, 1956, 179—212.)
[25] SHANNON, C. E., — Bell. System. Techn., 1949, 28, 59—98.
[26] NEUMANN, J. von, — Celebral mechanisms in behavior. N. Y. 1951.
[27] GLUSCHKOW, W. M., Синтез цифровых автоматов. Физматгиз, Москва, 1962.
[28] ZETLIN, M. L., — УМН, 1963, 4.
[29] BUSH, R. R., MOSTELLER, F.: Stochastic models for learning. J. Wiley & Sons, New York, 1955. (Russ. Übersetzung: Стохастические модели обучаемости. ИЛ, Москва, 1962).
[30] WARSCHAWSKI, W. I., WORONZOWA, I. P., — Автоматика и телемеханика, 1963, 24, 3, 353.
[31] SCHREIDER, J. A., In R. R. Bush and F. Mosteller „Stochastic models for learning", J. Wiley & Sons, New York, 1955. (Russ. Übersetzung: В кн.: Р. Буш, Ф. Мостеллер. „Стохастические модели обучаемости". ИЛ. Москва, 1962.)
[32] RABIN, M. O., Information and Control, 1968, 6, 3, 230—244.
[33] BUCHAREW, R. G., — В кн.: Вероятностные методы и кибернетика, 3. Казань, 1964.
[34] BUCHAN, J., KOENIGSBERG, E.: Scientific inventory management. Prentice Hall. Inc. Englewood cliffs. N. J. 1963. (Russ. Übersetzung: Научное управление запасами. Наука, Москва, 1967.)
[35] RYSHIKOW, J. I., — Изв. АН СССР, Техническая кибернетика, 1968, 1.
[36] FURSOWA, T. I., — В кн.: Применение математических методов в экономических исследованиях и в планировании, 2. Киев, 1968.
[37] FISHER, R. A., — British Association for the advancement of science, Mathematical Tables I, 1931.
[38] HALD, A.: Statistical Theory with Engineering Applications New York, John Wiley & Sons. Inc. London Chapman & Hall, Limited. 1952. (Russ. Übersetzung: Математическая статистика с техническими приложениями. ИЛ, Москва, 1956).
[39] SMIRNOW, N. W., DUNIN-BARKOWSKI, I. W., Курс теории вероятностей и математической статистики для технический приложений. Наука, Москва, 1965. (Deutsche Übersetzung: Mathematische Statistik in der Technik. Deutscher Verlag der Wissenschaften, 2. Aufl. Berlin 1969.)
[40] BAKAJEW, A. A., u. a., — В кн.: Труды I Всесоюзной конференции по экономической кибернетике. Батуми, 1966.

Namen- und Sachwortverzeichnis

Kolibri 360 GmbH
Ferdinand-Jühlke-Straße 7
99095 Erfurt, Deutschland
produktsicherheit@kolibri360.de